『十二五』国家重点图书出版规划项目

国家出版基金资助项目

国家出版基金项目
NATIONAL PUBLICATION FOUNDATION

重庆市璧山区档案馆 藏

四川大学中国西南文献中心 编

民国乡村建设

晏阳初

华西实验区档案选编·经济建设实验

陈廷湘　吕毅　傅应明
陈启江　周成伟　龙泽会　主编

西南师范大学出版社
国家一级出版社　全国百佳图书出版单位

图书在版编目（CIP）数据

民国乡村建设晏阳初华西实验区档案选编．经济建设实验／陈廷湘等主编．— 重庆：西南师范大学出版社，2018.12
ISBN 978-7-5621-9644-0

Ⅰ．①民… Ⅱ．①陈… Ⅲ．①城乡建设—档案资料—汇编—璧山区—民国②区域经济—经济建设—档案资料—璧山区—民国 Ⅳ．①TU984.271.93 ②F127.719.3

中国版本图书馆 CIP 数据核字（2018）第 267624 号

民国乡村建设
晏阳初
华西实验区档案选编·经济建设实验
MINGUO XIANGCUN JIANSHE
YAN YANGCHU HUAXI SHIYANQU DANG'AN
XUANBIAN·JINGJI JIANSHE SHIYAN

陈廷湘 吕毅 傅应明
陈启江 周成伟 龙泽会 主编

天猫旗舰店

出版人：米加德
策划组稿：米加德 卢渝宁 黄璜
责任编辑：卢渝宁 黄璜 黄丽玉
杨萍 段小佳 畅洁
装帧设计：王玉菊
排版：重庆大雅数码印刷有限公司
出版发行：西南师范大学出版社
地址：重庆市北碚区天生路2号
网址：http://www.xscbs.com
经销：全国新华书店
印刷：重庆荟文印务有限公司
幅面尺寸：185mm×260mm
印张：395
版次：2018年12月第1版
印次：2018年12月第1次印刷
书号：ISBN 978-7-5621-9644-0
定价：4980.00元（全十二册）

民国乡村建设
晏阳初华西实验区档案选编

编纂委员会

顾问
罗中枢 姚乐野

主任
陈廷湘 吕 毅

副主任
成功伟 李 瑞

编纂者
刘云昊 王丽敏 周忆霖 闫 茹
杜大鑫 刘明琴 张 杨 车人杰
石峰波 郑子律 胡彦双

民国乡村建设
晏阳初华西实验区档案选编

工作委员会

主　任
傅应明（截至二〇一四年）　陈启江（二〇一四年至二〇一八年）
周成伟　龙泽会

副主任
苟映平（截至二〇一七年）　曾　健

文史专家组
胡正好　傅应明　陈启江　黄文斌
张显鸿　蒋志鸿

编　务
刘　静　赵德奎　张德福　印　林　张福洪
胡光明　徐明生　傅　涛　刘大川　朱泽江
周　平　丁华蓉　王福忠　罗　杨　胡　萍
赖　燕　陈　昕　薛莎蓉　范朝梅　徐显梅
鲁　力　冉隆昌

序

陈廷湘

传统乡村向现代社会转型是全世界都必然经历的发展过程。欧洲各国传统社会转型从十六世纪开始，至十九世纪中期工业化完成得以全面实现。在此过程中，各国的传统乡村社会也相应实现了向现代性乡村社会的转变。一九二〇年代，在西方国家乡村改造理论的影响下，中国兴起了颇受国内外关注的乡村建设运动。〔一〕乡建运动尽管派别众多，但总体上大致都是以转化传统乡村为现代乡村为目标的社会『改造』运动。晏阳初的中华平民教育促进会（简称『平教会』）开展定县实验，梁漱溟领导山东乡建运动，中华职业教育社在江南进行农村改进工作，华洋义赈会在河北乡村推行合作运动，河南村治学院在河南推进乡村建设等旨在乡村『改造』的活动皆创生于此阶段。〔二〕三十年代，国民政府也『组织农村复兴委员会』，倡导和实施『救济农村』。〔三〕其中，梁漱溟倡导的乡建运动具有一套完整的理论和实践方案。

在梁漱溟的理论中，中国乡村建设即乡村救济，乡村需要救济的原因在『近几十年来的乡村破坏』。而中国乡村之所以不能免于各种因素造成的破坏，〔四〕『顶要紧的』原因是农民『缺乏组织』『缺乏团体生活』。〔五〕尽人皆知，梁氏认为中国传统社会是『伦理本位』『职业分立』的社会，生活在传统中国社会的人『只有身家观念，读书中状元，经营工商业，辛勤种庄稼，都不过为身家打算』，『人与人在生活上不发生连带关系，很可以关门过日子』，有『反团体的习惯』。〔六〕因此，在传统中国社会，『为政之道：以不扰为安，以不取为与，以不害为利，以行所无事为兴废除弊』。〔七〕梁漱溟的论定无疑说出了中国传统农业社会的真相。这一认知与辩证唯物主义史家所谓中国传统社会是极具分散性的小农经济社会的论定基本一致。

按照上述理解，在传统中国乡村，维持家庭生活稳定存在与兴旺的社会环境是农民的根本利益所在，任何打破以小家庭为基本生产单元的社会关系的社会改造，或者说任何不能给农民家庭带来现实利益的社会改造运动都必然与农民形成对立关系，而这一对立关系蕴含着『改造者』与整个传统习惯的冲突。梁漱溟领导的乡村改造运动遭遇了这一冲突，晏阳初领导的乡村建设实践也受到上述历史逻辑的支配。

晏阳初平民教育的初衷是教会平民识字，[八]到一九二〇年代末的定县平教实验区阶段，他的平民教育运动也转化为乡村建设运动，以全面改造农民的『愚、穷、弱、私』四大积弊为目标。[九]由于针对四大积弊的『四大教育』（也就是『四大改造』）不可能给农民带来眼前的实惠，显然亦不可能取得重大实际成就。时人评论说，平教会『在一个小县（定县）之内每年化上了二十万元左右巨款』，『小小的成绩是不难得到的』，但『必须指出的是：在定县社会经济的根本组织上，或者更浅近的说，在定县最大多数民众的经济生活（狭义的）上，并不会因平教会之工作而引起根本的变革』。[一〇]晏阳初在定县的实验不久就因全面抗战爆发而中断。但其实验内容不能给农家带来现实利益，即使不中断也不可能实现其预设的改变乡村落后状态的目标。

抗战胜利后，晏阳初领导的平教会在当时的四川省第三专署辖区开启了新一期乡村改造实验。一九四六年建『巴壁实验区』（当时的巴县和璧山），十一月正式开始实验，[一一]一九四七年十一月扩大为覆盖整个第三专区的『华西实验区』，[一二]仍为政教合作的乡村改造实验。华西实验区乡村建设的组织者称此次乡建实践为『新一期』乡村改造实验。按主导者的解释，这一改变是因为此期实验明确提出了以经济建设为重心的方针。[一三]具体而言是把针对『愚、穷、弱、私』实施的文艺、生计、卫生、公民四大教育中之『生计教育』置于中心地位。[一四]实验方式则是将实验区划分为『社学区』。[一五]社学区内建一所国民学校作为『建设活动的领导中心』，分为小学和民教两部。小学部负责社学区内全部学龄儿童教育，民教部由专任主任选用辅导生以经济建设技艺为主的知识教授成年农民，并辅导农民组织农业生产合作社和各种专业合作社，[一六]逐步改造农民『愚、穷、弱、私』的生存样态，实现乡村社会的现代转型。从这些设计看，华西实验区尽管确立了以经济建设为中心的乡建理念，但实践进程须经过传授生产知识和引导农民结成组织以促进经济发展，不是直接给农民带来现实利益，因此实验工作总体上仍难于形成乡村改造的内在动力。

按上述路径进行乡村建设，首要目标在组织农民走出落后的生产和生活境地，实现这一目标的第一步是做人口、财产状况调查。这看起来十分简单的一步就极难进行。直至一九四九年六月还有不少民教主任报告调查困难重重：上门调查时，农民『有的关门闭户，有的外出不理』，有的当面『置之不理』。即使有农家愿接受调查，所得数据亦大半『不正确』。因怕抽丁，被调查人口者只报老人小孩，壮丁皆『隐匿不报』；调查财产时，被调查者因『怕清算』，往往『以多报少』，唯负债数报告准确。乡内一个社学区的调查即费时四个多月才勉强告成。〔一七〕调查后开办成人教育传习处更是难上加难。农民们说白天必须下田『做工才有饭吃』，晚上读书耗不起灯油，且劳作一天已很疲劳，『需要早睡觉』，完全没有工夫读书。〔一八〕有的社学区在乡保长强制下办起来也无法持久，『头两天还勉强来应付场面，继续下去，就是一些儿童，有些传习处连儿（童）都莫有』。〔一九〕『开办传习处困难，比户口调查难多了。』〔二〇〕至于办合作社，情况亦相差无几。正如民教主任李廷荣所说：『要改进农村，普遍的成立各种合作社，这诚然是一个良策，但是十个多月来的创办合作社，仍不过徒具虚名而已。』〔二一〕在华西实验区档案中，这类报告连篇累牍，且绝大多数是一九四九年上任民教主任的经验之谈。足见自一九四七年创建后，华西实验区以『改造』乡村为目标的乡建工作在两年间推进效果甚微。

众多民教主任反映的情况表明，华西实验区乡村建设实验推而不动的根本原因仍在于他们的『乡村改造』路径选择并不完全符合乡村实际。由于要通过全面改造乡村实现农民生存样态的彻底改观，平教会未首先考虑给农民带来现实利益，其众多举措对终年劳作以谋家庭生计的乡民而言仍属于看不见的长远利益，不可能得到他们的热烈响应。史实显示，平教会华西实验区乡村建设中成功之处均为一些能给农家带来现实利益的选项，其中最有成效的事业是在璧山县举办机织生产合作社。

璧山县农民素有以家庭织布为副业的传统。抗战时期因军品需求孔急，当地农家机织副业兴旺一时。战后军布停收，周转资金断链，农家机织相继停产。〔二二〕平教会抓住此机会，以贷给周转资金为条件创办机织生产合作社，几乎毫不费力即取得了成功。一九四七年初，平教会宣布拨出贷款五千四百万元在城南乡组织玉皇庙和蓝家湾两个机织生产合作社，款到之前半月，合作社即告建成。〔二三〕同年七月，平教会协调四联总处发放原料贷款十亿元，抵押贷款十二亿元，同时商同农民银行璧山办事处加入贷款行列，大规模创社扩产。〔二四〕在一九四七年内创办成功十三个铁机社、三个木机社，〔二五〕至一九四九年八月底共成立四十二社。〔二六〕在现实利益号召下，农民争相入社，接受改造，『乡村改造』似乎一夜之间便进入佳境。但事情的逻辑关系决定了这种繁荣必须有不间断的利益输入方能维持。一旦收益不济，情况就将急转直下。在当时的社会条件下，平教会显然不可能带给一个县的机织生产合作社长期维持再生产乃至扩大再生产的市场环境。在合作社生产规模扩大后，重庆的市场很快即无法容纳其产品。平教会华西实验区合作社物品供销处璧山分处开始向宜宾地区开拓市场，但因合作社布匹规格不合宜宾市场需要，销路无法打开，经济循环立即受阻。至一九四九年十一月，兴旺一时的机织生产合作社的发展实际已走到尽头。〔二七〕

晏阳初是国际知名的乡村改造领导者，他对中国农村社会的美好未来怀有满腔热望，对改变农民的贫穷落后状态具有锲而不舍、奋斗不息的精神，但无奈当时中国社会的发展水平尚不能为他实现崇高理想提供起码的物质基础，华西实验区改造中国乡村社会的实践最终未给他的呕心沥血带来应有的回报。与梁漱溟及其他乡建者们领导的乡建实验一样，晏阳初指导的最后一次乡村建设实验仍然没有成功。平教会华西实验区的结束是因国共政权更替戛然而止，但即使没有这一事变的影响，结果亦只能是大同小异，是历史发展的进程注定了『实验』没有喜剧性的落幕。

成功可以留下恢宏的历史，不成功也可能留下历史的恢宏。晏阳初领导的乡村建设没有获得成功，但他的事业仍然恢宏地写在史册之上。他之所以能够因置身乡村建设而成为世界名人，根本的原因就在于他所从事的是全人类都希望，而且也必须走过的历史进程——把传统农村转化为现代性乡村，这是人类历史长河中一个巨大的转折，是人类发展史上一座恢宏的里程碑。因此，他留下的历史遗迹不仅可以帮助当代人去反思一个彻底改变人类生存样态的历史过程，而且可以为当代人创造未来的历史提供不可或缺的既存历史参照。

研究晏阳初指导的华西实验区乡村改造的成败得失，意义至为重大。任何研究都只能建基于丰富史料的基础上。重庆市璧山区档案馆收藏的三百多卷华西实验区历史档案，几乎是华西实验区档案的全部，为研究华西实验区历史提供了极其完整且颇为珍贵的历史资料。为了让这一历史文献遗产更充分地发挥作用，更全面地展示价值，四川大学中国西南文献中心与璧山区档案馆、西南师范大学出版社密切合作，经过五年多艰苦努力，在国家出版基金资助下推出了这套华西实验区档案丛书。从书分为两个部分：第一部分《民国乡村建设晏阳初华西实验区档案编目提要》一册。因民国档案本身没有现代性的文件题目，本册在整理华西实验区档案后，给每份文件重新编写目录，每个文件题目注明原件卷号，同时对每份文件的主要内容加以概括，写出内容提要，供研究者通过提要了解文件主要内容及文件完整程度，便于直接提取所需档案。第二部分为《民国乡村建设晏阳初华西实验区档案选编》。本部分精选华西实验区档案近一万二千面，包含了华西实验区档案的主要内容，已全部转化为数字档案，能清晰呈现档案原貌，以方便研究者使用。

本丛书编著出版的目的在于进一步展示中华平民教育促进会华西实验区档案的价值，初步地，但也是更完整地呈明华西实验区的历史面貌，为学术界研究华西实验区历史提供更多的便利，推进华西实验区历史研究的深入发展。这是编者的初衷，丛书出版后如能在上述方面发挥一定作用，就是编著出版者的最大幸事！

是为序。

注释

〔一〕梁漱溟说：『乡村运动如不追溯很远，大概是发动于民国十四五年间。』见梁漱溟《乡村建设理论》，载《梁漱溟全集》第二卷，山东人民出版社一九九〇年版，第四六九页。

〔二〕梁漱溟：《乡村建设理论》，《梁漱溟全集》第二卷，山东人民出版社一九九〇年版，第四六九页。

〔三〕梁漱溟：《乡村建设理论》，《梁漱溟全集》第二卷，山东人民出版社一九九〇年版，第一四九页。

〔四〕梁漱溟：《乡村建设大意》，《梁漱溟全集》第一卷，山东人民出版社一九八九年版，第六〇四页。

〔五〕梁漱溟：《乡村建设大意》，《梁漱溟全集》第一卷，山东人民出版社一九八九年版，第六二七页。

〔六〕梁漱溟：《中国之地方自治问题》，《梁漱溟全集》第五卷，山东人民出版社一九九二年版，第三一八页、第三一九页、第三一二页。

〔七〕梁漱溟：《乡村建设理论》，《梁漱溟全集》第二卷，山东人民出版社一九九〇年版，第一七七页。

〔八〕晏阳初：《『平民』的公民教育之我见》（一九二六年四月），宋思荣编：《晏阳初全集》（一），湖南教育出版社一九九二年版，第六四页。

〔九〕晏阳初：《中华平民教育促进会定县工作大概》（一九三三年七月），宋思荣编：《晏阳初全集》（一），湖南教育出版社一九九二年版，第二四六页至第二四七页。

〔一〇〕《定县的实验运动能解决中国农村问题吗？》，《中国农村经济论文集》，中华书局一九三六年版，第二七页、第二八页。

〔一一〕孙则让：《华西实验区工作述要》（一九四九年二月十一日），四川大学中国西南文献中心藏璧山区档案，9–1–5，原件藏重庆市璧山区档案馆。以下同。

〔一二〕华西实验区总办事处公函稿，四川大学中国西南文献中心藏璧山区档案，9–1–199。

〔一三〕孙则让：《华西实验区工作述要》（一九四九年二月十一日），四川大学中国西南文献中心藏璧山区档案，9–1–5。

〔一四〕田慰农：《平教会华西实验区北碚辅导区工作期报》，四川省档案馆藏民国档案，全宗号 108，目录号 1，卷号 9。

〔一五〕《华西实验区工作答客问》，四川大学中国西南文献中心藏璧山区档案，9–1–57。

〔一六〕《给民教主任的信——什么叫社学区》，《乡建工作通讯》第二卷第九期，一九四九年十月十四日。

〔一七〕江北县三圣乡第二社学区民教主任刘成禄（在职时间一九四九年六月）：《乡村工作经验谈》，四川大学中国西南文献中心藏璧山区档案，9–1–115。

〔一八〕合川县第一辅导区沙溪乡第十一社学区民教主任秦文甫（到职日期一九四九年六月十五日）：《乡建工作经验谈》，四川大学中国西南文献中心藏璧山区档案，9–1–122。

〔一九〕合川县第二辅导区白沙乡第一社学区民教主任梁宗肃：《我对于乡建工作的意见》（一九四九年十一月九日），四川大学中国西南文献中心藏璧山区档案，9–1–122。

〔二〇〕江北县龙王乡第七社学区民教主任萧启禄：《乡建工作经验谈》（一九四九年十一月十二日），四川大学中国西南文献中心藏璧山区档案，9–1–115。

〔二一〕巴县鱼洞镇第十一社学区民教主任李廷荣：《三周年纪念杂感》，四川大学中国西南文献中心藏璧山区档案，9–1–138。

〔二二〕《中华平民教育促进会华西实验区工作总报告》（一九四七年八月至一九四八年三月），四川大学中国西南文献中心藏璧山区档案，9–1–68。

〔二三〕《中华平民教育促进会华西实验区工作总报告》（一九四七年八月至一九四八年三月），四川大学中国西南文献中心藏璧山区档案，9–1–68。

〔二四〕《中华平民教育促进会华西实验区推进璧山县机织生产合作事业概况书》（一九四八年四月一日编），四川大学中国西南文献中心藏璧山区档案，9–1–77。

〔二五〕《璧山县机织生产合作社各月份产量统计表》《璧山县机织生产合作社概况表》，四川大学中国西南文献中心藏璧山区档案，9–1–71。

〔二六〕《三十八年七月底机织生产合作社概况表》《三十八年六月底机织生产合作社概况》，四川大学中国西南文献中心藏璧山区档案，9–1–54，9–1–172。

〔二七〕《华西实验区合作社物品供销处宜宾办事处简要报告》，四川大学中国西南文献中心藏璧山区档案，9–1–157。

凡例

一、『中华平民教育促进会华西实验区档案』（以下简称『华西实验区档案』）原件藏于重庆市璧山区档案馆。抗战爆发后，晏阳初在重庆巴县歇马场主持创办中华平民教育促进会私立中国乡村建设育才院（后改名为私立乡村建设学院），并划定巴县和璧山为教学实验基地，命名为『巴璧实验区』。后来，当时的四川省政府决定与晏阳初合作，在更大范围内继续按照晏阳初乡村建设理论开展乡村建设实验，并将『巴璧实验区』更名为『华西实验区』。尽管档案中晏阳初本人的活动记载较少，但作为丛书出版时仍在题名中冠以晏阳初之名。

二、二〇一二年，四川大学中国西南文献中心对华西实验区档案原件进行数字化处理。为保持档案原件原貌，在制作华西实验区数字化档案时，依据档案原卷顺序及卷内档案原顺序依次扫描、编号，使其与华西实验区档案原件一一对应。制作完成的数字化档案分别保存于重庆市璧山区档案馆和四川大学中国西南文献中心。

三、四川大学中国西南文献中心根据其所保存的华西实验区数字化档案挑选形成『档案选编』。华西实验区档案原件未做分类整理，为便于读者清晰地了解华西实验区乡村建设实验情况，选编者根据晏阳初『四大建设』的理念及档案实际内容对档案进行分类，最后形成『综合』『人事制度及管理』『经济建设实验』『教育建设实验』『卫生建设实验』『编辑宣传』『社会调查』七个部分。每部分再按照档案实际内容进行层级划分，各层级间以『·』分隔，并可跨级。如综合卷『三、组织系统』的『社学区·社学区概述』『社学区·社学区划分』『社学区·社学区调查』中，『组织系统』为第一层级，『社学区』为第二层级，『社学区概述』『社学区划分』和『社学区调查』为第三层级，第三层级之下为档案原件及其标题。此部分中，还有部分档案原件在第一层级之下直接呈现。各层级标题均置于单页码面的书口，不再在版心中重复出现。原题名中的民国纪年统一改为公元纪年。

四、华西实验区数字化档案编号包括全宗号、目录号、卷号、页码四个部分。如：9-1-38（34）表示该件档案为全宗9、目录1、第38卷中的第34页。个别卷有分册的，则以【】标示。如：9-1-32【2】（26）的『【2】』表示该件档案在第32卷的第2册中。档案原件有些内容排放顺序错乱，为保证读者能够通顺理解档案内容，编排过程中对档案排放顺序进行了必要调整，但不改变数字化档案页码号。鉴于同一文件的复本在一定程度上反映了华西实验区的运行情况，故个别复本予以保留。

五、为了更直观地呈现档案内容，『档案选编』采用中式竖排、双页跨单页编排。原档案只有一面，需根据呈现要求添加一空白面形成和合面时，只出现层级标题（空白面位于单页码面时）或书名（空白面位于双页码面时），不出现档案标题；原档案自带的空白面，则编排有层级标题（或书名）及该档案标题。

总目录

ZONGMULU

二、农业

农业工作计划、报告·农业组工作计划、报告

农业工作计划、报告·其他部门报告

农业贷款

农业生产合作社·农业生产合作社相关书表

农业生产合作社·联合社

农业生产合作社·公文

农业推广繁殖站

养殖业与防疫·工作制度

养殖业与防疫·工作计划和报告

种植业与防虫·工作制度

种植业与防虫·公文、工作计划和报告

种植业与防虫·调查统计

种植业与防虫·竹蝗防治

总目录

种植业与防虫·甜橙果实蝇防治·会议记录

种植业与防虫·甜橙果实蝇防治·工作报告、标语

种植业与防虫·甜橙果实蝇防治·公文、信件

种植业与防虫·油桐

种植业与防虫·公文、信件

机织生产合作社·机织生产制度和办法

机织生产合作社·机织生产合作社计划和报告

机织生产合作社·往来公文

造纸生产合作社

酿造合作社

毛巾生产合作社

妇女农产加工合作社

四、水利

计划、办法和报告

公文

五、土地实验

农地减租

统租分佃

民国乡村建设

晏阳初

华西实验区档案选编·经济建设实验

①

目录

一、合作综合

二、农业

农业工作计划、报告·农业组工作计划、报告

目录

一、合作综合

华西实验区组社须知　9-1-60（110）

95

華西實驗區組社須知

本區經濟建設之推進，着於最近期內普遍建立合作方式為實施各項經濟建設工作之手段，因此凡屬其基礎之鄉村工業及農業特產品之能大量集中運出者，則擬組織專營合作社以經營之，如以織布為主要業務之機織合作社及桐油運銷合作社，均擬大量推廣，其餘有關農業生產技術之改良，農田水利之設施，以及農民日常經濟生活之可得以合作方法謀改善者，則以組織兼營社業生產合作社經營之。惟各種合作社之業務推行，不同於組社地區，亦須以主為遵循，工作開展之初，似宜有共適之認識，茲將組社步驟擬就組社須知，以供同仁之參考。

甲、組社前之調查工作

組社之前，當有詳密之調查，俾對於擬組織之合作社其社

桐油合作社及蔴業生產合作社之組社，謂應先作分別說明。合

（一）機織生產合作社

(1) 機織合作社係以經營方式織布之作，由社員於其家庭內分別行之，且係以其農閒剩餘勞力為主。

(2) 凡農民自有鐵機或木製織機並有織布技能而其織布過程中之全部紡紗勞動（例如彈紗、繞紗、絡紗、倒紗、牽紗等）均能由其家庭自任者，始得為社員。

(3) 每一社員僅以一機台為限，其餘機台可由親人合社請求，以紡紗織布之全部機關辦理儲押，但其機台總數不得超過五個以上，且係雇人代織者，均不得為社員。

(4) 社員之出品由合作社規定統一標準，其生產品種類以完成產品之標準化，與生產計劃化，故關於原料之供給與成品之

华西实验区组社须知　9-1-60（112）

96

推銷消費由農人[illegible]

具有認識與興趣。

（5）基於以上各點欲組織合作社組社之先應按本區所訂機關調查表（表式另附）逐一詳細調查並特別注意社員之職業技能及其對合作組織之認識。

（二）桐油運銷合作社

（1）桐油運銷合作社以自有桐樹之農民為調查之對象

（2）油桐之調查除按本區所定油桐調查表（表式另附）逐一詳查外並應特別注意全鄉產量之確實估計以為本年度推進業務之張本。

（3）桐油運銷採收貨制由合作社先行付給社員所交桐籽之全部價款俟採妥記帳俟桐油運出銷售後始付給價款

不區域內各有之營業之需

（4）分區集中壓榨可能程依榨油之作坊榨房生產量及集中時之運輸費用宜詳為估計

（三）農業生產合作社

（1）農業生產合作社以佃農及自耕農為社員之業務並以新劃鄉區為業務區域。

（2）每一鄉區應根據本區所訂農家經濟調查表（表式另附）逐一詳查，應特別注意土地分配水利設施諸問題

（3）無適當舉辦營業務可資發展之區域以農業合作社為經濟組織之主體，應注意其業務為易辦且易普遍舉辦之工作為中心之工作儘先着手進行

乙　組社前之訓練工作

調查工作完竣之後各鄉輔導人員應會同各區負責人

华西实验区组社须知 9-1-60（114）

審定社員資格，凡合於本區選社原則者，均得參加合作社為社員，並須分別予以訓練

（1）與本區研習教育配合，以業務性質分別設立特種傳習處

（2）除文盲社員應受普通傳習處之識字教育外，一般社員均應受與其參加合作社有關之特種教育

（3）特種傳習處之教材，除以合作社之組織章程為主要教材外，另由本區編纂傳習處應用之教材

（4）訓練至相當時期後，即由受訓之社員選舉籌備委員籌備成立合作社

97

丙、合作社之設立

（1）合作社之籌備成立，可參考合作手冊第一篇合作社

並應對職員之選舉加以注意與使充分參入辦務組織並參看合作社組織與登記第一章第四節合作社的組織體系。

（五）專營合作社之業務區域倘因事實之需要不必受現有行政區域之限制於成立時即宜視其業務範圍及其發展之可能性予以適宜之決定。

（六）合作社舉行成立會後應於一個月內造具左列各種書表經由各區辦事處轉送本處轉呈縣政府辦理成立登記

A 成立登記申請書二份　B 創立會決議錄二份

C 社章　四份　D 社員名冊　三份

E 業務計劃　三份

登記所用書表格式參看合作社組織與登記第二章「合作社的登記。

华西实验区第一次座谈会关于如何组织合作社等决定事项 9-1-60（120）

101

第一次座谈会决定事项　八月二十三日

（一）如何组织合作社

1、机织生产合作社社员资格（除法令规定外）：

（1）有织台而能自织者　（2）家有成人识字能读书者

（3）以织布为家庭副业者　（4）社员应为自耕农或佃农

（5）导生能有织机或家庭织机者得优先入社，以资鼓励

（6）传习处学生能有织机或家庭有织台，能学习并自置机台者

2、简易农仓社员资格等项

（1）社员须为佃农或自耕农，农户有耕农

（2）储押量最少为一市石，最高额为六市石

（3）储押时期以三月为期，储押期满要合法为限

（二）调查合作社……资格

2、各校教職學員錄事件之由教科分令各校遵同證件造報呈報並令各輔導員負催報之責

3、輔導員就近在鄉中心調查各類數字協助調查總表報請區主任轉縣府核辦

（二）實施學齡兒童入學

各輔導員下鄉後應發動入學運動，在鄉保集會時應極力設合保校或保校，令學齡兒童入學，每保按人數試驗區最少四十人一班，鄉區最少二十五人一班

（四）實施入學後學齡兒童之普查

各保於開學後學齡兒童分別登記其未入學者應通過傳習處

本期能入學者並將未能入學及應入傳習處之失學者調查清楚後則辦理之

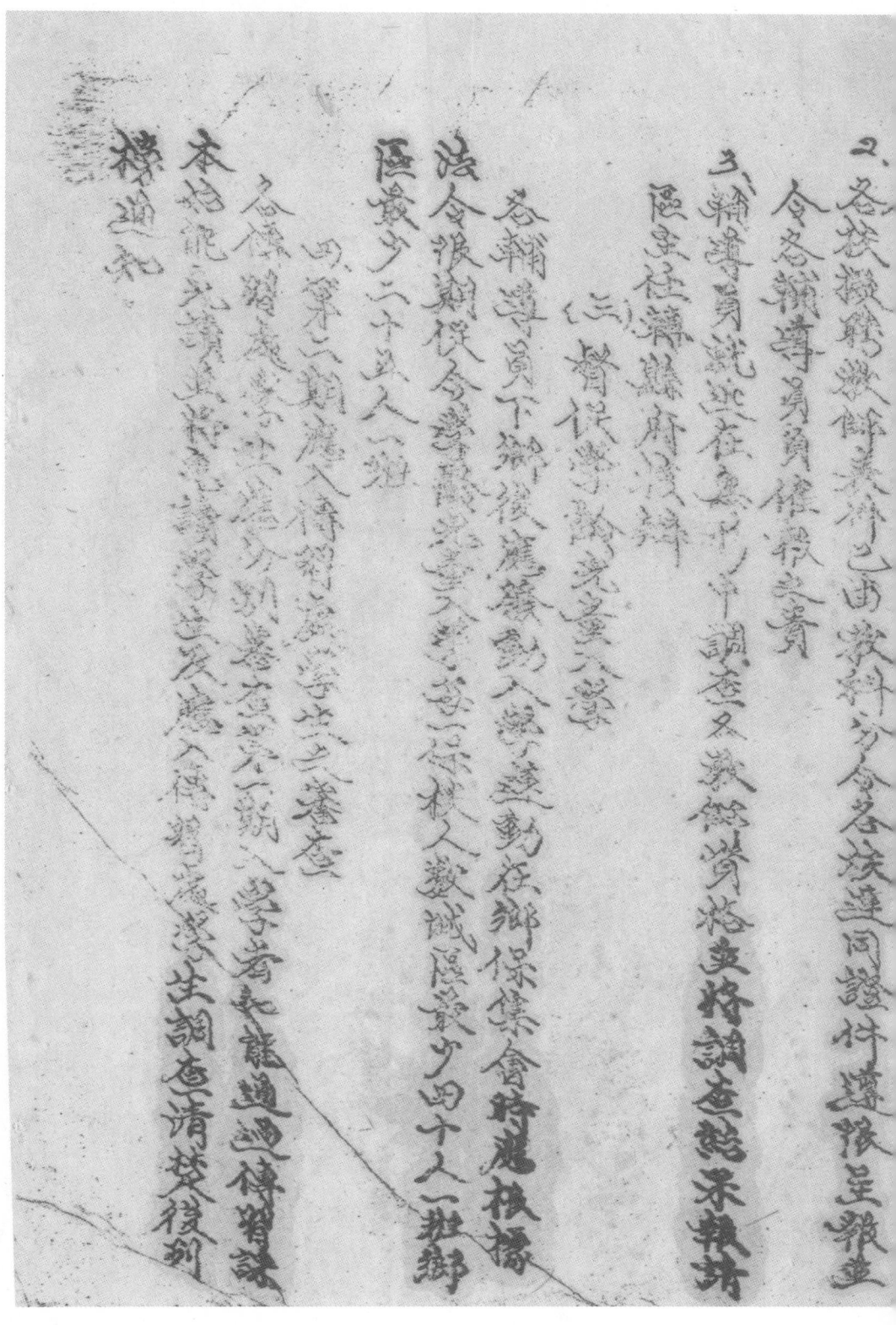

华西实验区第一次座谈会关于如何组织合作社等决定事项 9-1-60（122）

102

（五）暫從緩辦農民學校
惟該辦法已由教育部門委員會出縣府分令各鄉照辦，各輔導委員
會從教育部門委員會抄辦法，以後（下鄉在各鄉查堂）輔導，往返參
議，務應作有計劃之安排。
（六）考核各校教師及民教主任，以資獎懲
推定彭滄北、馮沖、湯勤謙三人負責草擬考核辦法及表格。
（七）璧山社會概況調查之準備
請晏并來主任擬定計劃及辦法，以作將來進行調查之準備。
（八）輔導員與指導員職權劃分及工作聯繫問題
1、指導員暫為輔導員負責政府委託事項，輔導員側重自
治事務（如教育實驗、實驗福利等並協助指導等）。
2、輔導員須將業務進行結果報請區主任備查，指導員得

查（專案辦理事件每需送報）上項報告經區主任核定後合併轉請　縣府核辦

推定歐陽輝都作新二輔導員再同謝一琴主任根據上項決定擬定具体辦法。

（九）輔導人員下鄉態度及基本知識問題

輔導人員下鄉應保持教育家態度，處於協助地位，依照下列各條逐漸促成各項地方建設之實現

1、抱同情的態度　2、有發現的選擇　3、重實際的風氣　4、求分工的合作　5、謀工作的發展　6、求計劃的實現。

（十）工作日程及準備問題

1、工作日程：（九月一日起）

第一週　調查及登記各國民學校教員資格組織合作社

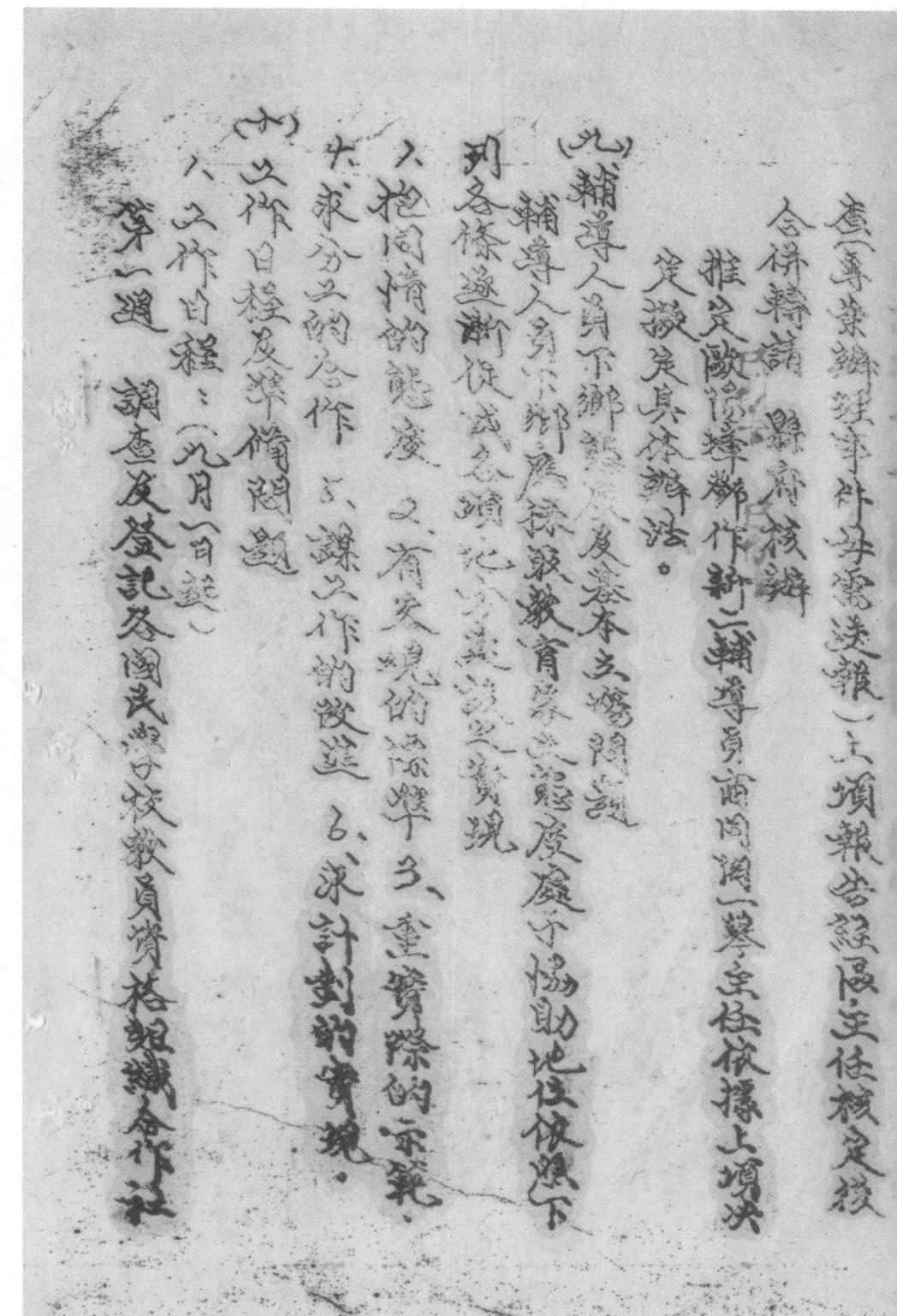

华西实验区第一次座谈会关于如何组织合作社等决定事项 9-1-60（119）

100

第二週 繼續組社工作

第三週 督促學齡兒童入學，查應入傳習處之學生督

促繳股金

第四週 考核社長職員及主任工作成績以備總獎。

五、準備事項：

㈠傳習處處名牌用表須印製（已備卡）

㈡傳習處標語准由鄉鎮印發或由各輔導員負責擬定

文教會等問題交會討論

㈢合作社與社調查表由總辦事處負責準備

六、合作貸款類分配問題

農會貸款 第四區分配十億元正，第五區分配二

十億元正

华西实验区一九四八年度合作事业推进计划 9-1-74（21）

中華平民教育促進會華西實驗區三十七年度合作事業推進計劃

本實驗區為發展農村經濟改善農民生活特就區內農家副業及農家工業之較具基礎者配合成人教育運用合作組織方式將從事各種特產品生產事業之農民逐漸納入於合作組織中使散漫之生產方式一變而為有計劃有組織之生產團體並予以資金之協助及技術改進之指導以完成產品之標準化與計劃化特擬具推進計劃如左：

甲、機織生產合作社

璧山為紡織事業最發達區域本實驗區曾於三十六年度撥給基金於璧山縣屬之城南鄉試辦機織生產合作社復承中國農民銀行之協助核准貸款二十二億於河邊城南各鄉先後組織鐵輪機織社十六社於來鳳鄉組織窄布社四社均係副業經營方式生產工作人力散於社員家庭內行之並以社員家屬自行提供全部勞力為主推行以來頗著成效蓋此種經

營方法不特可省却大量之業務組織之龐大管理費用，以求本更之新合作組織力量以從事共同運銷加工及產運之統一完成之檢查制度以完成產品之標準化提高出品品質本年度內仍請農行等以資金之協助以從事舊社之充實新社之增組及從速縣聯合社之使全發展並擬就社務部份之推展計劃及需要貸款數額如次：

（一）社務之推進

（1）充實舊社：鉄輪機織社之於三十六年度完成城南鄉八社河邊鄉四社共十二社開工之鉄輪織布機五百台本年度內擬於每社增加新社員二十人增開織機三十台使過去未能入社之農民均有入社機會並於一至三月份完成之計共新增社員二百四十人增開鉄機三百六十台。

（2）增組新社：

（a）鉄輪機織社擬於本年度內就鉄輪機發達區域之城東城西城北城中

华西实验区一九四八年度合作事业推进计划　9-1-74（23）

12

獅子五鄉鎮經濟調查已完成並富於確實性及民衆教育之推行已著著成效者各選定四適當業務區域組織四社於六至九月份完成之每月增組新社四社五個月共二十社增開織機壹千台每社仍以開織織機五十台每一社員之織機仍以不超過二台為原則。

（B）木機織布為璧山婦女之主要副業十四歲以上之青年女子均有從事辛梳倒筒織布之熟練技能且能利用社員家屬農閒剩餘勞力而不需雇用之人其出產品暢銷雲貴川邊等地有其特定市場璧山有此種織機達三萬台以上頗可大量推廣因此本年度內除來鳳鄉所試辦之四社仍繼續予以充實外並擬於木機最多之丁家、來鳳、中興、大興、正興、丹鳳、獅子等鄉鎮完成經濟調查配合民教實施於一月份起選擇適當業務區域每月組織合作社四社全年完成四十八社每社以織機壹百台每一社員以開織機壹台為原則。

华西实验区一九四八年度合作事业推进计划　9-1-74（24）

(3) 健全縣聯合社：機織社之縣聯合機構已於上年度成立並統籌辦運銷業務接受社員社之委託代銷各社出品本年度內擬設置動力整染廠以從事生產品之整染加工使能與舶來品競爭於市場並成立原料供應部以統籌各社原料之供給。

(二) 需要貸款額

(1) 單位社原料貸款：

(a) 舊社所需貸款除原已核定之十億原料貸款仍請續貸外本年度內於舊有十二社中增加織機三百六十台每台仍照貸原料紗五斤暫以市價國幣叁拾萬元計共應需棉紗壹千八百斤合國幣伍億肆仟萬元正。

(b) 增組新社所需之原料貸款分鐵輪機與木機兩種：(1) 鐵輪機社本年擬新組織二十社每社以開工織機五十台為原則二十社共織機壹

华西实验区一九四八年度合作事业推进计划　9-1-74（25）

千台每台年梳一次以八疋布計需經紗四并半再準備可供周轉五日之緯紗須紗二并半即每台機需原料紗七并除社員自備原料紗二并外仍按每台機貸原料紗五并每并暫以市價國幣叁拾萬元計每台機需國幣壹佰伍拾萬元壹千台織機共需國幣壹拾伍億元（2）木機本年度内擬新組織四个社每社以開六織機壹佰台為原則每機年梳一次以十疋布計需經紗壹并半再準備五日以上之緯紗亦需一并半即每台機需原料紗三并除社員自備壹并外擬每台木織機貸原料紗二并每并暫以國幣叁拾萬元計每台機需國幣六十萬元四社共組織四百台需原料貸款二億四千萬元。全年共需原料貸款額貳拾捌億捌仟萬元。

以上共需新增原料貸款總額國幣肆拾玖億貳仟萬元。

（3）聯合社貸款數額：

□信不償款，以滯停頓，於產品之推銷係委託聯合社共同辦理，但產品不能一次全部出售，為求業務上之週轉靈活，每月至少須以產品三分之一辦理儲押。本年度內一月份鐵輪機之生產量，除上年度所開織機及自合外，舊社四社加以充實，增開鐵機壹百六十台，新增組四社增開鐵機二百台，合計本月份共可開鐵機八百六十台，每台平均按出產寬二十八英寸、長四十碼之原白布十二疋，八百六十台織機共可出產九千八百四十疋，以其三分之一辦理儲押貸款，約為三千六百疋，每疋按現布市價四十萬元計，共值國幣壹拾肆億肆仟萬元，按五成折扣抵押，所需國幣柒億二千萬元，以後至四月份新舊社每月共增開鐵機三百六十台，增產原白布二千八百四十疋，仍按以三分之一辦理儲押貸款，須增貸國幣約六億五千萬元，惟此項貸款其償還期限最長不過三個月，如產品之推銷較順利時，其抵押

華西實驗區一九四八年度合作事業推進計劃　9-1-74（27）

數額不致如是之多，抵押期間亦不至必須三個月，故除原已核定五十六億元仍請續貸外，另增國幣壹拾億元，共計六十六億元，即足資周轉。

本織於本年度一月份內除原有四社開織機四百台外，一月份新增四社，增開本機四百台，共為八百台，每台每日產長二十八尺、寬一尺五寸之寬布一疋，月產布六十疋，八百台本機共計產布六萬四千疋，每疋按現在市價國幣九萬元計，共值國幣五十七億六千萬元，仍以三分之一辦理儲押貸款，約合國幣柒億元，按五縣折扣抵押需國幣叁億伍仟萬元，以後每月增產壹萬六千疋，以三分之一約四千疋辦理儲押，須增貸壹億八千萬元，三個月遞轉一次，需儲押貸款國幣壹拾伍億元。

以上數字，本織機除三十六年核定抵押貸款十二億元到期後仍繼續請貸外，計共需新增儲押貸款二十五億元，共為三十七億元。

乙、

染料共需貸款：為劃一各[illegible]

品由縣聯合社統一辦理加工運銷供應，並為社員委託代銷成品之利益。先請備原料以抵償社員託售成品價款之一部份，以免社員將成品交入聯合社後，即無原料從事再生產，致有停工之虞。蓋產品集中之後，尚須加以整理，此時尚無法辦理儲押，亦不能速送市場求售，故請核貸聯社原料供應貸款壹拾億元，使能準備各社一月所需原料之六分之一（約棉紗壹百大件），以供週轉。此項貸款，除仍由各區及璧山縣政府負承借保證之責外，必要時並由本區薦派聯社原料供應部總經理，農行派駐部稽核，以利監督該項貸款之安全。

（乙）加工設備貸款：本年度一月份即可開織機八百二十台，可產長四十碼寬三十六英寸之原白布約壹萬匹，以後每月可增產三千餘匹。木機布一月份可生產六八窄布六萬四千匹，以後每月可增產壹萬二千匹。如此大量生產，必宜自有現代化之整染設備，使產品總料繁方能整理之後堪與舶來品抗衡，因此以設置動力蒸汽漿廠一所，以達成生產加工運銷一元化之理想，目前需設備資金及週轉資金約國幣壹拾億元，關於設廠計劃於聯合社辦理此項貸款計劃中另行詳細擬訂。

乙、造紙生產合作社

本區銅梁永川素以造紙著稱，手工造紙為農家主要副業，擬加以組織並充裕其資金，改進其技術，使其成品能適應社會需要。

（一）組社原則

(1)就永川銅梁產紙區域組織造紙生產合作社，凡具有造紙技能並自有紙槽之農民均得加入合作社為社員。

(2)採就副業經營方式生產，工作由社員運用其原有紙槽個別生產，並以利用家庭農閒剩餘勞力為主。

(3)產品由合作社規定統一標準，造紙所需原料亦由合作社統一定製產品

华西实验区一九四八年度合作事业推进计划 9-1-74（29）

由社員委託合作社統籌運銷並以文化用紙為主。

（七）暫以推廣壹千槽為限，按各紙地區劃分適當區域，分區組社，每社以五十槽為原則，範圍不使過大，使社員與合作社間易於切取聯繫。

（八）需要貸款額

每一紙槽擬貸款其所需生產原料石灰石鹼原漂粉等價款之六分之一，約為國幣壹百萬元，壹千個紙槽共應貸國幣壹拾億元。

（丙）、農業生產合作社

本區擬以保國民學校學區為單位組織農業生產合作社，凡各該學區內之農民均得為社員，所有農田水利以及一切有關經濟活動均由農業生產合作社運用合作方式處理之，並擬於璧山北碚巴縣試辦合作農倉於永川榮昌巴縣北碚從事畜種改良。

（一）合作農倉

华西实验区一九四八年度合作事业推进计划 9-1-74（31）

16

(1) 組社原則：

(a) 合作農倉之設立以調劑糧食市場與虞安定人民生活為主要任務。

(B) 合作農倉由農業生產合作社兼辦之，以自耕農及佃農為主要對象。

(C) 先於璧山北碚巴縣三縣選擇經濟調查最確實民眾教育成績最好之鄉鎮三十個，每鄉以十個保學區計，共三百個保學區，每保學區設置合作農倉一所，每倉以能儲押糧食六百市石為準，至合作農倉建設地點，應與各該鄉之糧食市場相配合。

(2) 需要貸款額：

(a) 農倉建築設備貸款每倉預計三百萬元，三百個倉共需國幣九億元，除由本實驗區資助國幣叁億元外，並請由農社貸款[illegible]撥借[illegible]之。

（B）儲押貸款按每市石市價以拾萬元計算每倉可儲谷六百市石三百個倉共儲谷十八萬市石合國幣壹百八十億元按六成折扣押貸共需押貸資金國幣壹百零八億元。

（C）合作農倉一切實施辦法悉照農行所頒訂之簡易合作農倉之一切規程辦理之。

（六）畜種改良

北碚所推廣之約克夏公豬與榮昌純白豬一代雜交種較之普通土種豬易於肥育在同一時期內可較普通土種豬增肉三分之一且養豬亦為四川農家之主要副業因此擬於北碚全區及榮昌永川巴縣選定區域大量繁殖推廣使畜種改良能日漸普遍化并增進農民收益及增加肉食之供應。

华西实验区一九四八年度合作事业推进计划 9-1-74（33）

(1) 組社原則：

(a) 於北碚、璧山、永川、巴縣各選定十所民教較有基礎之鄉鎮為畜種改良試範區域

(b) 總選定之鄉鎮由農業生產合作社於社內選擇殷實自耕農或佃農二十戶為表證農家，貸以種母豬，俟其飼養並以其所產之一代雜交小豬標賣，除成本償還貸款，餘歸居民。

(2) 需要貸款額：

(a) 母種豬貸款：每社採母種豬六十頭，四縣共推廣四百社，需種母豬八千頭，每頭擬貸國幣壹拾萬元，八千頭共需國幣八億元。

十頭每頭貸國幣弍佰伍拾萬元八十頭共需國幣二億元。

丁.貸款實施要點

(一)上列各種貸款在總額度不變之原則下如原料及成品價格有漲跌時由璧山農行會同本實驗區核實配貸。

(二)貸款除由社員負連環保證之責外並仍以本實驗區為第一承還保證人各縣縣政府為第二承還保證人。

(三)貸款運用之監督及各社業務之指導由本實驗區於各縣設置指導人員以加強監督指導力量。

华西实验区一九四八年度合作贷款额度表 9-1-74（35）

18

贷款额度表

業 貸款		簡倉		合計
欠	新申請數	設備貸款	儲押貸款	（分縣合計數）
元	2500000000元	200000000元	3600000000元	4420000000元
		200000000	3600000000	4050000000
				750000000
				500000000
		200000000	3600000000	4050000000
				250000000
	2500000000	600000000	10800000000	24020000000

璧山機織联合社整染廠設備貸款十億未列入

建改良。

和永川造紙事業。

华西实验区一九四八年度合作贷款额度表 9-1-74（36）

華西實驗區三十七年度

貸款種類 / 預計額度 / 類別	推廣	副（業）原料貸款 原核准數	新申請數	儲… 原…
璧山		1,000,000,000元	5,920,000,000元	1…
北碚	250,000,000元			
永川	250,000,000		500,000,000	
銅梁			500,000,000	
巴縣	250,000,000			
榮昌	250,000,000			
合計	1,000,000,000	1,000,000,000	6,920,000,000	1…

說明
1.本表所列貸款總額共國幣24,020,000,0…
另專案申請。
2.推廣貸款係於北碚永川榮昌巴縣…
3.副業貸款以發展璧山紡織事業…

19

年度進度預計表

)

原料貸款額		產品數量	備攷
社貸款額	增加新社貸款額		
00000元	300000000元	9,840	
00000元	300000000-	13,250	
00000元	300000000	17,120	
	300000000	17,520	
	300000000	21,920	
		21,920	
		21,920	
		21,920	
		21,920	
		21,920	
		21,920	
		21,920	
00,000	1,500000000-	231,520	

璧山县机织生产合作社一九四八年度进度预计表 9-1-74（37）

壁山县机织生产合作社一九四八年度进度预计表 9-1-74（38）

壁山縣機織生產合作社

（鐵机

月份	社数		織機台数		
	原有社数	新增社数	原開工数	新增加数	
				舊社補充	新社增加
1	12	4	500台	120台	200台
2		4		120台	200台
3		4		120台	200台
4		4			200台
5		4			200台
6					
7					
8					
9					
10					
11					
12					
合計	32社		1,860台		

璧山县机织生产合作社一九四八年度进度预计表　9-1-74（39）

20

…三十七年度進度預計表
（…3份）

…款額 …新社貸款額	產品數量	備　　攷
元	疋	
…0,000,000	24,000	
…0,000,000	36,000	
…0,000,000	48,000	
…0,000,000	60000	
…0,000,000	72,000	
…0,000,000	84,000	
…0,000,000	96,000	
…0,000,000	108,000	
…0,000,000	120,000	
…0,000,000	132,000	
…0,000,000	144,000	
…0,000,000	156,000	
…0,000,000	1,080,000	

璧山县机织生产合作社一九四八年度进度预计表　9-1-74（40）

璧山縣機織生產……

（

月份	社數		織機台數		原……
	原有社數	新增社數	原開工數	新增加數	舊社補充……
1	4	4	400台	400台	
2		4		400台	
3		4		400台	
4		4		400台	
5		4		400台	
6		4		400台	
7		4		400台	
8		4		400台	
9		4		400台	
10		4		400台	
11		4		400台	
12		4		400台	
合計	52社		5200台		

101卷

(一)實施情形：本區所有織戶大部份均加以組織

(二)效果：如表

以前核准		本月核准		共計	
社數	社員數	社數	社員數	社數	社員數
一〇	四四二	一	五九	一一	五〇一

2.農業生產合作社

(一)實施情形：本區農業生產合作社截至本月止已組成三十五社可謂已大部份組成本月組成者僅為情形特殊之社學區故而落後

(二)效果：如表

以前組社	本月組社	以前核准	本月核准

华西实验区农业生产合作社等实施情形及效果的文件资料　9-1-101（1）

社數	社員數	社數	社員數	社數	社員數	社數	社員數
三五	三八〇三	三	一九〇	一	八三	二九	三二五八

二、辦理合作社貸款

1、貸款

(一)實施情形：本區各組織合作社除已貸款外餘均繼續辦理手續並請由

繼續派員到區複查

(二)效果：如表

以前貸款			本月貸款			共計		
社數	社員數	放款數(元)	社數	社員數	放款數(元)	社數	社員數	放款數(元)
三	一三〇	二九七	一	四五	一三四	四	一七五	四三一

华西实验区农业生产合作社等实施情形及效果的文件资料　9-1-101（3）

2

2、貸保編

(一)實施情形：各社學區農業生產合作社大部份業已核准指導辦理貸款工作亦普遍展開惟各社職員多係生產農民辦理貸款手續又繁雜錯百出故甚費時間

(二)效果：已由本區辦事處轉呈貸款書表者計有三社

(三)檢討：此次組織農業生產合作社都遵照既定標準完全以生產農民為對象故社職員亦均為生產農民而所用書表又因牽就已定法令極為繁冗指導辦理甚感困難且浪費物力人力及時間

三、勘察水利工程

1、實施情形：水利建設工程為農業民眾渴望之建設工程對於田農

生產合作社職員無法着手　總處有鑒於斯乃派出專門人員對壓

實地勘察分為兩組一組至大路鄉轉道往六塘一組則分至其他各鄉

2、效果：計勘察：

(一)健龍鄉二處

(二)蒲元鄉二處

(三)六塘鄉一處

(四)龍溪鄉一處

(五)河邊鄉二處

(六)大路鄉六處

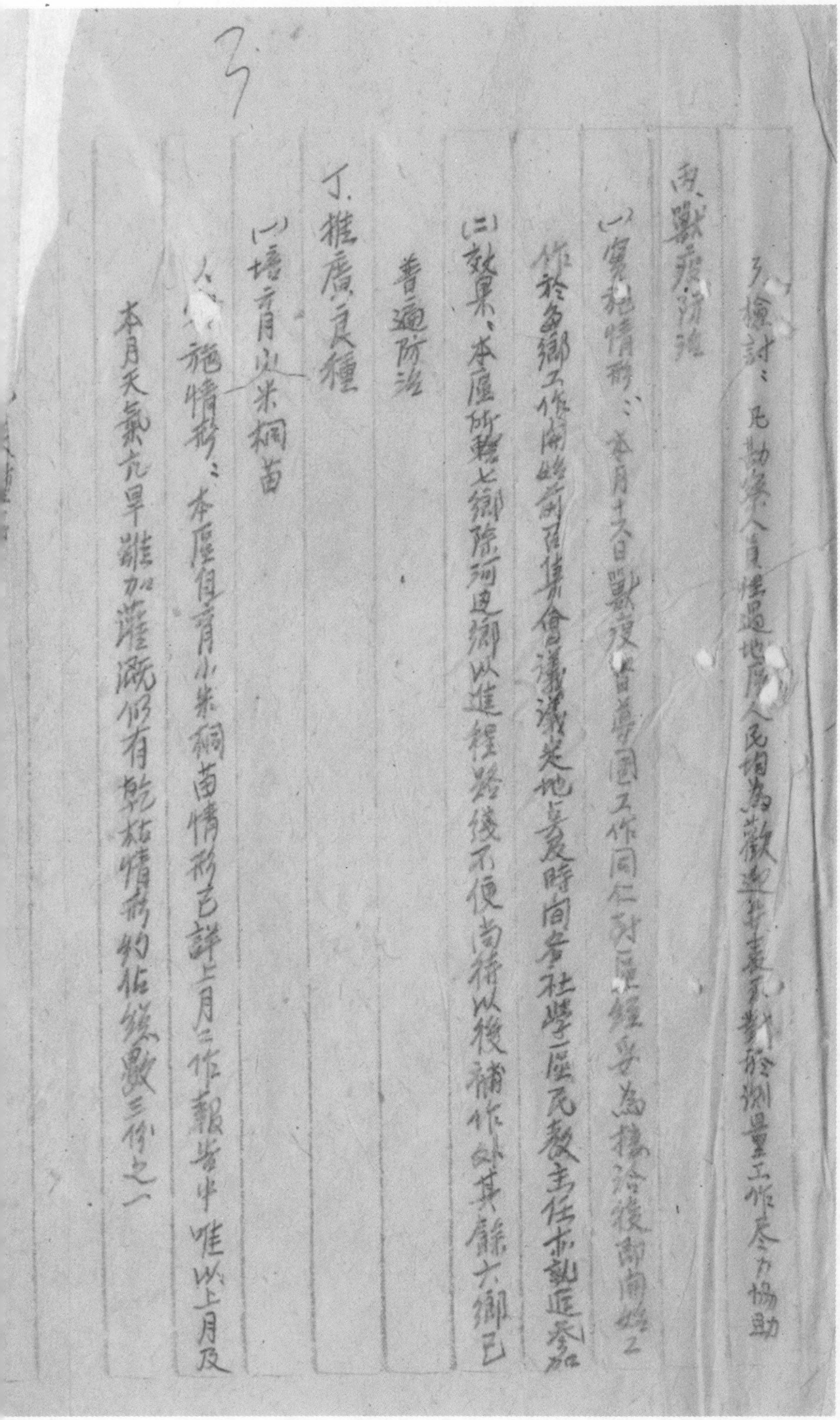
3

3、檢討：民勤隊人員經過地方人民均為歡迎，並對於測量工作盡力協助

丙、獸疫防治

（一）實施情形：本月十六日獸疫防治督導團工作同仁到區經妥為接洽後商由各工作於各鄉工作開始前召集會議議決地點及時間，會社學區民教主任亦親臨參加

（二）效果：本區所轄七鄉除河邊鄉以道程路綫不便尚待以後補作外，其餘六鄉已普遍防治

丁、推廣良種

（一）培育小米桐苗

1、實施情形：本區自育小米桐苗情形已詳上月工作報告中，唯以上月及本月天氣亢旱雖加灌溉仍有乾枯情形，約佔總數三份之一

华西实验区农业生产合作社等实施情形及效果的文件资料　9-1-101（5）

华西实验区合作部分工作报告　9-1-148（219）

107

合作部份工作報告

甲、機織合作社

（一）三十六年度工作概況．

本區機織生產合作社始三十六年一月於璧山試組生產合作社採副業經營方式，厘定產品標品，提高生產品質，複規定每一機台貸紗五斤，三月即有標準化之產品供應市場。是年度共組織鐵機社一三社，木機三社，共計一六社，社員一一五三人，計鐵機一、四八九台，木機三四六台。各社原料貸款由平教會撥發基金購紗一九件，農民銀行配貸六六五件，復由農民銀行抵押貸放棉紗二三五件，共計貸放一〇九件。而各合作社之生產量計鐵機產布五七、五六〇疋，木機產布一九、七六〇疋，換布盈餘棉紗八〇件二五斤。

三十七年度除璧山縣仍繼續組社外工作區域增加北碚一局各社業務逐漸展開新社復增組一八社計鉄機社八社木機社十社計鉄機一六二六台木機一、一八八台社員一、六〇六人本年度貸款除收回原有之一〇九件繼續貸放外復由農行加貸紗三九件舊社員減為每台貸紗四斤而各合作社之生產量計鉄機產布一〇五、七五四尺木機產布一一五〇五〇尺換布盈餘棉紗一七九件一一斤。

（三）三十八年度工作概況

三十八年度截至四月底止除原有之合作社繼續其業務外復組織三十七社計鉄機社一六社鉄機一、八〇九台木機社二一社木機三、一〇〇台社員共計三七六一人本年度貸紗及以布易紗工作正陸續辦理中。

华西实验区合作部分工作报告 9-1-148（221）

108

(四)合作社實務人員訓練

(一)合作社理事主席及經理訓練 由本區召集機織合作社之理事主席及經理施以七日之訓練第一期已於四月八日至十五日訓練完畢受訓學員計一四二人代表七一社結果甚為完滿對於合作業務之經營有莫大之裨益

(二)會計人員之訓練 由本區調訓機織合作社七十一社之會計七十一人施以二週之訓練於五月三日正式上課業已進行至第三週將來受訓期滿後各會計對於帳務之処理即可勝任

乙、業務合作社

(一)組社概況

一、合作社之組織共計九百个個社業社，現已完成組織者計八百八十七社，社員人數為二万一千五百三十五人，所繳股金多為實物，多以每股中食米三市斗計，共為五百五十五石七斗五升。

（二）業務概況

1. 推廣優良品种

甲、稻种在巴璧三縣各區合作社推廣中農四號稻及三十四號稻及勝利秈等稻共四百三十五石八斗，計八千七百十六畝。

乙、南瑞苕共推廣九千八百〇三斤，計三百六十四畝。

丙、桐苗共推廣三十三万九千〇二十五株。

丁、桐籽推廣四千五百九十斤。

戊、美菸在璧山四區推廣一百二十六万株。

2. 設置繁殖站，各輔導區選一中心合作社設置繁殖站[illegible]

华西实验区合作部分工作报告　9-1-148（223）

以繁殖優良品种為推廣之用。現巴璧二縣已設置十一路無田社員中擇選表証農家計有表証農家一百一十人。

以上二項均係與本區農業組合同辦理。

3、舉辦養豬貸款、社員養豬分三個步驟進行。

甲、推廣豬种，最近發給巴縣約克夏种豬十五頭、璧山廿頭並貸款各社繁養母豬三千頭，預計本年內推廣孔文豬三萬頭。

乙、推廣本地優良豬种，榮昌豬种優良頗有推廣必要，預計每社貸繁榮昌母豬五十頭（內公豬一頭）現各社正辦理申請借款手續中。

丙、辦理肥豬貸款，此种貸款由農行負責，預計每社貸養肥豬一頭。

[illegible]

合共計可耕田廿万畝。

5、小型水利貸款，由合作社擬定計劃經派水利勘察隊勘察後即行貸款興建，預計本年貸款可供一百廿万畝灌溉之用。

6、扶植自耕農及創置社田，此項業務现尚未開始办理，擬將各社土地情形先作調查後再逐漸推進，以上貸款計劃之种業務本年擬貸廿万另四千美元，按每美元折合食米七斗五升計算，现擬由五月份起先開始貸放四分之一並與農民銀行成立配貸協議，配合貸放，至放款手續均照農民銀行規定办理。

四、社職員訓練。

华西实验区合作部分工作报告 9-1-148（226）

110

1、理事主席及理事之訓練、由本區各集各社理事主席及經理施以七日之訓練使其有處理社务之方法經营業务之技術本年度拟分期各集完成全部訓練。

2、会計人員訓練、由本區各集各社会計施以廿日之訓練授以会計基本知識及賬务之處理技術本年度拟分期各集完成全部訓練。

3、社员訓練・社員訓練於各輔導區採分區巡迴訓練办法以強社员对合作社之組織授以參加合作業务之方法及各种貸款手續各社社員完成普遍訓練。

5

一　合作社

開頭先講莊稼漢，種田種上很艱難，
若是組織合作社，家家都有利益法。
比如開渠造塘堰，一家一户難負擔，
假使大家齊動手，水到渠成好灌田。
選購種子買肥料，社裡可以辦供銷，
各家零購不合算，整買價錢就公道。
社裡可以購社田，社田佃給各社員，
耕牛農具大家用，合作生產最賺錢。

註：「合作社」——合作社是謀全體社員經濟利益的團體（或叫作「是模範[illegible]組織農業生產合作社」）

农业合作社推广良种、防治病虫害及机织合作社等宣传材料 9-1-190（11）

6

二 表證農家

璧山縣有個農民，名叫劉海清，他的家門口掛着「表證農家」的木牌，這塊木牌是農業生產合作社送給他的。

劉海清的田裡，種的是「中農三十四號稻」，坡上種的是「南瑞苕」，溝旁岸邊栽的「小米桐」，家裡還養着「雜交豬」。這些稻種、苕種、桐苗、豬兒，樣樣都是優良品種。

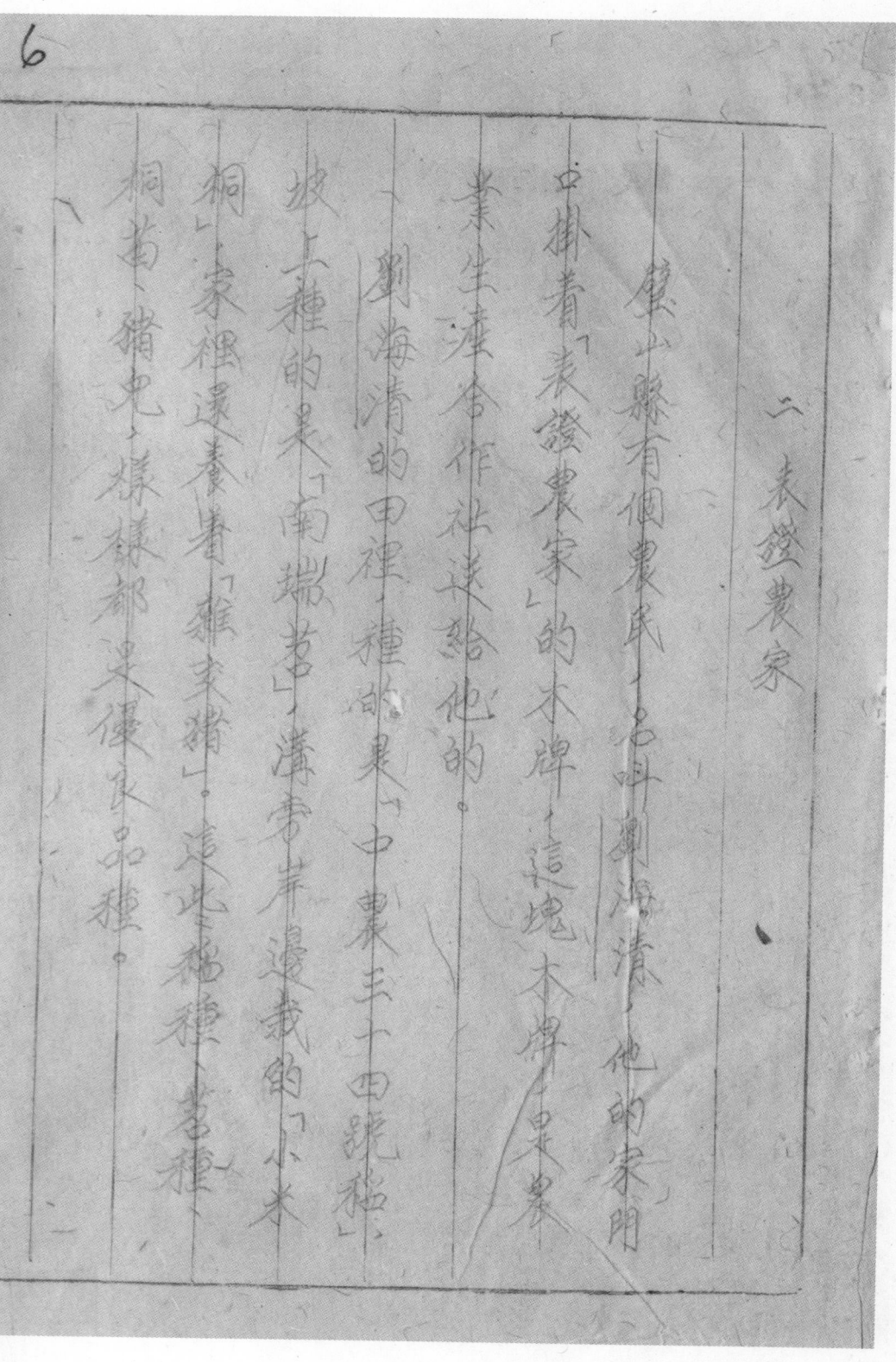

劉海清要做個榜樣

證明這些優良品種，真正是產量高、收益大，所以合作社的理事主席，就請他做「表證農家」。

註「表證農家」——就是挑選好優良品種，先讓這個農家試種試養一下，來向大家表現證實，確是好的品種。

（甲）模範農家」一切事情他先做模範，（四）然後推廣

表證農家及其農作物圖

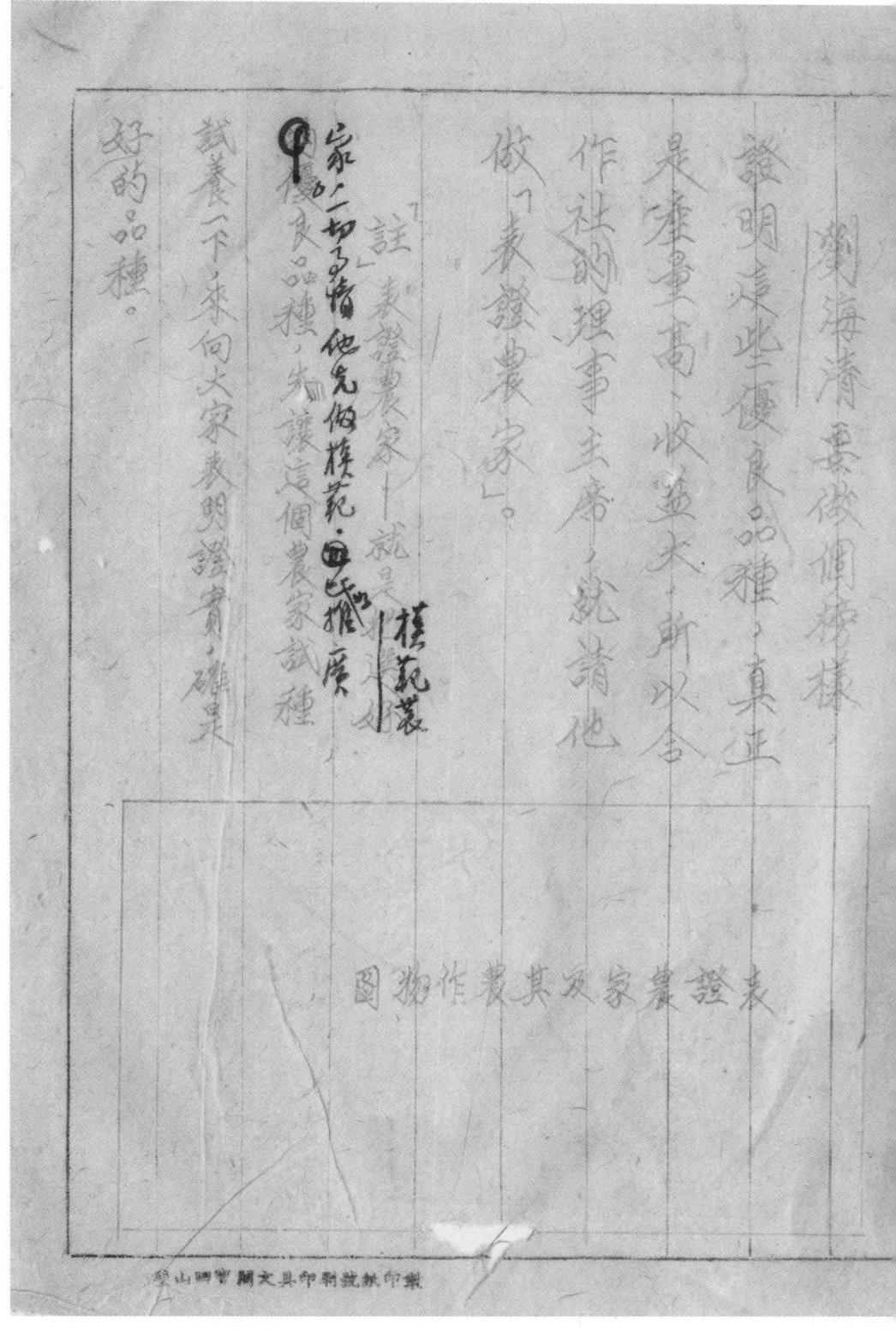

农业合作社推广良种、防治病虫害及机织合作社等宣传材料 9-1-190（13）

三、中農三十四號稻

各位聽我來介紹，
介紹「中農三十四號稻」，
「這種」谷子做稻種，
好處真是多極了。

＊ ＊ ＊

第一就是成熟早，
可以避免螟蟲咬，
~~不怕田穩吊~~
第二就是產量高，

註「改良稻種」—在四川有幾種改良稻種，值得推廣的：

一、是「中農三十四號稻」，原種是浙江的「半早稻」，經中央農業試驗所在四川選育試驗成功，於民國三十四年開始推廣，所以名叫中農三十四號……

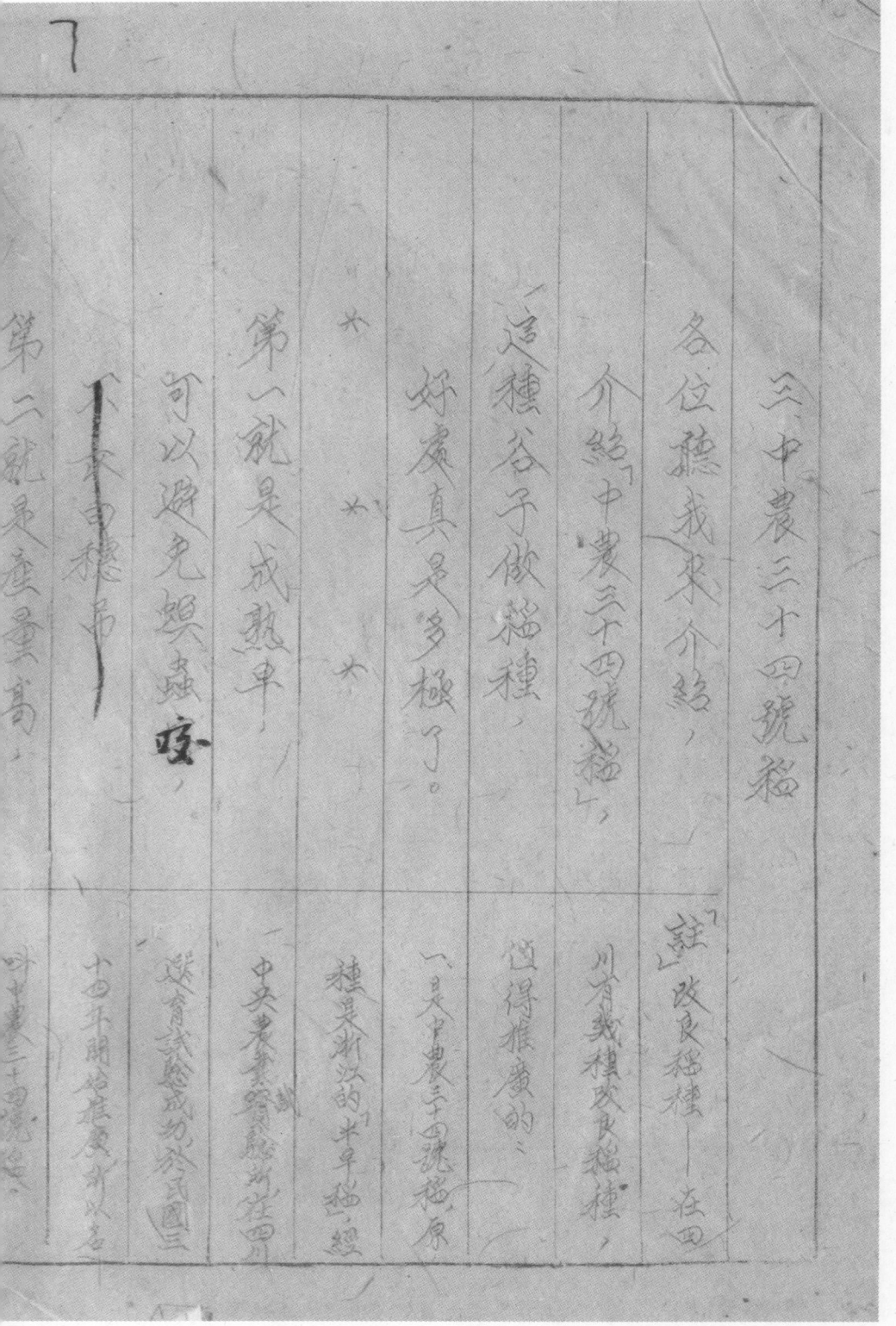

只有多來沒有少！
第三就是桿兒硬，
狂風暴雨牠不倒。
如果要種三十四號秈稻，
三個條件要記牢：
下種要在肥田裡，
每窩秧多莫要少，
如果發現有病穗，
一定要拔掉。

北臨湘的「鐵腳早」，也是在
中央農業試驗所，在四川
欒育試驗成功的一種優良稻種。
（是勝利秈）是湖南省第二農
事試驗場選育成功的早
稻種。
這三種改良稻，產量都高，
比較普通稻種，大約可多
收四分之一。

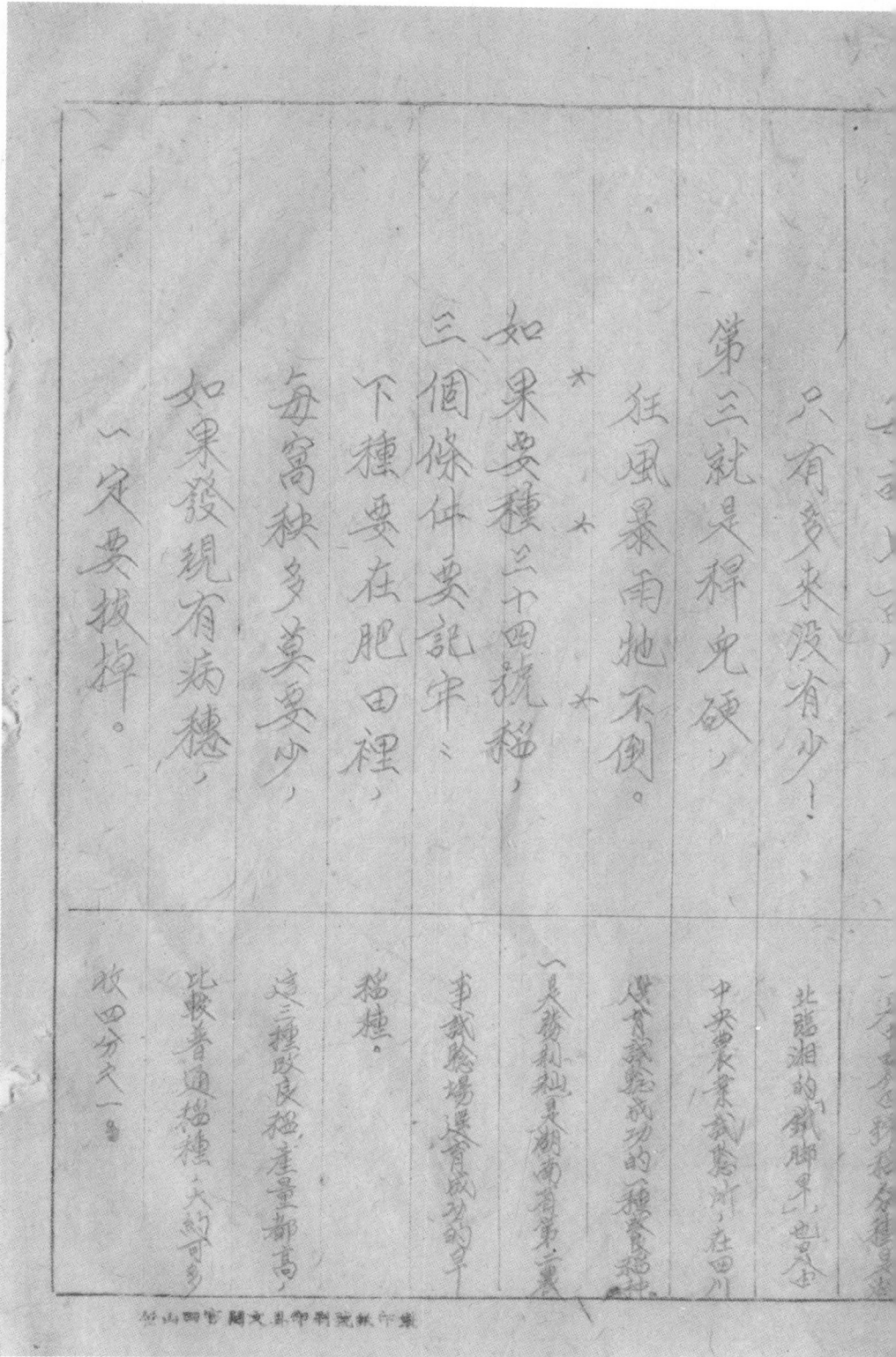

农业合作社推广良种、防治病虫害及机织合作社等宣传材料　9-1-190（15）

8

四　種改良稻

民國三十四年，北碚一帶發生螟虫，
眼看着要熟的穀子，都被螟虫吃壞了。
只有北碚天生橋，有一個農家，
種的是中農三十四號稻，早熟了十天，
沒有被螟虫吃壞，沒有減少收成。
這個種改良稻的農民，名字叫袁正和。

早收割與螟害對比圖

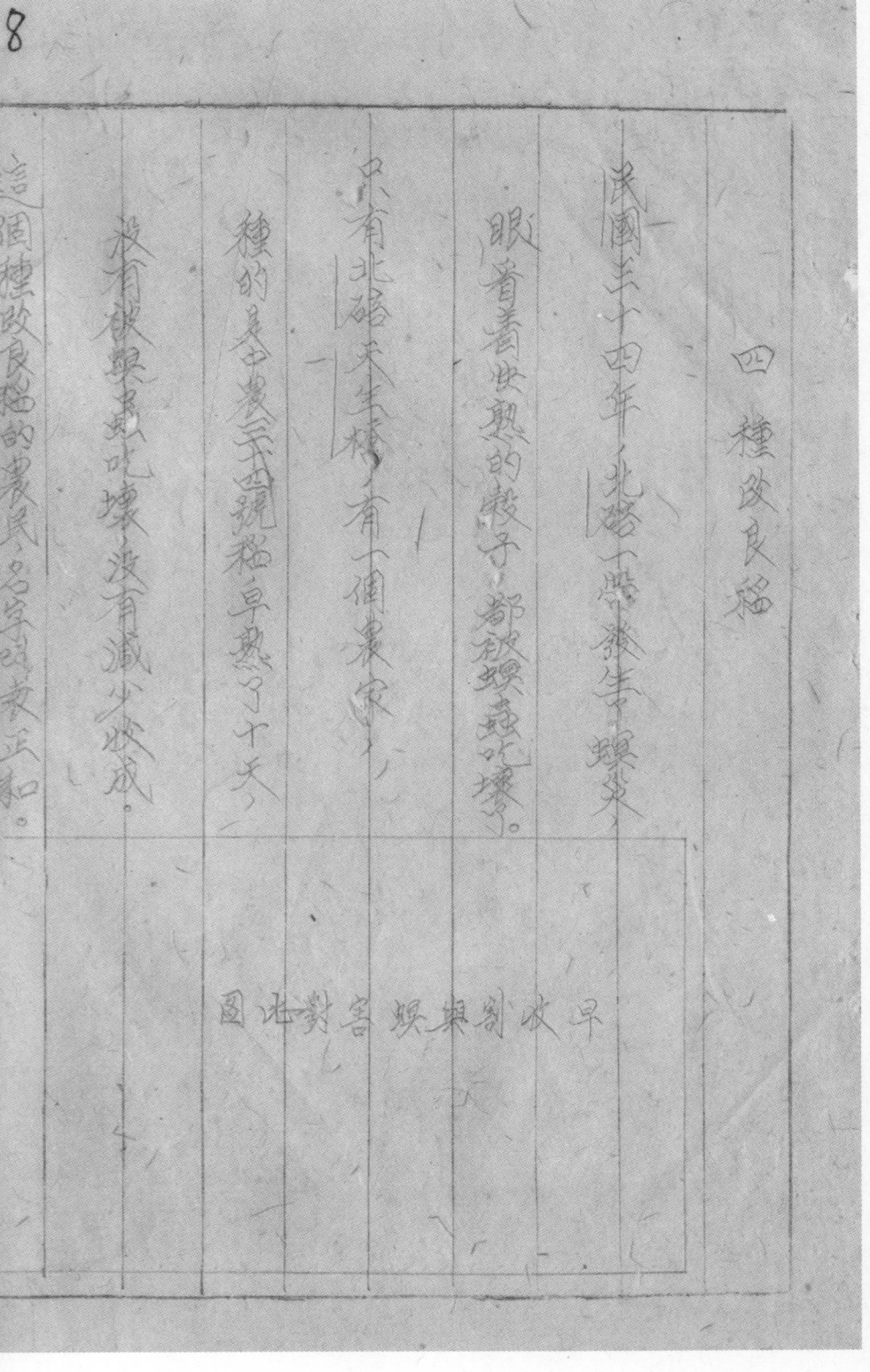

第二年，天生橋的農家，
都改種了「中農三十四號稻」，
這一年，穀子正熟的時候，
偏偏起了大風，
別處的穀子大半被吹倒了。
只有天生橋一帶因為改良稻的稈兒好，
沒有被吹倒。
從此以後，表正和出了名，
中農三十四號稻更出了名。

稻稞伏倒與不伏倒的對比圖

鉛山田宇關文具印刷號紙印製

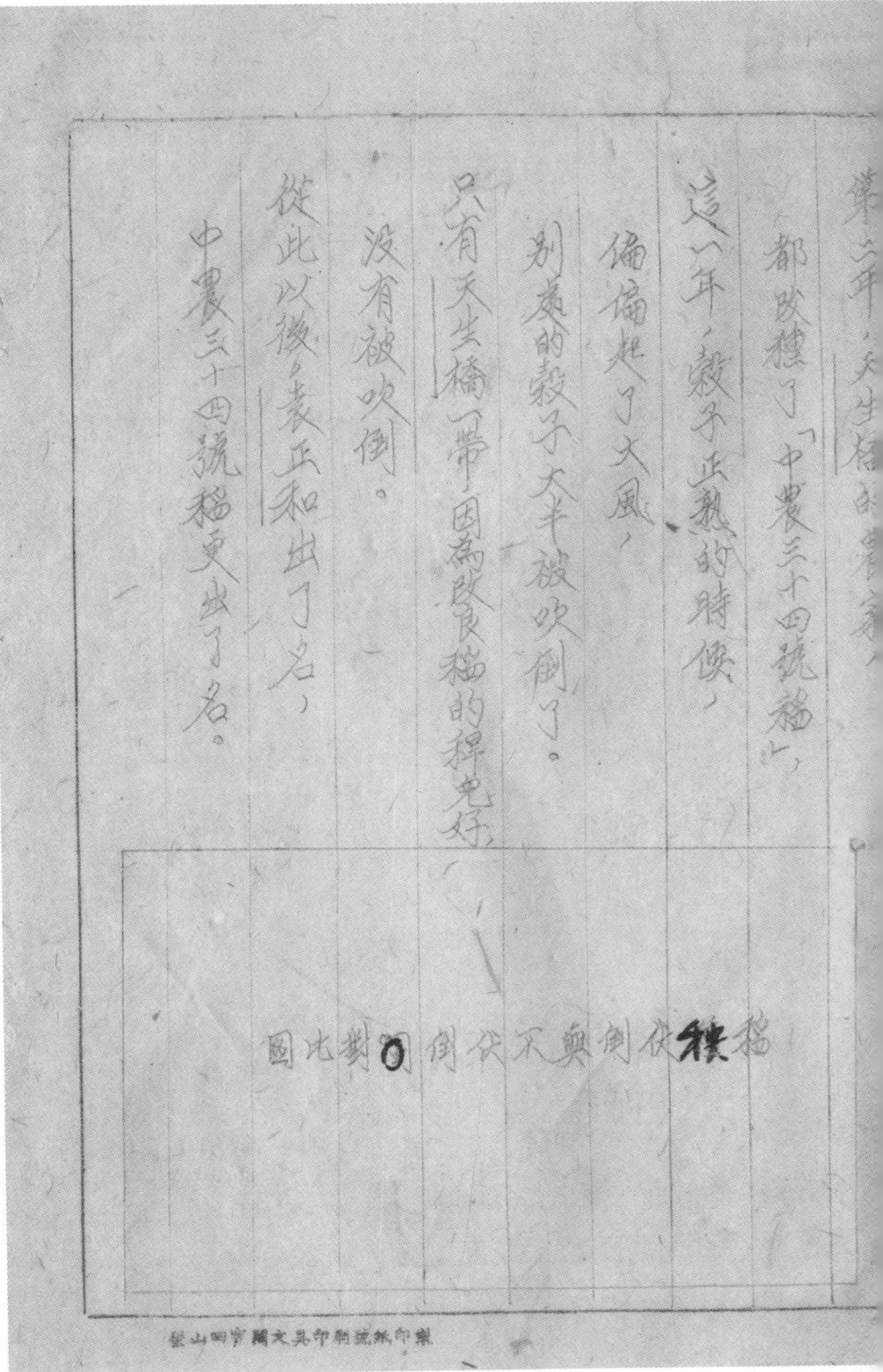

农业合作社推广良种、防治病虫害及机织合作社等宣传材料　9-1-190（17）

9

九、南瑞苕

巴縣西里趙家坡，坡上有個趙太婆。小時上過幾年學，會寫會算會編歌。去年她種南瑞苕，比起別的紅苕收成多，趙太婆心裡很快樂，順口編成一個歌。

南瑞苕歌

好的紅苕真難找，
藤藤都長苕都小。
去年忽然機會到，
合作社領來南瑞苕。
聽說那是美國種，

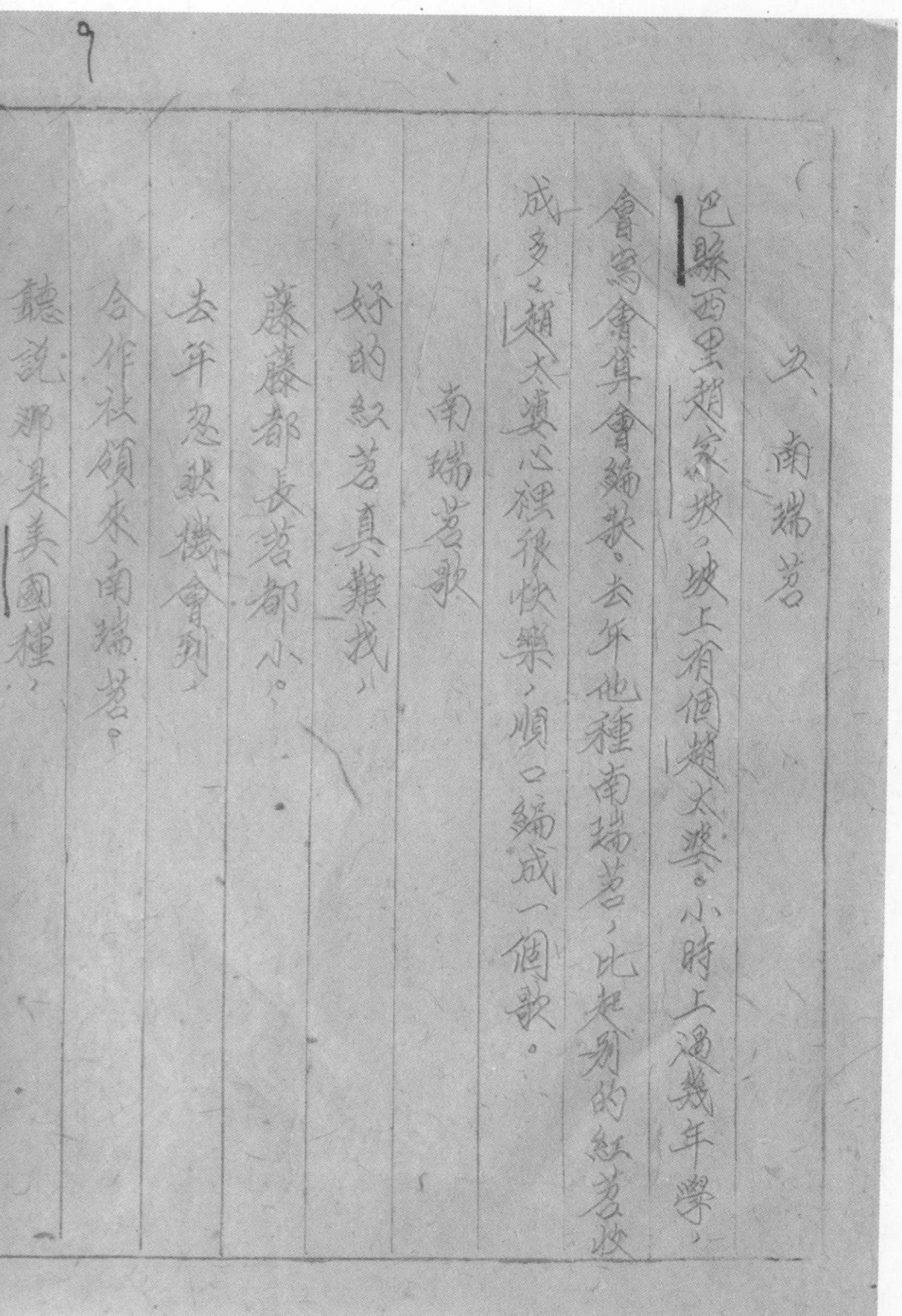

結的紅苕多又大，
每畝能收幾十挑。
吃起味道真不錯，
又甜又細渣渣少，
藤兒粗來葉兒肥，
又是喂猪好飼料。

〔註〕南瑞苕——產於美洲，民國二十九年自美國魯丹農事試驗場引進，在四川試驗結果，成績優良，產量特豐，比較本地紅苕約多收四分之一。

老太婆收穫南瑞苕情形圖

璧山四官關文具印刷號紙華文

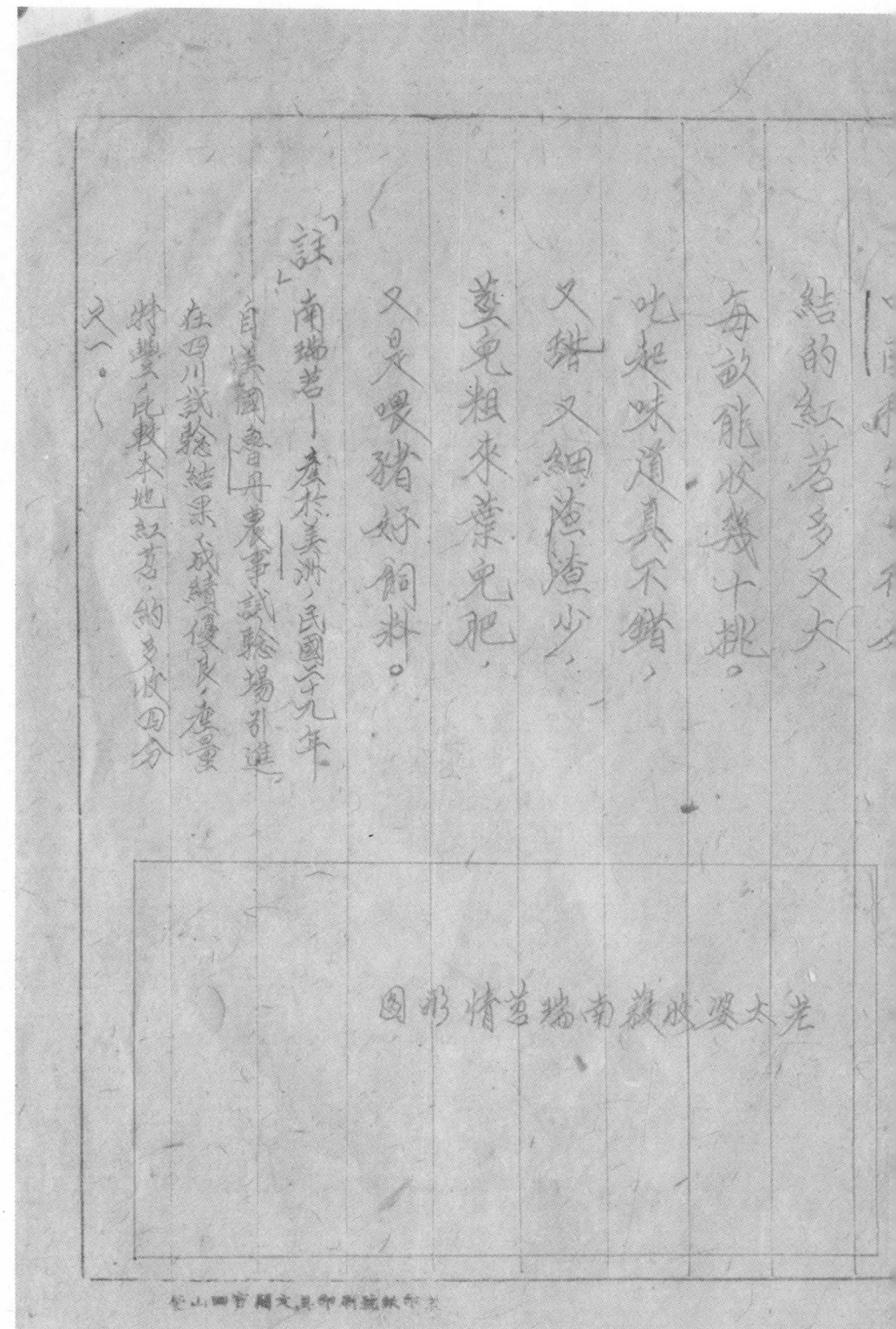

农业合作社推广良种、防治病虫害及机织合作社等宣传材料 9-1-190（19）

10

六 養雜交豬

有一種外國豬，叫約克夏豬，用這種公豬和榮昌母豬交配，生下來的一代雜交仔豬，可以長得快，長得好，一年要長三百多斤。

農業生產合作社，應該推廣這種優良雜交豬，推廣的辦法，可由單位合作社或縣聯社，先購幾隻約克夏種豬和榮昌母豬，然後推廣雜交仔豬。社員沒錢養豬，合作社可以舉辦養豬貸款。

農業生產合作社，也可以舉辦「合作養豬場」，由社員

個好办法。假若合作社和后[illegible]有[illegible]房、酒房、粉房、[illegible]

酒糟和不要的菜葉作飼料，那就更好了。

註：養猪注意事項：

一、猪圈要乾燥要通氣	二、飼料要好次数要匀	三、飼料裡要加点石膏、盐巴、骨粉	四、猪圈要常常洒石灰水消毒	五、要防猪瘟給猪打防疫針
画	画	画	画	画

[illegible]山四吉關文具印刷號紙印[illegible]

农业合作社推广良种、防治病虫害及机织合作社等宣传材料 9-1-190（21）

11

七 小米桐

桐油的用處很寬，油漆離不了桐油，造船離不了桐油，還有油布、油鞋、雨傘那些防水防雨的器具，都離不了桐油。因為桐油用處寬，所以銷路廣，銷路廣了，貨就值價。

外國買中國桐油的很多，中國外銷貨物中桐油佔第一位，抗戰前桐油每年要出口二百多萬担，價值三千萬美金，真是一筆大生意。

四川產桐油最多，大約佔全國三分之一，假設以後四川普遍栽種桐苗，三五年後，單單同油貨，[illegible]

的一筆大收入。

油桐樹的品種很多，有小米桐、紫桐、柿餅桐等，其中小米桐，是最好的一種品種。

紫桐樹身高大，枝葉茂盛，可是中看不中用，結的桐籽太少，有的還根本不結果。

柿餅桐，結的桐籽像柿餅，可惜一小枝只結一個桐籽，產量也不大。

小米桐，是最好的一種油桐，每枝能生好幾個桐梢，每梢結桐籽五六個，產量很大，油質也好。樹身不高也不矮，剪枝收果都方便。並且結果時間很長，常常在三十年以上。

农业合作社推广良种、防治病虫害及机织合作社等宣传材料 9-1-190（23）

12

八、植桐

各位聽我說故事，
說個北碚劉存恩。
先說北碚管理局，
峽區植桐有設計，
五十萬株木桐苗，
計劃一年要栽齊。

二岩農戶劉存恩，
鄉鎮公所得通知，
忙把桐苗領回轉，

栽桐須知

一、挖桐要深要大
二、高山背陰地方不宜栽種
三、每株間隔要有一丈五尺

三四月間好天氣，
桐苗長出新樹枝，
莽恩施肥又除草，
修整枝條更仔細。
三年過後桐結籽，
莽恩樂得笑嘻嘻。

栽桐須知

四、要年年施肥，隨時除草

五、要整枝剪掉頂梢

六、桐籽收時莫亂敲打

璧山四寶閣文具[illegible]

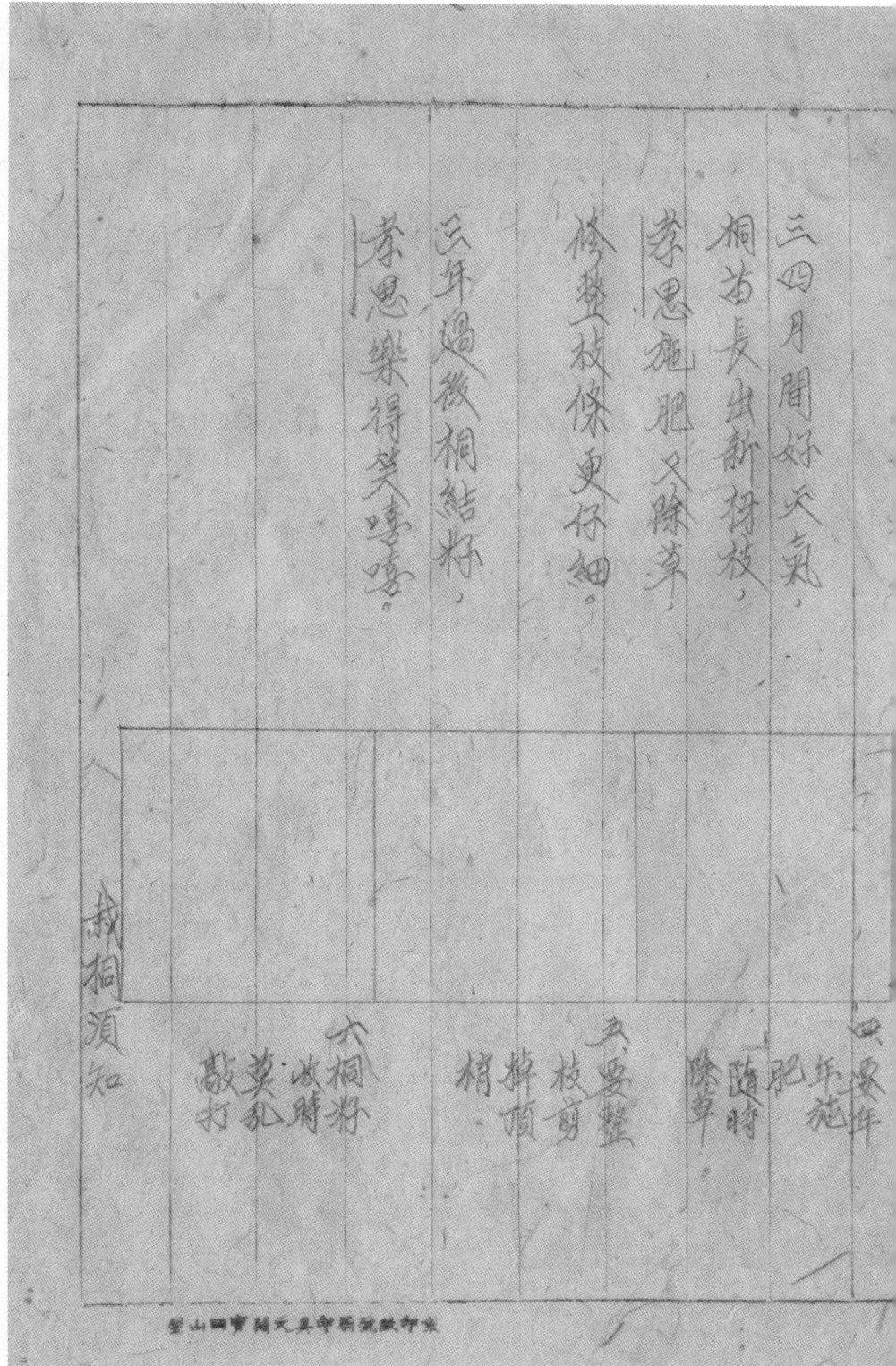

农业合作社推广良种、防治病虫害及机织合作社等宣传材料　9-1-190（25）

13

九 病蟲害

程：請問什麼叫做「病蟲害」？

曹：「病蟲害」是指農作物的「病害」和「蟲害」說的。

農作物也像人一樣，有了細菌進去，牠便會生病的。同時有了害蟲，也會發生不良的結果。

何：那麼普通的「病害」有那些？害蟲又有那些？

曹：普通的病害，如像稻子有稻熱病，小麥有黑穗病、南瑞苕有疫病。害蟲可就多了。

對農家妨害最大的要算傷害水稻的螟蟲、其他如吃包谷的土蠶，傷害柑橘的果蟲，也是最討厭的害蟲。

程強先：農作物的病蟲害有方法防治嗎？

曹金聲：有的！打捕、藥殺、拔除、燒毀，都是辦法。不過，最重要的，還是事前消滅蟲卵，下種時預先消毒才好。

农业合作社推广良种、防治病虫害及机织合作社等宣传材料　9-1-190（27）

14

十　防螟虫

有水田都要种水稻，
收了稻堂屋就有谷。
最是怕稻子被虫咬，
生了螟虫最糟糕。
若不幸螟虫钻进稻杆中，
他能把稻节儿全吃空（烟打节）；
那时候稻子便生了白穗病（白吊吊），
收成少损失真大。

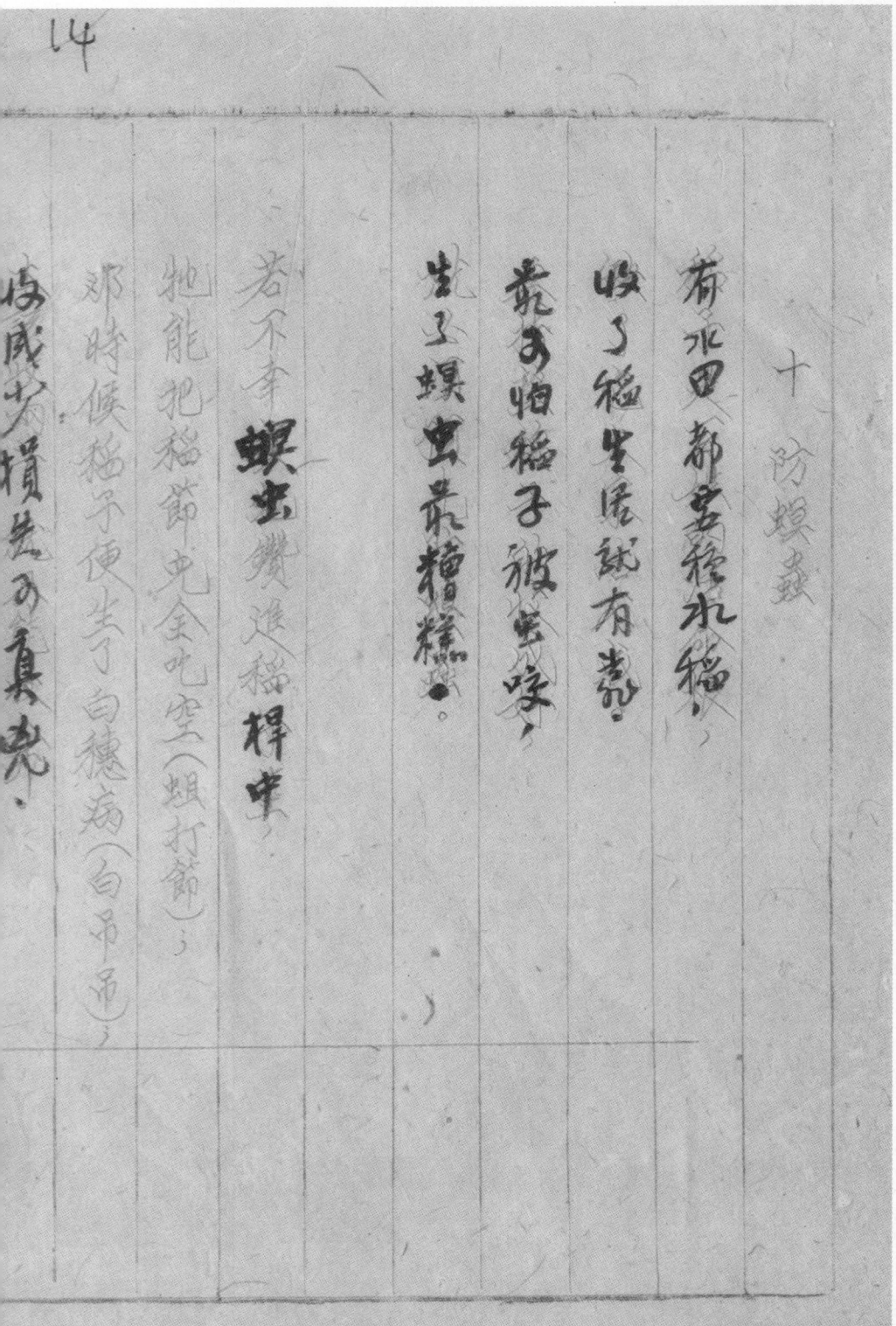

螟虫的祸害真不轻，
快快把牠来肃清。
~~防治的方法有几种~~
捕打药杀都可以，
还可利用捕蛾灯，
收稻桩桩火烧掉，
可免得螟虫根里生。

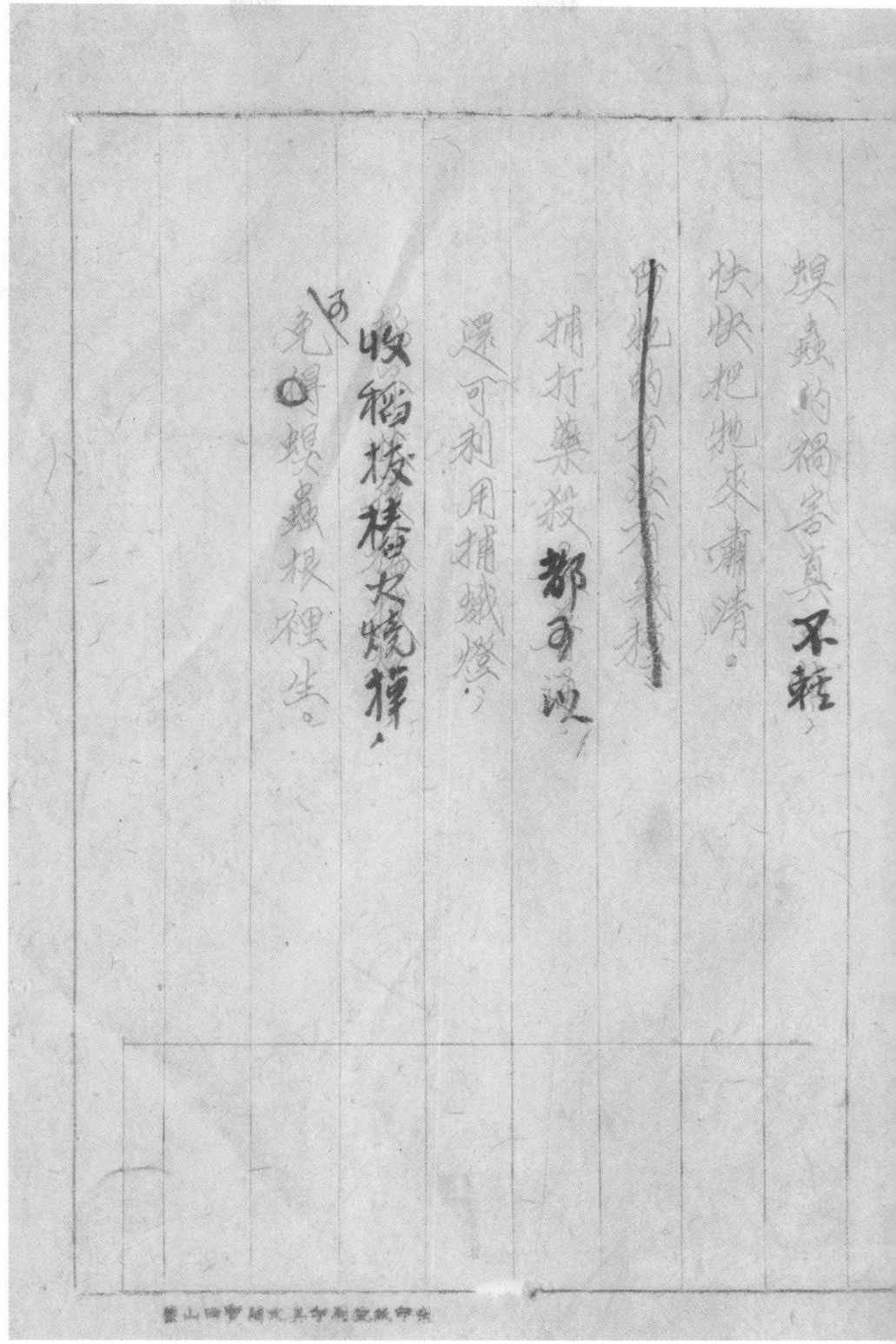

农业合作社推广良种、防治病虫害及机织合作社等宣传材料 9-1-190（29）

15

十一、機織生產合作社

生產合作社的條件，第一要有生產的資本，第二要有生產的工具，第三要有生產的人力。

機織生產合作社，是生產合作社的一種。如果目的在幫助社員織户自織生產，那麽社員的條件，應是第一、有繳入社股。第二、自己有織布機。第三、自己是個織布的人。

機織生產合作社的業務，主要的可分兩種，一是社員無紗織布的，合作社可以貸底紗給他，使他能繼續生產；二是社員織好了布，可以用布換紗，由合作社集

中選雞種增加社員收益

蠡山田寶閣文具印刷紙號印製

农业合作社推广良种、防治病虫害及机织合作社等宣传材料 9-1-190（31）

16

十二 合作社社員

（一）

「老張，你到那裡去？」

「我到合作社去，我要去找合作社的理事主席。」

「急急忙忙有什麼事？」

「我家人手多，只有幾挑穀，少吃沒穿不能過活。現在聽說崗上李家要賣田產，我想到合作社請求貸款，再買十挑田，全家就可以不愁吃不愁穿了。」

「老王、近来你是下力，還是做生意？」

「告訴你現在我家架起了織布機。」

「窮漢子，吹牛皮，買幾斤底紗，談何容易？」

「我是機織生產合作社的社員，合作社先貸給我們底紗，所以我家就架起了織布機。」

「織好布是賣到那裡？」

「到合作社裡用布換紗子，先賺工錢，等到布賣出去後，還可以分紅利。」

「好生意，好生意。」

畫

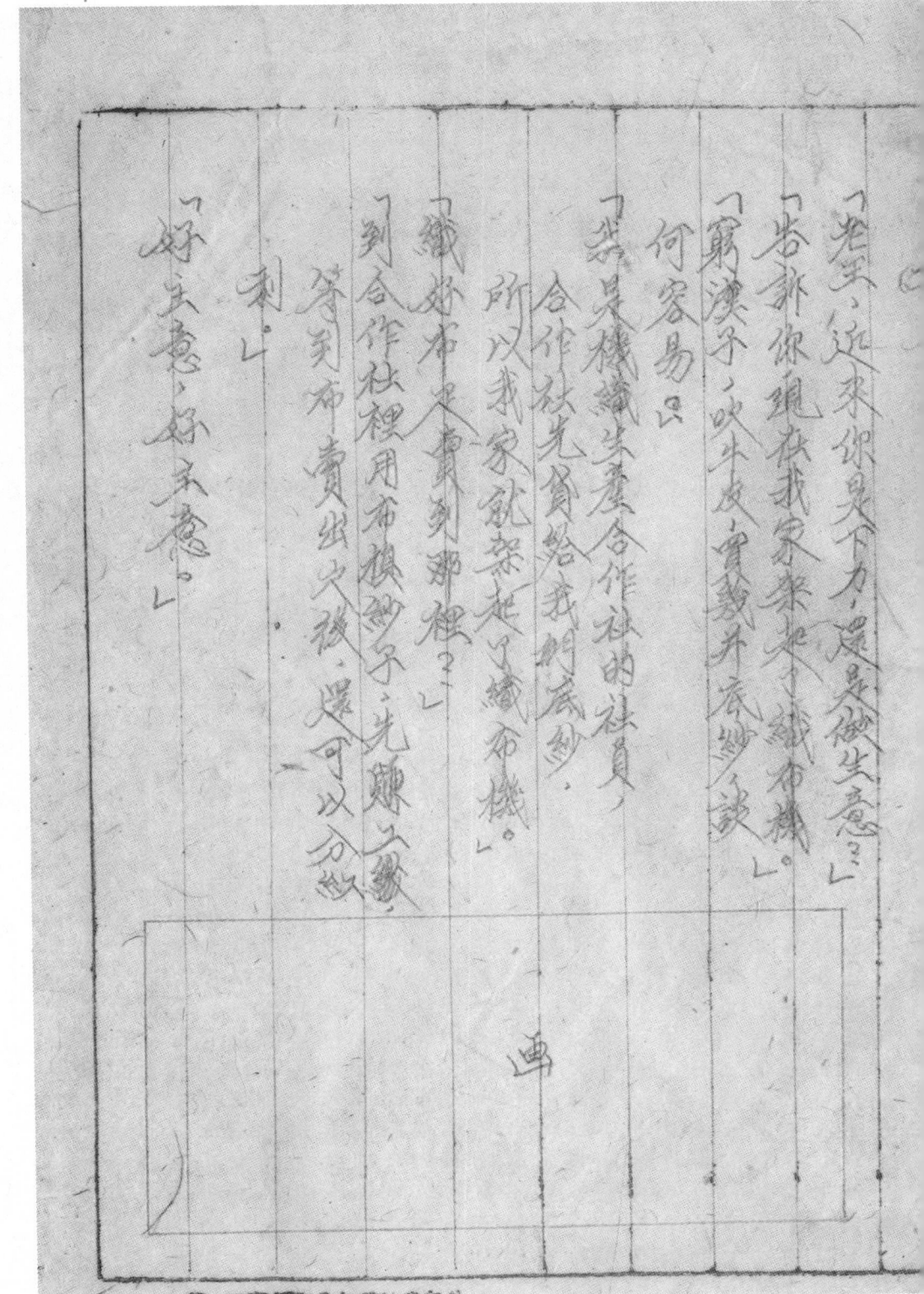

农业合作社推广良种、防治病虫害及机织合作社等宣传材料 9-1-190（33）

17

十三、生娃兒

一、李大嫂懷孕了，她婆母很喜歡，每天都要给她青菜水菓雞蛋牛肉之類的東西吃補養她的身体。

画

二、李大嫂在頭幾個月時，每月到衛生院檢查一次，到臨產前一月，每星期去檢查一次。

画

三、李大嫂臨產的時候，請衛生院的助產士來，接生既安全又妥當。

画

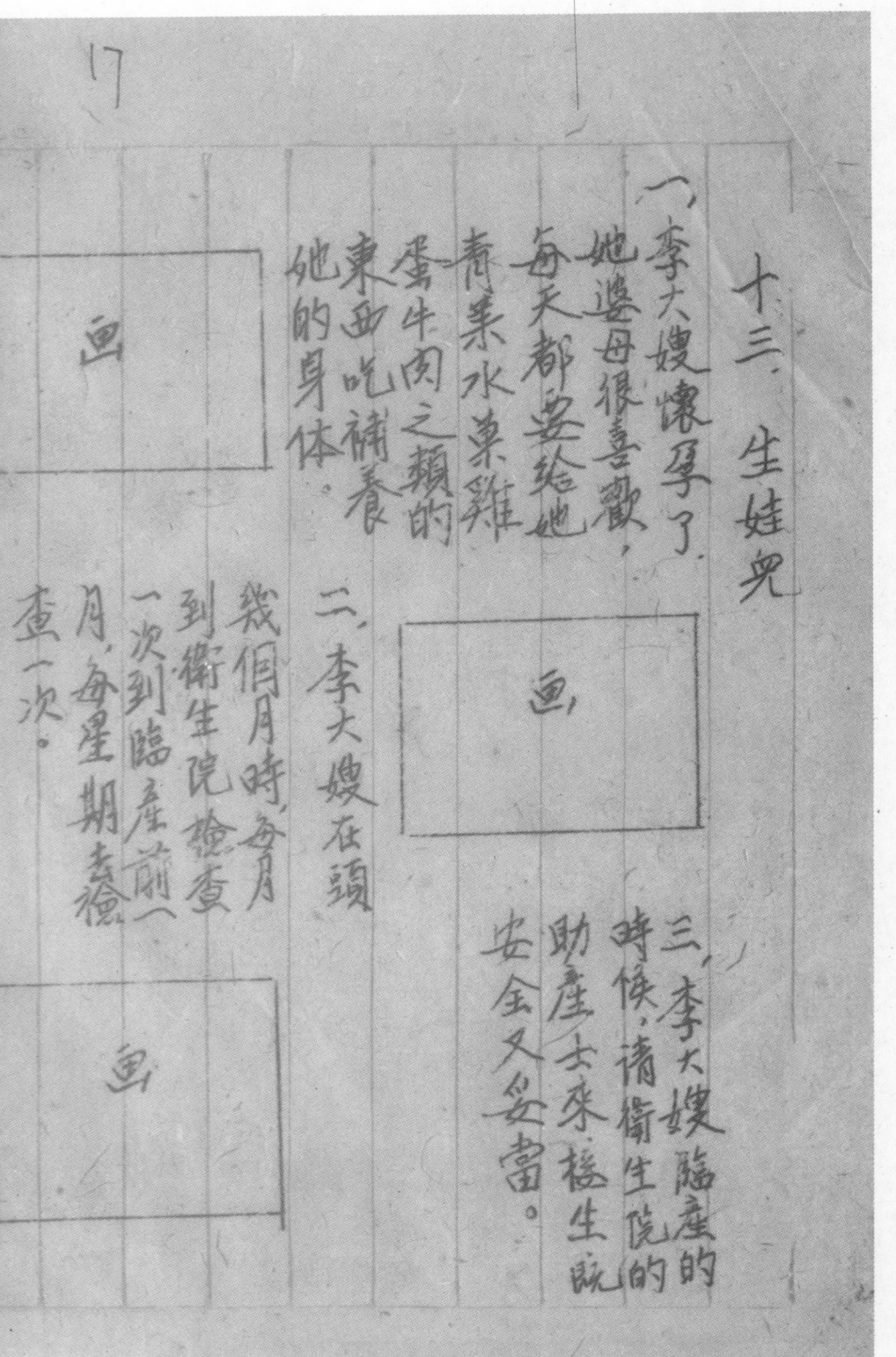

子臍綫紗布墊布等
都是子前用蒸煮方法
消過毒的，大人小孩
都不会因不潔淨
得病的、

画

四小時，就开始喂奶，
在喂奶前，還要先
喂些开水，以後就
每日定時定量的
給小孩喂奶。

五、初生下的小孩，
用消毒的方法剪
臍帶和包紮，就
可以不發七天風。

画

画

农业合作社推广良种、防治病虫害及机织合作社等宣传材料 9-1-190（35）

18

十四 瘟神塤

王家院的住户，不講究衛生，院旁有個臭水池塘，屋後是條污穢的陽溝，門前垃圾堆成山，院內放着敞豬，附近一條小河，各家洗衣服，涮馬桶，挑飲水都在那裏。全院五六户人家，誰也不講究衛生，大人小孩常々患病，所以別的人就把王家院改叫為瘟神塤。

有一年的夏天，瘟神塤的瘟疫流行起來了。先是王大娘上吐下瀉，害的是霍乱症，後来張大毛一天屙到晚，大便像「挑花膿」，害的是痢疾症；趙金榜燒得燙人，害的是傷寒症。他们都是吃了不清潔的食物喝

农业合作社推广良种、防治病虫害及机织合作社等宣传材料　9-1-190（36）

霍乱痢疾傷寒等病菌就侵入了腸胃裏害起
傳染病來了。

13

合作組工作報告（機織合作社由供銷處編報）

（合作貸款情形：原華西實驗區合作事業之推行，分為農業生產合作社與專營合作社兩大類型，所謂專營合作社係指機織合作社而言，其他視實際之要求辦理其他合作組織。合作社成立後即由區辦理各項貸款，協助發展其業務。其貸款情形如下：（一）北碚計有良種繁殖之淨子貸款銀元五二〇〇元，農產加工貸款銀元二六九八〇元，榮昌母豬貸款銀元一〇〇〇〇元，耕牛貸款銀元八三四·九八元（二）璧山計有農業社聯合辦事處貸款銀元三二〇〇元，仔豬貸款銀元五六六〇元，耕牛貸款銀元六，八五六·三六，榮昌母豬貸款銀元二六六·四九八元，美菸貸款黃谷五九五市石五斗三（升）巴縣計有農業社聯合辦事處貸款銀元一〇〇〇〇元，運輸社貸款銀元二〇〇〇元，農

华西实验区合作组工作报告 9-1-207（14）

二元耕牛貸款黄谷一七三市石麥種貸款銀元七四〇元貸放洋芋種子六〇四斤（四）綦江計有洋芋貸款銀元一八三·五元（五）銅梁計有造紙貸款銀元六五〇元（六）銅梁合作紙廠貸款銀元三一六九·八九元人民幣一〇〇〇〇〇〇〇〇元黄谷三六市石三斗另八升八合以上六種共計貸放各種貸款銀元八四六二四·三五元銀元券六五元黄谷一一五三市石五斗八升八合（合作暨染廠貸款未經過合作組不詳）

六、解放後工作情况：自一九四九年十二月一日璧山解放以後辦理合作無新法令之依據合作工作進入停止狀態而舊有農業社之設施亦屬遥於空想故農業整理貸款亦未繼續辦理所有合作組各工作同志除少數留巴辦理未了手續外餘均參加各農指所及徵粮減租退押反霸工作

华西实验区合作组工作报告　9-1-207（16）

14

三、過去合作工作之批判：由於幾天來的學習，我們澈底認識了平教會及其領導者晏陽初是有計画有陰謀的執行了美帝文化侵略麻醉人民的任務和以往蔣匪幫實行了欺壓人民的反動行為，根據以上的認識來看過去的合作工作，農業生產合作社一向標榜的是[創置社田想達到]土地改革而抹殺根本解決土地問題的辦法，消滅地主封建階級，走的是改良主義中間路線，混淆了土地改革的實質，基本上是麻醉了人民的思想的反動行為。

合作社之組成份子事實上絕大多數由封建階級所把持操縱，所貸之款物也多落入封建階級手中，增加了封建階級剝削人民的力量。合作貸款貸紗規定由偽縣政府為承還擔保人和以地契作抵押，這項措施對封建階級是為

經了果合大家困難，人民的[illegible]

農業合作社的貸款實驗區是與前中國農民銀行協議共同辦理嗣後農行無款配貸實驗區款項也多透過農行貸放我們知道農行是將匪幫於豫鄂皖贛四省反革命戰爭中想以金融來麻醉人民產生的四省農民銀行轉化而來的我們又知道農民銀行是將匪幫中四大家族財產之一這說明了實驗區結合農行辦理貸款是效忠四大家族透過合作社來剝削人民增加其財富支持反動力量繼續危害人民總之實驗區的合作社封建階級剝削人民的工具是美帝文化侵略反動政權危害人民毒藥的糖衣合作工作同志於不知不覺中忠實的執行了平教會的陰謀

四、今後合作工作意見：

华西实验区合作组工作报告　9-1-207（18）

15

1.合作工作推行的成败合作幹部有決定性的作用因此舊幹部要加緊改造使其徹底認識新合作社的性質與内容樹立新的觀點肅清資本主義合作社不正確的理論

2.在群众對合作社認識不足的期間應由上而下的設立合作社領導機關各縣先行設立縣合作總社然後再負責推行基層社

3.合作領導機關應首先進行合作教育工作特别要使群众徹底了解舊合作社（資本主義的合作社）與新民主主義社會合作社不同之點對舊合作社加以無情的批判俾樹立起來群众對新合作社之正確觀點後纔有重點的[illegible]組社工作

4.西南區因人口居住散漫基礎社之組織應以鄉或鎮為組織的單位鄉或鎮

以達到為人民服務的目的俟可能採取貨郎担的辦法將貨物送上門

5、華西實驗區各地組織之各種合作社分別改組合併或解散改立供銷合作社

6、國家經濟要有供銷合作社密切結合推銷商品收購農副業產品要通過合作社在國家經濟領導下逐漸將個體經濟納入國家經濟計劃之内

7、以供銷合作社為起點從實際中教育群众集体原則進而推行農業生產合作社

8、農業生產合作社之推行第一步發動生產互助組織之初級合作社第二步辦理仍以私有制為基礎的半社會主義性的中級合作社第三步辦理消滅私有

华西实验区合作组工作报告　9-1-207（20）

16.

制走到高級的合作社即蘇聯的集體農場

九、原華西實驗區各項貸款絕大部份均已先後到期並已通知歸還惟各社多存觀望態度不來歸還此項人民財產不容便宜了封建階級及少數群眾似應由各地人民政府負責催收

十、原華西實驗區各項貸款收回後應作為川東合作總社之合作基金統籌運用為發展經濟合作之用

华西实验区第二部门农业生产合作业务六月份工作报告　9-1-141（92）

55

第二部門農業生產合作業務　六月份工作報告

甲、組社工作

縣別	已登記社數	辦理登記中社數	合計	本年度內擬設立社數	不足社數	備註
北碚	五二	二七	七九	一〇〇	二一	
璧山	二〇	四二	六二	二八〇	二一八	
巴縣	三八	四五	八三	六〇〇	五一七	
合計	一一〇	一一四	二二四	九八〇	七五六	

說明一　北碚轄區共八鄉鎮平均每鄉鎮設十二社表列不足二十一社本年內當能次第設立完成

二　璧山轄區共三十五鄉鎮平均每鄉鎮約設八社表列不足

二一八社[illegible]

費時日現已積極開展本年度内當能照數完成

三、巴縣轄區共七十一鄉鎮平均每鄉鎮約設八社表列不足五一七社又該縣原擬設輔導區十二處迄至現在止方先後成立十處因人事分配地域遼濶環境複雜以及工作推進步驟先行調查劃分社學區次及傳習教育再次為組織合作社工作等關係故組社工作在上半年度推進較為遲緩今後儘量促使開展分期完成

乙、貸款情形

壹、北碚區合作貸款—合計總額一八、〇八〇元（銀元）

华西实验区第二部门农业生产合作业务六月份工作报告　9-1-141（94）

56

（一）農產加工貸款

一金額一〇、三八〇元（銀元）內有

設備費　六、一二〇元

週轉金　五、二六〇元

二貸款對象　朝陽鎮十九保等十四示範農業生產合作社

三加工業務　釀酒　麩粉　條粉

（二）創置社田　六〇〇元（銀元）在金剛鄉第六保農業生產合作社購置田土收益黄谷叁拾石

（三）母豬貸款　二、五〇〇元（銀元）（第一批）

（四）合作養羊場　一、〇〇〇元（朝陽鎮）

华西实验区第二部门农业生产合作业务六月份工作报告　9-1-141（95）

（五）繁殖站貸款　五〇〇[illegible]

（六）子豬貸款（三五〇頭）二、八〇〇元

貳　耕牛貸款　巴縣璧山北碚共八〇、〇〇〇元（銀元）由華西實驗區辦事處統籌辦理已派人前往貴州屬遵義桐梓等縣購買中

叁　美菸貸款一四〇〇元（銀元）

肥料　一五〇·八〇元

燃料　二四九·二〇元

分貸給璧山馬坊廣普兩鄉美菸生產合作社

附北碚區貸款細數表

华西实验区第二部门农业生产合作业务六月份工作报告 9-1-141（96）

北碚農業生產合作社貸款細數表（卅八年六月）

項目	金額（銀元）	說明
農產加工	一一三八〇	
朝陽十九保	一一〇〇	釀酒：豬圈二〇〇元設備費三〇〇元週轉金六〇〇元
朝陽十二保	六四〇	麪粉：設備一四〇元豬圈二〇〇元週轉金三〇〇元
金剛六保	六四〇	麪粉：同前
金剛十二保	六四〇	麪粉：同前
龍鳳六保	八〇〇	麪粉：同前另豆粉：設備一〇〇元週轉六〇元
龍鳳八九保	一一二〇	豆粉房四座：同前共六四〇元另豬圈四八〇元
二岩三保	六四〇	麪粉：同前

澄江八保	一、〇〇〇	釀酒：同前
澄江廿一保	六四〇	麪粉：同前
白廟十二保	四〇〇	豆粉房：設備一〇〇元週轉一〇〇元豬圈二〇〇元
黃桷十二保	三六〇	豆粉房：設備一〇〇元週轉六〇元豬圈二〇〇元
黃桷二十保	一、一〇〇	釀酒：同前
文星八保	一、一〇〇	釀酒：同前
文星十六保	一、一〇〇	釀酒：同前
母豬貸款（第一批）	二、五〇〇	共需六、〇〇〇頭分四期第一期給二、五〇〇元
屠宰場	一、〇〇〇	設朝陽鎮
繁殖站	五〇〇	

58

社田	六〇〇
子豬貸款	六八〇〇 六五〇頭
總計	一八〇八〇

华西实验区第二部门农业生产合作业务六月份工作报告　9-1-141（98）

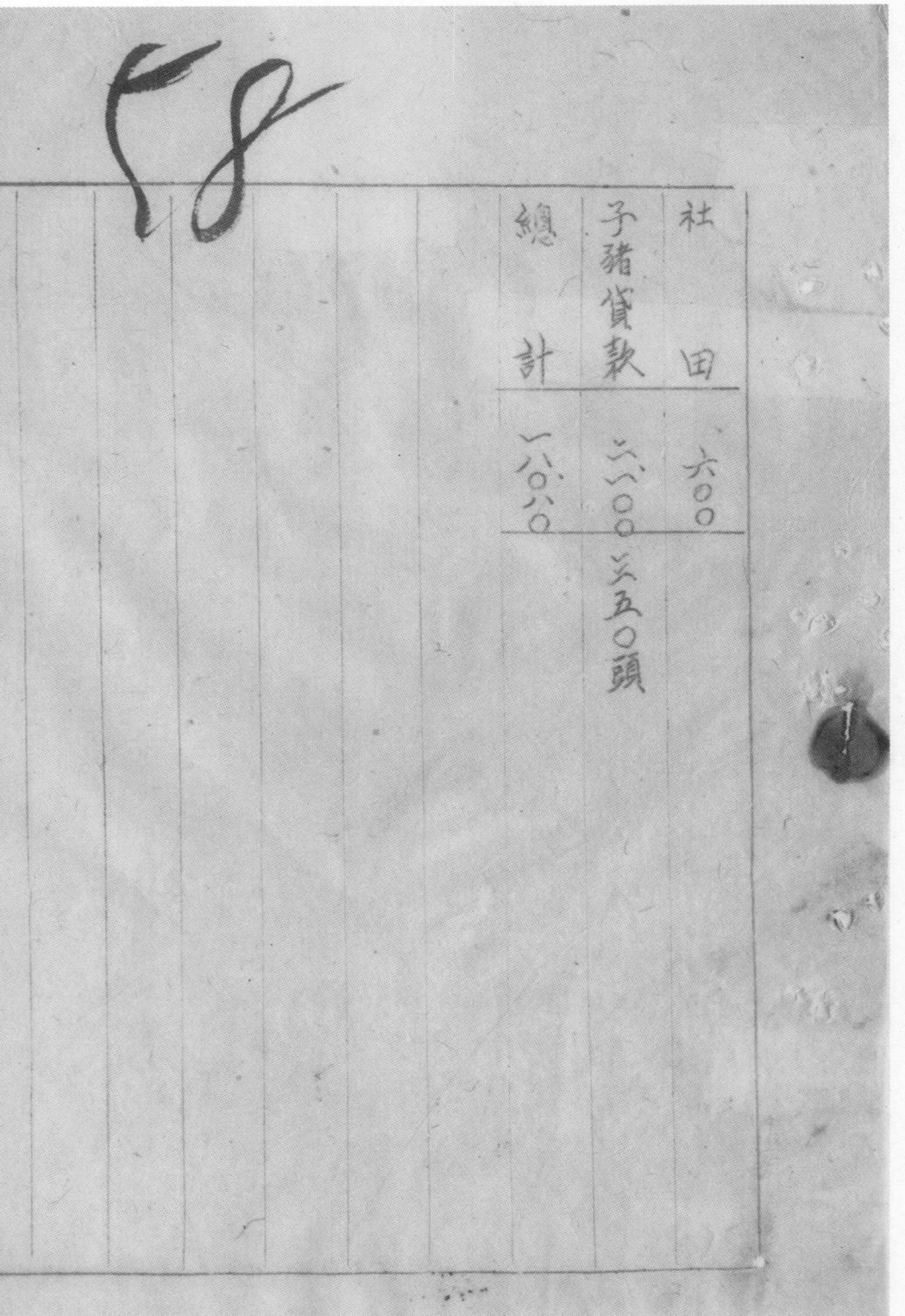

农业生产合作社农产加工贷款（六月份）　9-1-141（99）

58

農業生產合作社農產加工貸款　六月份

一、為促成各鄉合作社聯合組織發展共同業務，計於六月份各區進行籌組聯合辦事處

二、選定成績優良農業生產合作社辦理簡易農倉及農產加工業務

三、截至六月底止已申請之鄉聯社共八個鄉（鎮）共八千元正審核中

四、農產加工申請借款者十七處計一萬四千元已貸出一萬一千三百八十元餘正在核貸中

五、合作屠宰場已於北碚扶設一處由各農業合作社飼養成熟之肉猪屠宰以增加農民收益計貸款一千元

六 美菸貸款配合農社執行[illegible]

肥料菜餅二萬八千斤烤菸燃料煤炭八萬斤計合銀元四百元

关于农业合作社减租保佃之准备工作（六月份）　9-1-141（101）

60

關於農業合作社減租保佃之準備工作　六月份

為確實推行減租保佃法令實現農業合作社章程第二八條第一項之規定其措置如左

一、已成立之農業生產合作社辦理社員佃約登記抄存副本限六月十五日前辦理完竣以為集體議租之準備

二、商承各縣局政府印發官佃約以俟政府減租保佃辦法頒布後即更換新佃約

三、選定合作社試辦統佃分租

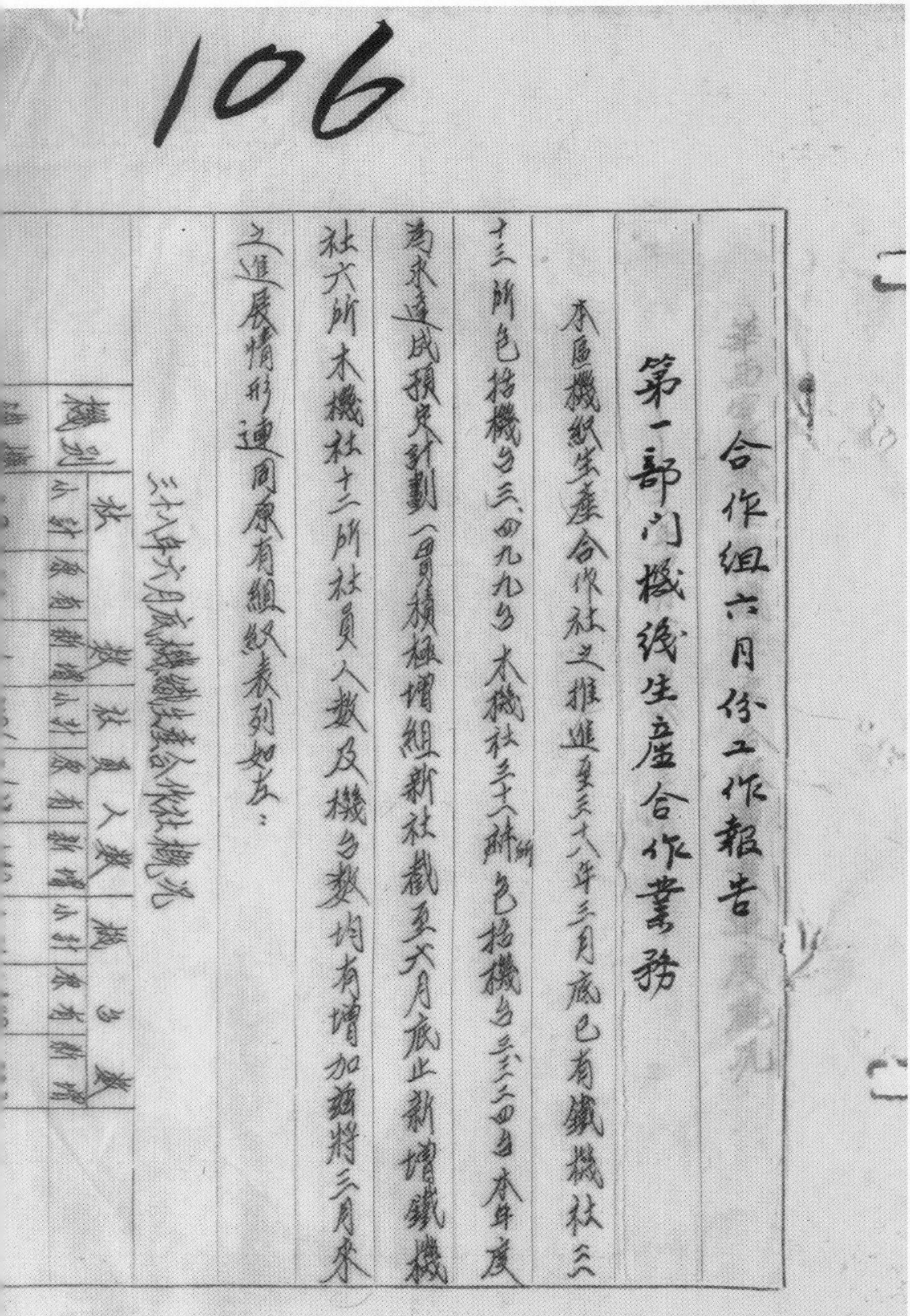

合作组六月份工作報告

第一部门機織生產合作業務

本區機織生產合作社之推進至三十八年三月底已有鐵機社三八十三所包括機台三、四九九台 木機社三十八所包括機台三三四台 本年度為求達成預定計劃（實積極增組新社截至六月底止新增鐵機社六所木機社十二所社員人數及機台數均有增加茲將三月來之進展情形連同原有組織表列如左：

三十八年六月底機織生產合作社概況

機別	社數			社員人數			機台數		
	小計	原有	新增	小計	原有	新增	小計	原有	新增

合作组六月份工作报告第一部门机织生产合作业务　9-1-172（145）

合作组六月份工作报告第一部门机织生产合作业务　9-1-172（146）

本組	43	31	12	4,248	3,168	1,080	4,590	3,304	1,246
合計	82	64	18	7,431	5,805	1,629	880	6,823	1,998

合作教育為合作事業成功之主要原因近年本區機織生產合作社之組設進展甚速為促進其社務業務之健全合理乃擬訂職員訓練辦法分期分組抽調各機織社理事主席及經理會計等實務人員灌輸其合作常識增進其經營智能加強其對合作事業之認識並鼓勵其熱忱茲將舉辦合作社實務人員訓練班分組抽調訓練情形表列如左

三十八年上期機織合作實務人員訓練班分組調訓統計表

組別	調訓人員職別	調訓人員人數	代表社數	訓練期間	開支經費
行政組	理事主席	71	71	四月十八日起四月廿日止	5,795,000圓（金元券）

合作组六月份工作报告第一部门机织生产合作业务　9-1-172（147）

107

行政組	經理	71	71	四月十八號起四月三十日止	
會計組	會計	71	71	五月一日起五月三十一日止	（銀幣）128.38圓
合計		213	71		（金圓券）5,791,000圓（銀幣）3,128.38圓

為使各機織社社員能充分運用其技術勞力從事織造以增加生產起見乃就歷年先後組織九社某辦按戶調查按機多性質需要情形分別貸放底紗扶助貧苦織戶恢復業務自四月份開始至六月底止已貸出棉紗一一五件二二卅其未辦理完竣者現仍繼續加緊核貸中茲將貸放情形表列如左：

三十七年上期機織合作社貸紗統計表

地別	[illegible]	[illegible]	[illegible]	[illegible]

合作组六月份工作报告第一部门机织生产合作业务 9-1-172（148）

鐵機	982	[illegible]	66[illegible]	[illegible]
木機	1,978	[illegible]	491件18疋	[illegible]
合計			1151件23疋	

機織生產合作社在業務經營上之兩大困難：（一）為原料之採購，（二）為成品之推銷。各社員每因市場銷路疲滯，產品無法脫售而感周轉不靈，被迫停工。在合作社聯合機構未健全以前，尚無法統籌全局，使合作社所需原料及合作社所產成品運用靈活。本區有鑒於此，乃派定專人輔同聯社健立供銷制度，并延纜專門技術人員研究設計，訂定產品規格，促進各社產品標準化。同時公布實施合作社社員交布換紗辦法，俾各社員織造之布周流不息，繼續生產。爰將五月份開始交換迄六月底止交換紗布

合作组六月份工作报告第一部门机织生产合作业务　9-1-172（149）

108

数量統計如左：

卅八年上期（五六月份）機織生產合作社成布換紗統計表

機別	換出通轉紗	收回布尺種類	收回布尺數量	備考
鐵機	166件23斤11.6支	寬布	5126尺	[illegible]
木機	39件38斤10支4錢	窄布	7612尺	[illegible]
合計	206件22斤16支4錢		（寬布）5126尺 （窄布）7612尺	

合作组六月份工作报告第一部门机织生产合作业务　9-1-172（149）

各区民教主任训练教材——华西实验区生产合作社提示纲要 9-1-170（129）

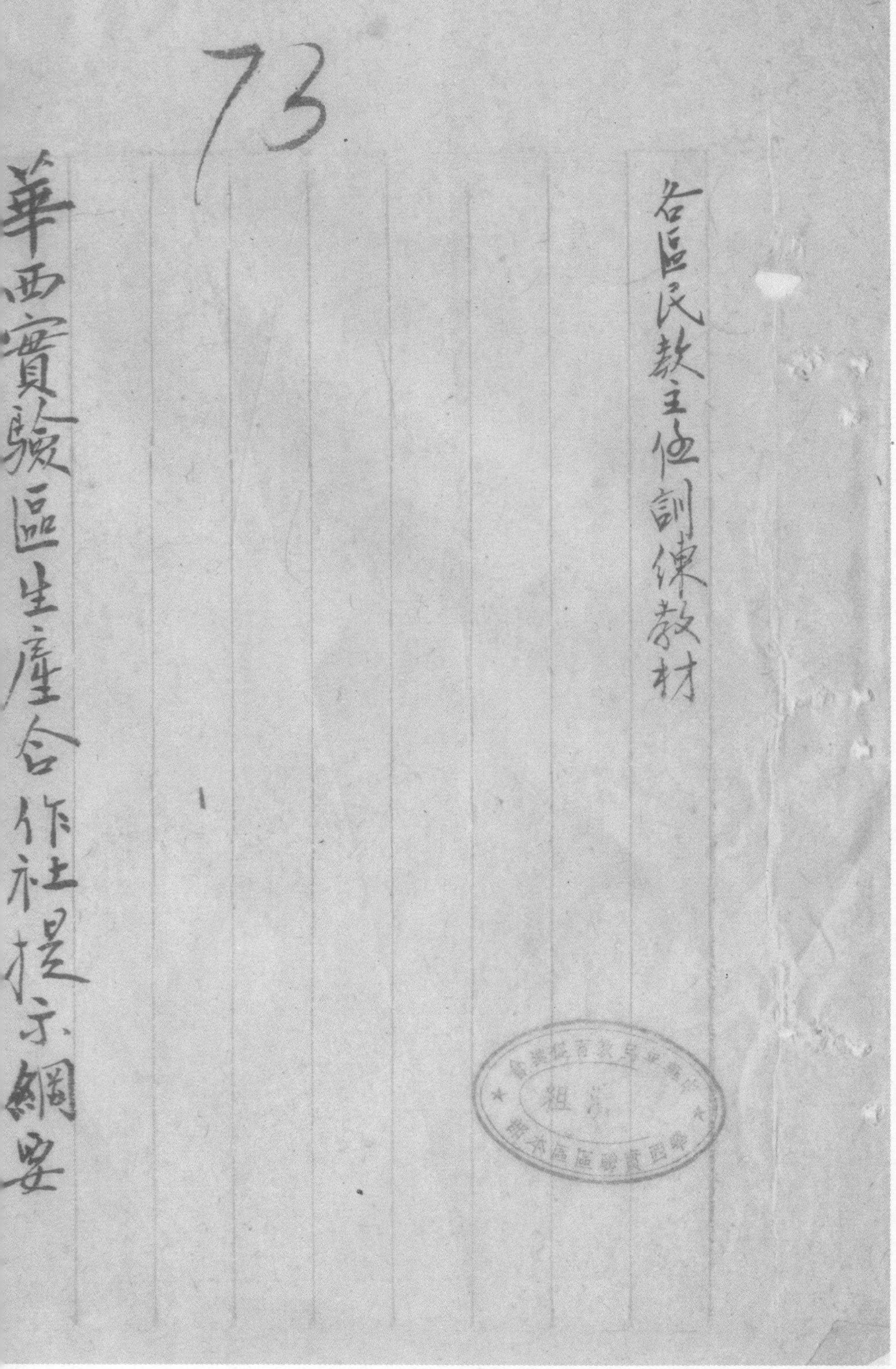
73

各區民教主任訓練教材

華西實驗區生產合作社提示綱要

各区民教主任训练教材——华西实验区生产合作社提示纲要　9-1-170（129）

一、本区生产合作社之目标

二、组织

三、业务项目

四、推进步骤

五、辅导原则

六、本年度中心工作与工作要点

甲、农业生产合作社组导工作之展开

1、设立推广繁殖站

2、家畜增殖

3、兴办小型水利

乙、机织生产合作社组导工作之展开

各区民教主任训练教材——华西实验区生产合作社提示纲要　9-1-170（130）

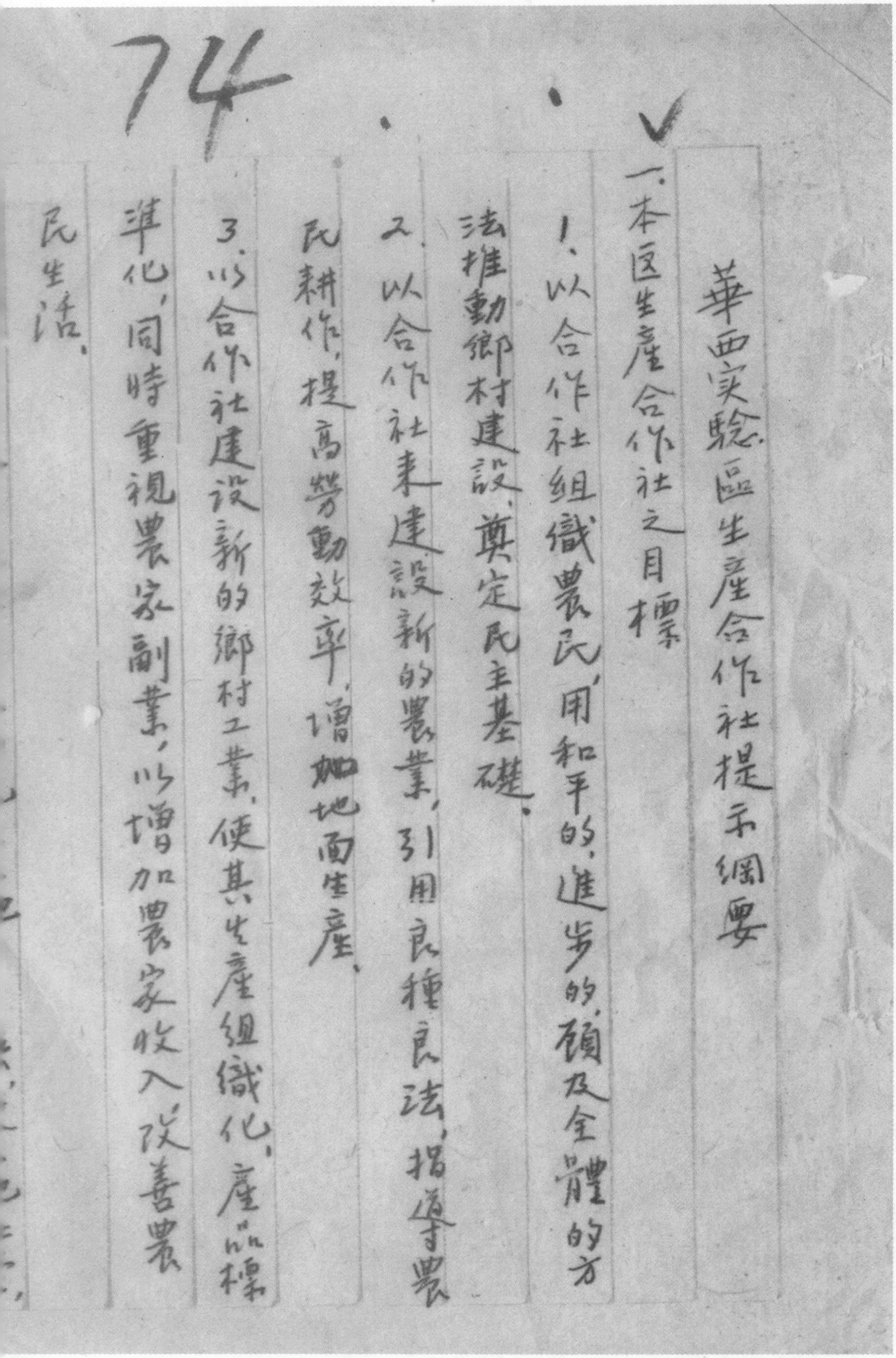

74

華西实驗區生產合作社提示綱要

一、本區生產合作社之目標

1、以合作社組織農民，用和平的，進步的，顧及全體的方法推動鄉村建設，奠定民主基礎。

2、以合作社來建設新的農業，引用良種良法，指導農民耕作，提高勞動效率，增加地面生產，

3、以合作社建設新的鄉村工業，使其生產組織化，產品標準化，同時重視農家副業，以增加農家收入改善農民生活，

以安定佃農生活，同時扶植[illegible]
生，使土地問題不再惡化。
5.以合作社來購置土地設置推廣繁殖站，進而倡置社田，共同耕作，以擴大耕作單位，改善農場經營，俾達到農村合作化，社會化，科學化之目的。

二、組織

本區經濟建設計劃中擬普遍開展之合作組織暫分兩大類，即農業生產合作與專業生產合作。

1.農業生產合作社為每一社學區所必須組織者，每社約有生產農民二百戶，土地面積約二千至三千畝，但視

75

當地需要，得有增減，在業務擴大時，應設縣联合機構統籌办理、

2、專業生產合作社則以鄉村手工業較具規模或農業特產品之能大量運銷之社学區組織之，此類合作社即數個社学區組織一社亦無不可、

3、單位社之上應設联合社，以協助其業務之改進，与统籌本區域内合作事業之發展，并謀其相互間之联络、

4、設立合作社物品供銷處，視業務需要劃設分處

代[illegible]

銷機構，以補[illegible]時聯合社力之不足，使各社逐漸完成自力之經營。

5、合作社之組織程序

a、發起籌備——由七人以上發起，召開籌備會，徵求社員，決定業務區域及性質，擬定社章草案，籌備創立會。勘定社址。

b、召開創立會——指導人員訓話，社員名冊上加蓋圖章或指模，通過社章，討論業務計劃，收集社股，選舉理監事。

各区民教主任训练教材——华西实验区生产合作社提示纲要 9-1-170（134）

76

c、理監事就職，開始組織内部，配備人事、

d、申請登記，—成立後一月内造具左列各種書表，經由各區辦事處（本區輔導員）轉送本處（區總辦事處）轉函縣政府辦理成立登記、

①成立登記申請書 三份、②創立会紀錄 三份、③社章 五份、④社員名冊 四份、⑤業务計劃 四份、

三、業務項目、

甲、農業生産合作社

1、推廣繁殖站——推廣優良品種，指導進步技術、

2、家畜增殖——增加畜力利用，引用良種，增加肥料、

增加生產

4、病虫防治——採用防治新法，有組織的大量推行之、

5、家畜防疫——与農業改進機関合作，按時注射血清疫苗，廣泛推行、

6、共置新式農具——如碾米機，抽水機，噴霧器等，

7、提倡副業生產——農產加工，家禽等

8、設置農倉——抵押貸款，以活潑農村金融，

9、農地社營——解決租佃問題

10、農地社有——实現農地社会化，解決土地問題

乙、專業生產合作社——对生產組織，技術，運銷等加以

各区民教主任训练教材——华西实验区生产合作社提示纲要 9-1-170（136）

77

改良、

1、機織生產合作社

2、桐油產銷合作社

3、廣柑產銷合作社

4、美菸產銷合作社

5、棕萊產銷合作社

6、合作紙廠

7、其他、

四、推進步驟

1、建全單位社組織、

2. 供銷處暫時代營联合社業務

3. 建立联合社以鞏固合作系统、

4. 以運銷業務之经营促進生產技術之改進、

5. 以生產工具与推廣材料之輸入進而為自給、

6. 以貸款与利用外資之经营進而為地方合作金融之建立、

五、輔導原則

1. 蒐集有関資料，切实調查研究，俾对當地農家經济与社員情况有明確之瞭解，以作開展工作之依據、

2. 審查社員資格之合乎規定者，籌備组社。

各区民教主任训练教材——华西实验区生产合作社提示纲要　9-1-170（137）

78

3. 与本区傳習教育密切配合，使社員对合作有正確認識，予职員以專業訓練，予文盲社員以識字教育。

4. 具體領導社務，培養平等，互助，民主，公開之優良作風，并以此種作風以消除一切作僞舞弊等行為。

5. 培植領導人才，使能对人謙和，对事忠信。

6. 注意防止少數人及惡勢力之操縱破壞。

7. 社務应求独立自主，并須与联合社及供銷處

各区民教主任训练教材——华西实验区生产合作社提示纲要　9-1-170（139）

8 要發現問題以求問題之解決 工作要有計畫

有步驟，有檢討，有改進，

六、本年度中心工作與工作要點

甲、農業生產合作社組織工作之展開

1、設置農業推廣繁殖站

a、繁殖站本年暫在璧山、巴縣、北碚三縣局中選

擇環境優良之社學區設置之，每一鄉或數鄉設

置一站以作農業示範，

b、繁殖站地點應選地勢及田坵大小形狀適宜，

土質中上等，無水旱之虞，交通條件便於示範，

各区民教主任训练教材——华西实验区生产合作社提示纲要 9-1-170（140）

78

之地，購買田地約五十畝举办之，

c、此項地價，應由社籌足百分之二十，其餘可申請貸款，貸款以實物償還，分十年還清，

d、繁殖站之管理由合作社負責，實行共同耕作，俾良種良法易於推廣，但設此項土地之原佃農，因業權移轉而影响其生計之維持時，則宜仍由原佃農佃種，照法定數額向合作社繳納地租，惟所種品種，與栽種技術必須遵照合作社與輔導員、民教主任之指示办理，

七、輔導員、[illegible]

需要與減少農時角，又繁殖站之作業組合

作業選擇，均須注意設計，使繁殖站能作優良品種優良技術之示範推廣，与農場經營改進之模範，

4.繁殖站所繁殖之優良種籽，即交供銷處或联合社分配銷售或換種，

5.未設繁殖站之農業生產合作社亦應作良種表証，特約表証農家作品種比較，於易受人注目之地行之，

2.家畜增殖

各区民教主任训练教材——华西实验区生产合作社提示纲要 9-1-170（142）

80

a、社務健全之農業生產合作社可予購買耕牛及優良猪種之貸款，耕牛可每社貸予十頭，公母牛各半，猪可貸隆昌良種公猪二頭，本地良種母猪十頭，合作社自籌畜價百分之三十，貸款百分之七十，此項貸款均应於一年内还清

b、由貸款購入之耕牛為社有，交適当社員負责管理，由社貼補飼料，但須接受技術指導，如有疾病，受傷，生育等情必須報告社方，隆昌公猪亦同此办理。

飼育，須接受技術指導

d、社員可請求借用耕牛，每月或每年繳納若干受益費，耕牛之借用應由社方根據社員實際情形公平分配之。

e、種畜接種交配，由社方收取若干費用，并應將其出生年月，交配日期，母体性狀特徵，及其祖先情形等登記於繁殖紀錄簿上，俾作譜系參攷。

f、農業生產合作社及其社員之家畜，必須接受獸疫防治隊之指導，按時注射防疫血清疫苗。

各区民教主任训练教材——华西实验区生产合作社提示纲要 9-1-170（144）

81

g. 其他家畜与家禽之繁殖及飼養，亦須採用良種良法，由合作社办理之，

3. 興办小型水利

a、農業生產合作社如感於乾旱之威脅，有鑿塘築堰之必要時，可申請小型水利貸款，工程費用三成自籌，七成請貸，貸款須於四年內本息償清，

b. 社員用水，應收相當受益費，為償還貸款之需

c、擬興办水利之地，應擬具詳细計劃，对地势，水源，工程估計，可灌溉田畝數等均須詳细說明，

乙、機織生產合作社組導工作之展開

1. 機織生產合作社為副業經營方式，織布工作於社員家庭中分別行之，且係以運用農閒剩餘勞力為主，農家自有織布機，自有織布技能，自用家工，不需雇工，且機台在五台以下者始得為社員、

2. 每社員得以一機台申請貸紗換布，木機每台貸紗二并，鉄機每台貸紗五并、

3. 為達成產品之標準化，對社員償還之布疋應以左列三種標準為限、

82

a、二四布，每疋長22碼，寬二尺四寸，重量六磅，經密五十八根，緯密六十根者為合格。

b、二八磅布，每疋長40碼，寬三十六英寸，重量十二磅，經密五十九根，緯密六十一根者為合格。

c、四八寬布、每疋須長四丈八尺，寬一尺二寸，重四磅，經密五十根，緯密五十二根者為合格。

4、社員貸紗還布標準按左列規定計算

a、二四布每疋十三支

b、二八布每疋一并另八支

c、四八、寬布，每疋六支

機構經營之，故參加之社員對联合業务均應具有認識与热忱。

丙，其他生產合作社之組織當視環境与需要相機策進之。

按年增股辦法草案（農社）

第一條：本社為鞏固經濟基礎以期達到自力更生之目的特訂定按年增股辦法（以下簡稱本辦法）

第二條：本辦法擬試辦三年如所增之股足資週轉或足以提高對外信用得到經濟機關更多之資助時即停止增股

第三條：本社社員於每年新谷收獲後平年續增股穀　以上豐年議增歉年順延

第四條：每年所增之股谷由理事會經營生息或購買新式農具灌溉機力畜等租賃於社員

第五條：社員所增之股由交納之日起息其股息依社章辦理

第六條：本辦法由社員大會通過後實行修改時同

农社按年增股办法草案　9-1-166（201）

116

貸紗留交增股辦法草案

第一條：本社為鞏固經濟基礎以期逐漸增股達到自力更生之目的特訂定貸紗留交增股辦法（以下簡稱本辦法）

第二條：本辦法擬試辦三年如所增之股紗足敷週轉或足以提高對外信用能取得金融機關更多之資助時得停止使用

第三條：本社每次向外借紗轉貸社員時得留其借額百分之五作為社股。

第四條：本社每次所增之股紗由理事會以較當地為低之紗息貸放於社員不得平均分借社員

第五條：各社員所增之股其起息日期及利率依社章辦理

第六條：本辦法由社員大會通過實行修改時同

机织社社员生日送纱增股办法草案　9-1-166（203）

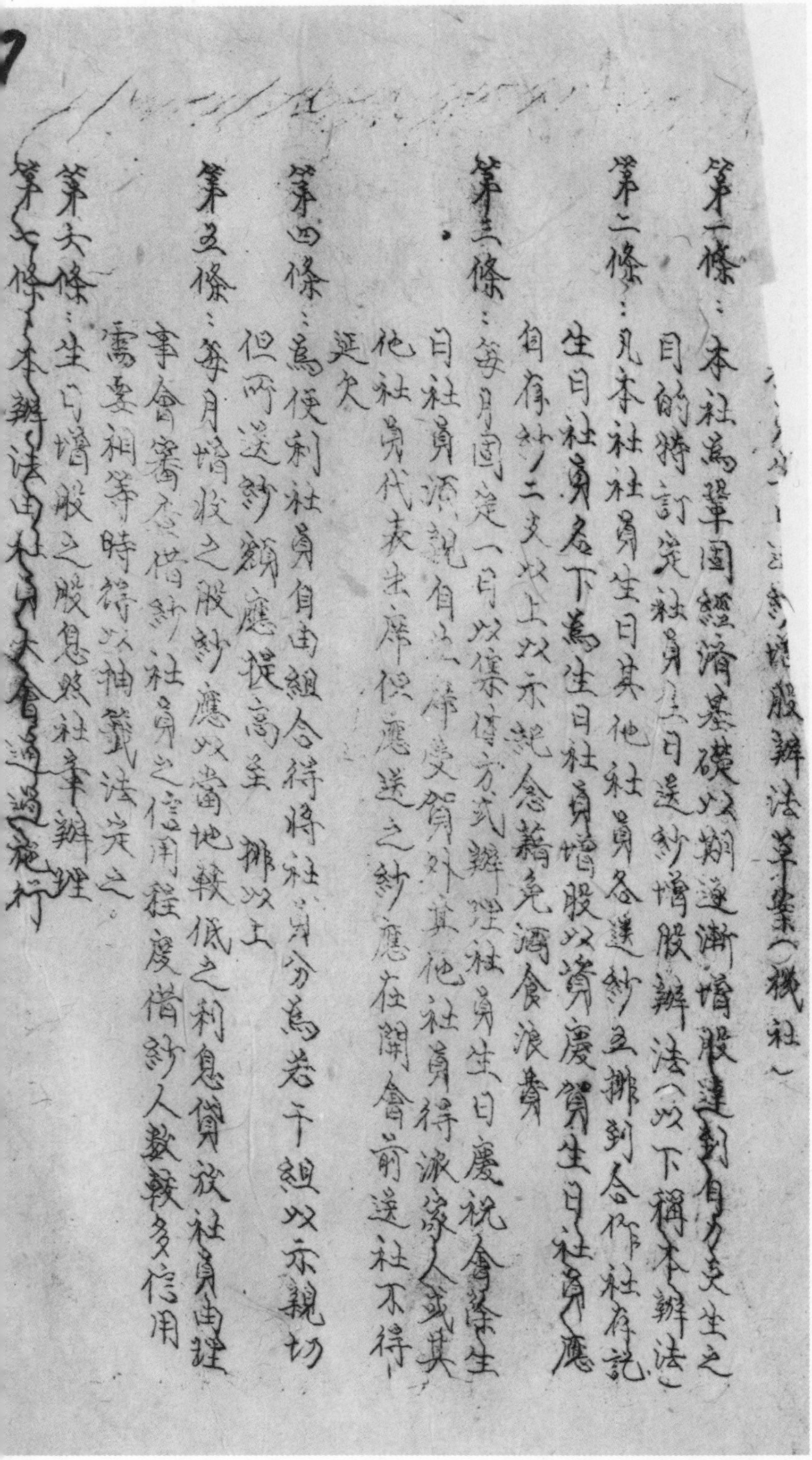

……增股辦法草案（一）機織社

第一條：本社為鞏固經濟基礎以期逐漸增股達到自力更生之目的特訂定社員生日送紗增股辦法（以下稱本辦法）

第二條：凡本社社員生日其他社員各送紗五排到合作社存記生日社員名下為生日社員增股以資慶賀生日社員應自存紗一二支以上以示紀念藉免酒食浪費

第三條：每月固定一日以集體方式辦理社員生日慶祝會除生日社員須親自出席受賀外其他社員得派家人或其他社員代表出席但應送之紗應在開會前送社不得延欠

第四條：為便利社員自由組合得將社員分為若干組以示親切但所送紗額應提高至　排以上

第五條：每月增收之股紗應以當地較低之利息貸放社員由理事會審查借紗社員之信用程度借紗人數較多信用需要相等時得以抽籤法定之

第六條：生日增股之股息照社章辦理

第七條：本辦法由社員大會通過施行

第一條：為利用社員勞力實施合作造產以期達到社股增加自力創有社田之目的特訂儲工增股辦法（以下簡稱本辦法）

第二條：凡本社社員每年須為本社作工 日不給工資作為儲工固本不能儲工者須另增購 股但不能享受造產收益之分配

第三條：造產所需之荒山林地由本社向公私業主承領或承租耕用

第四條：合作造產之收益除支付租額及償還本社預墊之牛租種籽肥料雜支等本息外以純益十分之七按社員儲工數量多少之比例分配以十分之一獎酬造產特別勞力之職社員其餘十分之二提存公積金

第五條：儲工所增加之社股達到現有社股及其他社有資金得以購買社田時此項社田為合作社所有除供公耕外儲工社員有優先承佃權

第六條：儲工增股之股起息及利率依社章辦理

第七條：本辦法由社員大會通過實行修改時同

中国农民银行璧山分理处农村副业贷款借款社团概况调查表　9-1-194（75）

璧山　行處農村副業貸款借款社團概況調查表　編號 13　填報日期 36年12月26日

璧貸54.3.1.250.

社團名稱 青木鄉青興機織合作社　地址 青木鄉公所

籌備日期 36.10.28. 成立日期 36.11.23 登記日期 36.12.15 登記證號數 事證#28

主管機關 璧山縣政府　輔導機關 璧山縣政府及平教會

社團員人數 20　組成分子（農20人 工 人 商 人 其他 人）是否純良 均係純良農民

每人（股金額 / 會費）1000 元　認購股數 8920　實收 89200 元　對外所負責任（保證倍數）保證責任 50倍

業務種類 統購棉紗個別織布整染統銷

業務區域 青興鄉所屬地區

重要職員及其概況：

職別	姓名	性別	年齡	籍貫	任職日期	略歷	備註
理事主席	甘燮祿	男	51	璧山	36	舊制中學畢業曾任鄉長	
〃 司庫	張業煊	男	37	〃		私塾五年	
〃 經理	丁守愚	〃	38	〃		私塾八年曾任鄉民代表	
〃 會計	鍾芳洲	〃	40	〃		川大畢業曾任中學校長	
監事主席	呂馨雅	〃	32	〃		上海音專畢業曾任中學校長	

35

青農字59號 蔡寄

帳務處理情形：置有流水帳一本記載清楚

資產負債情形：

資產	金額	負債	金額
存出款	6000000	股金	8920000
開支	315000		
現金	2605000		
合計	8920000		8920000

以往盈虧及其處理情形：未曾決算

盈虧金額

盈餘/虧損如何處理補救

申請貸款人數 20人

以往信用如何 第一次貸款　此次申請貸款金額 ¥90000000

貸款用途及其分配辦法 統購棉紗轉貸社員個別織布生產

調查意見：1、查該社職員忠樸誠實對社頗具熱心，社員均係純正農民對社頗為關心且多數除從事農事外均備織布副業所獲收益維持生活故望本行貸款協助業務

2、該社區內山多田少農產收益較少，織布副業急須扶植促進生產安定民生藉供軍民服裝之需

3、經查社員機戶台屬實於借貸放到會社員20人每人機台1台每台貸原料紗五斤共100斤

4、核該原料紗100斤照當日市價每斤計80250共核貸為8025000訂期六個月

備註：本貸款會同本縣合作委員會指導員王昭常前往調查召集社員會並分訪各社員家屬

填表說明：

1.表列各項均應切實調查填報不得遺漏其有不能填寫或無事實可據者亦應於橫線上註明原因

2.表列空白地位不敷填寫時可以另紙書明如借款社所自備有關各種書表（如資產負債表之類）亦可附送以期詳盡

主任　　農貸主管　　查填人

中国农民银行璧山分理处农村副业贷款借款社团概况调查表　9-1-194（76）

巴县第二辅导区为派本区辅导干事赴总办事处领取合作社贷款及送呈合作社成立书表等事致华西实验区总办事处报告　9-1-91（66）

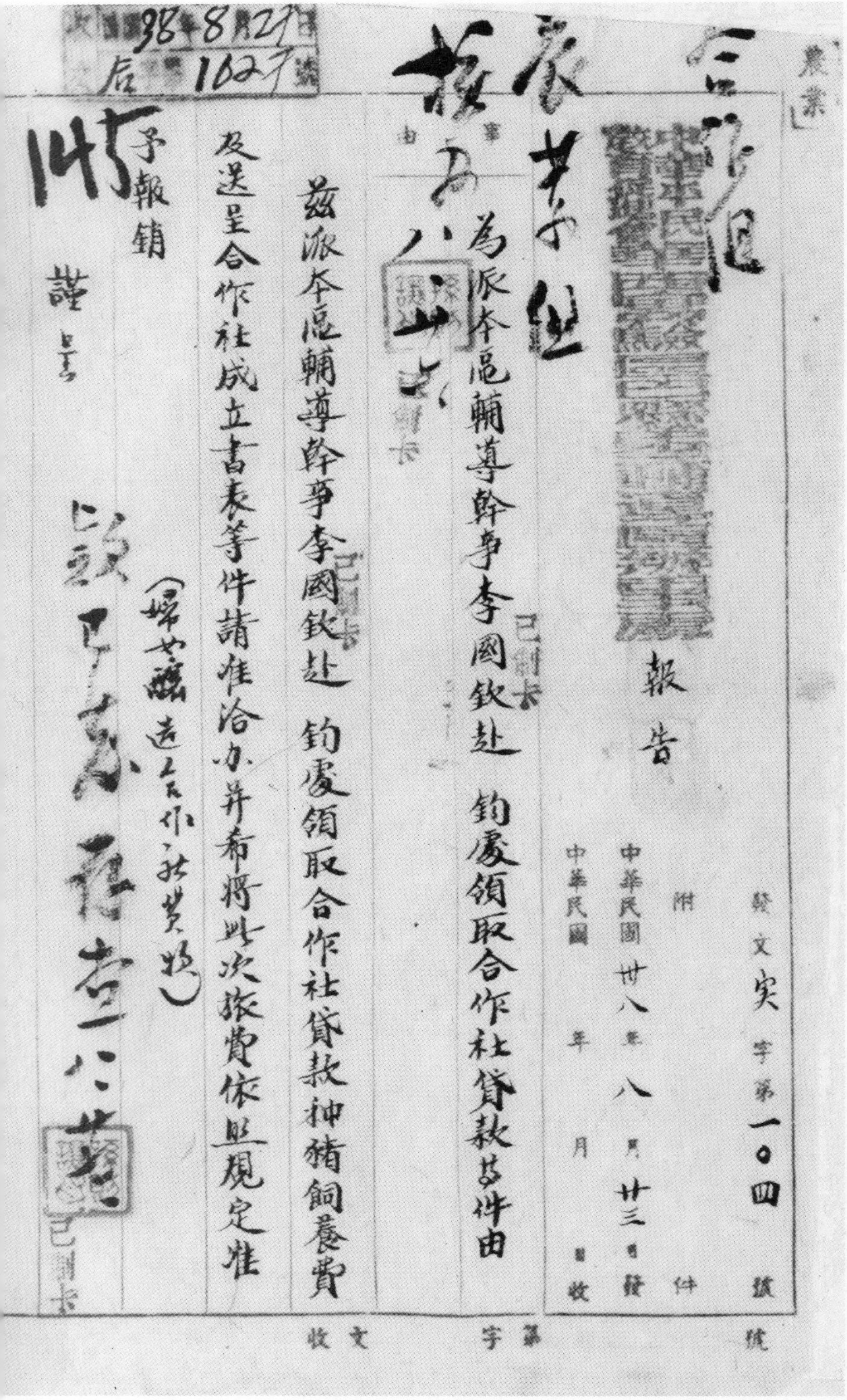

收文 38年8月27日 第1627號

農業

報告

發文 実 字第一〇四號

附件

中華民國卅八年八月廿三日發

中華民國 年 月 日收

事由：為派本區輔導幹事李國欽赴鈞處領取合作社貸款等件由

茲派本區輔導幹事李國欽赴鈞處領取合作社貸款抽豬飼養費及送呈合作社成立書表等件請准洽办并希將此次旅費依照規定准予報銷

謹呈

收文 字第 號

巴县第二辅导区为派本区辅导干事赴总办事处领取合作社贷款及送呈合作社成立书表等事致华西实验区总办事处报告　9-1-91（66）

區主任　王秀俞

华西实验区璧山县第八辅导区合作事业改进计划　9-1-91（38）

119

中華平民教育促進會華西實驗區璧山縣第八輔導區合作事業改進計劃

甲、改進步驟

第一期　選擇輔導時期——由十月一日至十月底

第二期　擬定辦法時期——由十一月一日至十一月底

第三期　着手實施時期——由十二月一日至十二月底

乙、改進事項

第一期　擬辦事項

一、調查足以代表一般性之合作社十處以上，研究其社務業務應改進事項，為擬定計劃之根據

[illegible]

资讨改进

三、督导各机织社订定之八布合同及授纲如期交布

四、拟定合作社组织一览表及各项统计表式并请颁发

印发各社备供负责社所之用

五、分类整理有关合作文卷

第二期　拟办事项

一、继续调查有特殊问题之合作社若干处

二、征询本区辅导人员对现在合作社改进之意见及如何发

动各社自力更生之办法

120

三、與輔導員討論輔導原則及使用合作社輔導紀錄
四、擬定合作社自力更生運動各項辦法
五、擬定自力更生運動實施材料要點呈請總處繪製
以編佈更及此項運動之連環畫幻燈片
六、請總處設法印製合作社應用帳表選擇一社試用
并大量印製以便合作社購用
七、擬定合作社業務競賽辦法
八、輔導各合作社健全社務

第三期擬辦事項

华西实验区璧山县第八辅导区合作事业改进计划　9-1-91（40）

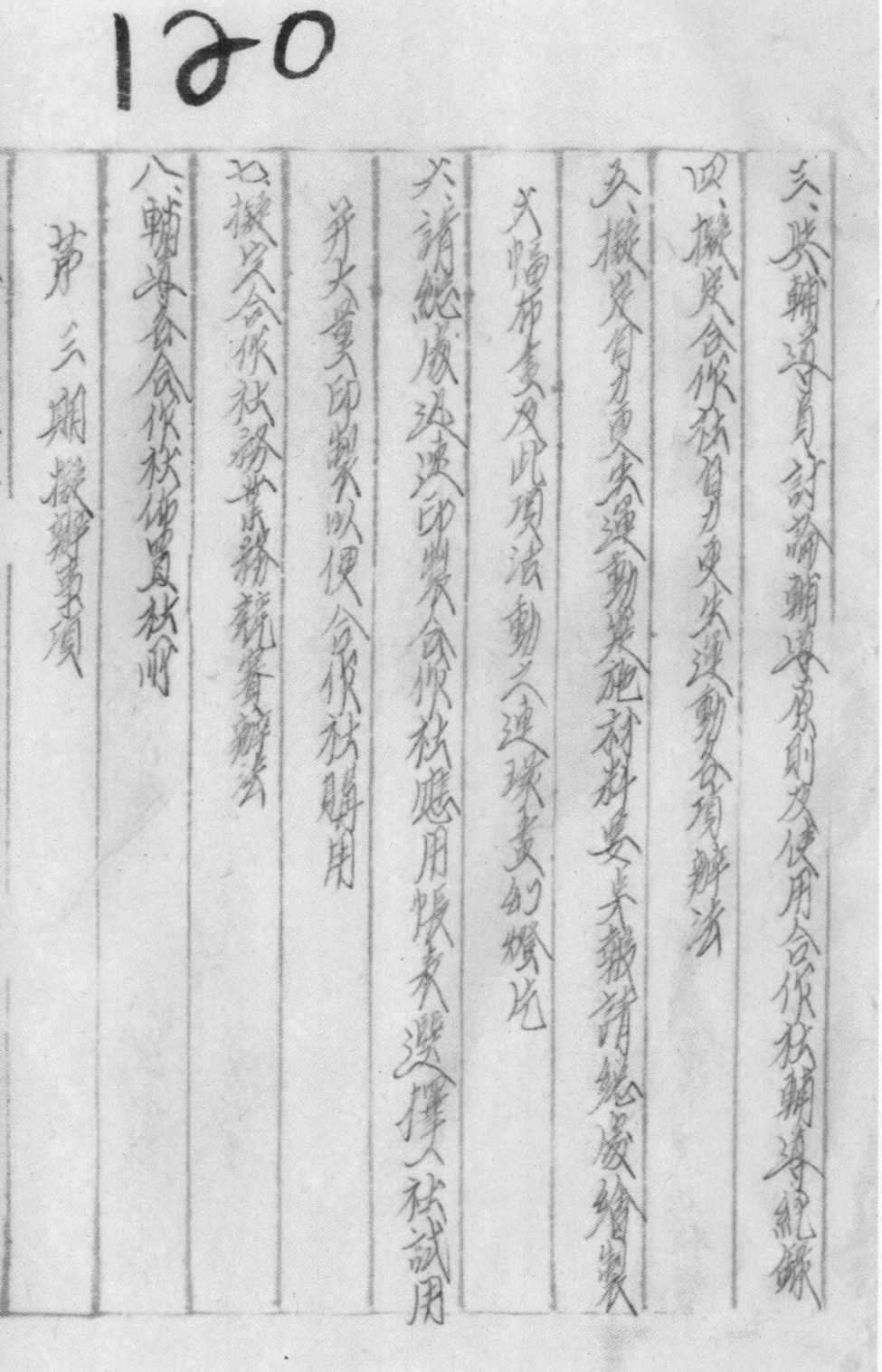

二、分鄉舉行合作社自力更生運動座談會并討論秋季業務競賽會同

三、指導各社協助農民節舉行團拜并聯絡合作社股員活動

四、輔導各社辦理年終結算并辦理年終考成

五、舉行檢討會檢討本計劃實施情形及得失

丙　所需經費

一、本計劃所需之材料裝備費用為輔導區財力不能負擔者擬另行預算并報請總處核發

华西实验区辅导示范农业生产合作社工作计划草纲 9-1-195（137）

107

平教會華西實驗區輔導示範農業生產
合作社工作計劃草綱

一、土地分配部份

（一）創辦社田以逐漸達到耕者有其田用，直接扶植自耕農，驟視之，固為實施土地改革之捷徑，惟以需用資金浩大，收購土地手續進行困難，兼以地權屬於農有，而農民保守性強，對土地利用之改進亦不容易。本區有鑒及此，爰擬以溫和之辦法，運用步

耕者有其田用之目的。

㈡社田之單位：以保為單位逐漸擴展及於隣保。

㈢創設社田之實施辦法：為使土地使用合於經濟原則及達到社田創設之目的，必須實施土地重劃，其辦理步驟如次：

1.實施地籍測量：測定每户土地之經界與坵塊，計積，依土地之肥瘠與產量，分別訂定等級。

2.評定地價：組織土地評價會，評定各級土地地價，

华西实验区辅导示范农业生产合作社工作计划草纲 9-1-195（138）

128

3. 贖地及租佃：凡不在地主之土一律由社予以收贖，其餘出佃之土地及自耕之地願出售者則收贖之，不願出售者，由社統一租佃（自耕地除外）並向其納租。

4. 耕地調整：收贖之土地一律予以重劃，其屬於私有者，保持其經界，於其經界內加以調整：關於每户耕農土地之面積，為避免土地不够分配與轉業問題計，其屬自耕與由社佃租者，即比照其原有耕

5.土地所有權：由社購者屬社有，自耕地及由社租佃地其所有權仍舊

6.租佃與納租：重劃後之土地，屬於社有及由社租佃者，耕農向社租佃納租，屬於私有者，一切仍為其私有，向社有土地佃耕之農人，於其所納租額償清購買土地貸款時，社方即逐年減少其租額，至所納租額適敷抵償田賦時為止，此即達耕者有其田用之時也。

华西实验区农业合作推进计划 9-1-54（214）

117

農業合作推進計劃

本區農業合作社之推進依據目前實際情形以及人力財力之可能與有関機関構之配合分别緩急逐漸推進兹擬具本年度計劃如左：

一、目標

(一)本年内擬先完成巴璧碚三縣局每一社学區一合作社之目的計巴縣六百社璧山二百八十社北碚一百社共計九百八十社

(二)已成立之合作社分别加以整理訓練以期社務完備業務

即行開始普遍組織合作社

(四)本區內美蒜柑桔油桐等特產品依照实际需要先行倡組合作社办理運銷業務

(五)各輔導區每鄉選定一社加強輔導協助以達成示範合作社

(六)完成職員社員之普遍訓練

(七)完成巴璧碚三縣局合作社联合社之組織

二、合作業務之推進

(一)創置社田：本年度擬在巴璧碚三縣局選定廿

华西实验区农业合作推进计划　9-1-54（216）

118

數合作社開始試辦暫以購社田九百五十石為度
(二)扶植自耕農：以社員中人口眾多所有土地在十石以下者為限佃户有优先購買權
(三)補充耕牛：本年度擬補充各合作社耕牛三千六百头以巴璧碚三縣為範圍暫以設置蕃殖站之合作社優先按五十石田補充耕牛一头之標準合作社有請求耕牛貸款者應先調查該社耕地畝數現有耕牛數目擬補充耕牛数目每社暫以補充十头為限
(四)出售耕牛者：

(1)推廣仔猪：巴璧石三縣農户約七萬户計劃每
户增養仔猪一头共增仔猪七萬头。
(2)推廣种猪：种猪子由蕃殖站作為推廣蕃殖之用
俟种猪蕃殖後再行推廣。
(3)推廣母猪：本年内各合作社拟推廣母猪一萬六
千头七、八兩月開始先行推廣三千头每社暫以五十头
為限除設有繁殖站之合作社作為推廣一代雜交
猪外其餘均作為推廣本地良种猪之用但每五十
頭母猪中須有公猪一头。
(五)興辦水利：本區為適應各合作社農業上之需要

华西实验区农业合作推进计划 9-1-54（218）

118

協助修建塘堰及其他小型水利

(六)發展特產品業務：本年擬於巴縣璧山永川三縣推廣美蔗六千畝以及油桐柑桔等特產品之推廣運銷工作

三 合作貸款之分配

(一)土地貸款：本年度計本區籌集四六〇〇〇美元農民銀行配貸一四〇〇〇美元合計五六〇〇〇美元此項貸款以協助創置社田為主依照貸款八成合作社自籌二成之規定本區之貸款及農民銀行配貸之款以每石

石依照創置社田计划以巴璧碚三縣局選擇少數合作社開始試办暂供購置社田九百五十石需貸款一九、〇〇〇美元其餘貸款視各縣局情形充作扶助自耕農或其他有関土地貸款之用

(二)耕牛貸款：耕牛貸款本年度本區籌集五二、〇〇〇美元農民銀行配貸六、八〇〇美元共計七二、八〇〇美元以每头貸款七成合作社自籌三成之規定以每头貸款二十美元計算本區之貸款及農民銀行配貸之款可購牛三千六百四十头擬自六月份起先購牛一千头分貸于巴璧碚三縣局設置蕃殖站之合作社及表証農家有优先

华西实验区农业合作推进计划 9-1-54（220）

120

請貸權

三、養猪貸款：

（1）仔豬貸款：仔豬貸款以巴璧碚三縣局合作社推廣仔豬七萬頭每社員以購一頭為準仔豬貸款以每頭体重二十斤每斤以當時肉價為計價標準由農民銀行貸放七成合作社自籌三成此項貸款須待農行貸額核定後办理

（2）母猪貸款：擬于七月種猪分配于各蕃殖站後由八月份起開始办理擬先貸三千頭每社以五十頭為限除設有繁殖站之合作社優先貸放作為推廣二代雜交

每五十头母猪中必须有公猪一頭

（四）水利貸款：本年水利貸款以十二萬美元為貸款標準於五月起先貸三萬美元以巴璧碚三縣局為範圍

（五）其他生產貸款：本年以四萬美金為標準由五月份起于巴璧碚三縣局先貸一萬美金先作美菸生產修築烤房及肥料貸款之用其他生產貸款視各社請求情形決定

华西实验区农业组工作计划进行步骤及工作现况（一九四九年四月一日） 9-1-54（240）

131

華西實驗區農業組工作計劃進行步驟及工作現況 卅八、四、一

工作計劃及進行步驟

第一年（卅八年）之中心工作

1. 輔導農業生產合作社，作農業技術上之改進及增產材料之貸給

a. 稻麥、油桐、南瑞苕等良種推廣

b. 雜交猪之推廣

c. 耕牛增殖

d. 小型水利增設及改進

e. 作物及家畜病虫害之防治

华西实验区农业组工作计划进行步骤及工作现况（一九四九年四月一日）　9-1-54（241）

2. 設置推廣繁殖站繁殖優良种並[illegible]以為[illegible]推廣示範

3. 原始种之繁殖與中央農業實驗所北碚分場合作

a. 繁殖優良种苗供給各繁殖站

b. 研究解决農業技術上之問題

4. 農家推廣种之檢查與搜集，本區已行推廣于農家之改良稻麥种于收獲前派員下鄉檢查去劣偽行收回，倫為卅九年度推廣材料之用

5. 農業自然環境之探討

a. 各繁殖站設簡單氣象儀器，紀載氣象要素之變化，并與有

璧山四賓閣文具印刷紙號印製

华西实验区农业组工作计划进行步骤及工作现况（一九四九年四月一日） 9-1-54（242）

138

商機關團體合作，以謀本區域農業氣象之認識。

b. 自然地理（Surface features of Land）之調查。

c. 土壤分佈概況調查

d. 土地利用概況調查，調查本區內水田、旱地、山丘、荒地等之實況。

6. 農業生產現況之調查

a. 作物之分佈與栽培制度

b. 動物之生產種類、數量與飼育情形

c. 施肥情形

d. 病蟲害之分佈

e. 農場經營概況

华西实验区农业组工作计划进行步骤及工作现况（一九四九年四月一日） 9-1-54（243）

[illegible]

9. 本區農業區域之初步劃分

7. 蒐集有關圖書資料

第二年（卅九年）之中心工作

1. 賡續上年度之工作

2. 進一步指導農業生產合作社之農業技術改進

3. 增設推廣繁殖站

4. 大量供給適宜本區之優良种苗

5. 根據上年度獲得之問題作為農業生產之專題研究

6. 覆核農業區域之劃分

璧山四寶閣文具印刷號紙印製

华西实验区农业组工作计划进行步骤及工作现况（一九四九年四月一日） 9-1-54（244）

133

7. 荒地初步利用
8. 开始水土保持工作

第三年（四十年）之中心工作

1. 赓续上年度工作
2. 完成推广繁殖站每乡一站之目的标，
3. 完成生产合作社良种纯化之目的
4. 控制特产种苗阅试筹劳，以指向产品标准化之途径，
5. 实施原始种场研究之结果
6. 确定农业区域
7. 光生前问题研讨解决方法

华西实验区农业组工作计划进行步骤及工作现况（一九四九年四月一日） 9-1-54（245）

目前工作概况

1. 各輔導区設置推廣繁殖站，現璧山第一二三四五六区已縣第一二三四七区均已成立。

2. 優良作物品种之推廣（見下表）

作物	推廣數量	栽培面積	收成預計	增產預計	明年推廣面積預計	明年推廣收成預計
水稻	四〇二二市石	八〇四四畝	五二〇〇〇市担	七八〇〇市担		
南瑞苕	一一〇〇〇市斤	四四〇畝	一〇一二〇市担	五〇六〇市担	四〇四八〇畝	九三一〇四〇市担
美菸	五〇〇〇〇株	五〇〇畝	七五〇〇〇市斤	七五〇市担		
米桐苗	一六四〇〇〇〇株	五四六七畝				

3. 原蚕种繁殖（見下表）

璧山四寶閣文具印刷紙號印製

华西实验区农业组工作计划进行步骤及工作现况（一九四九年四月一日） 9-1-54（246）

134

作物	繁殖畝數	收成預計	明年推廣面積	明年收成預計
水稻	三〇畝	一九五市担	一、九五〇畝	一二、六七五市担
小*麦	一五畝	三〇市担	三〇〇畝	六〇〇市担
南瑞苕	一五畝	三四五市担	一、三八〇畝	三一、七四〇市担
桐苗	四〇畝	五七〇、〇〇〇株	一九、〇〇〇畝	

4.原种繁殖（見下表）

作物	繁殖畝數	收成預計	明年推廣面積	明年收成預計
水稻	一二〇畝	七八〇市担	七、八〇〇畝	五〇、七〇〇市担
小*麦	七〇畝	一四〇市担	一、四〇〇畝	二、八〇〇市担
南瑞苕	一二〇畝	二七六〇市担	一一、〇四〇畝	二五三、九二〇市担

华西实验区农业组工作计划进行步骤及工作现况（一九四九年四月一日） 9-1-54（247）

5. 推廣种繁殖（見下表）

作物	繁殖畝數	收成預計	明年推廣面積	明年收成估計
桐苗	三五畝	四五〇,〇〇〇株	一五,〇〇〇畝	
水稻	六〇〇畝	三九〇〇市担	三九,〇〇〇畝	二五三,五〇〇市担
小麦*	六〇〇畝	一,二〇〇市担	一二,〇〇〇畝	二四,〇〇〇市担
南瑞苕	一六〇畝	三六八〇市担	四,七二〇畝	三三八,五六〇市担
柑桔苗		一〇〇〇〇株	三三四畝	

*小麦繁殖工作手秋間開始

6. 增加耕牛 本區現有耕牛，至感缺乏，茲以（璧山）黄泥塘，三个鄉社學

华西实验区农业组工作计划进行步骤及工作现况（一九四九年四月一日） 9-1-54（248）

135

區為例，可見一斑（見下表）

黄泥塝社學區耕牛概況

牛數	户數	備註
〇隻	二六四户	本社學區三二三户，共有牛六三頭，内水牛二八頭，黄牛三五頭
一隻	五五户	
二隻	四户	

璧山三个灘社學區耕牛概況

牛數	户數	人數	備註
二八隻	二四二户	一一六六人	本區共有耕地二六八九.六畝，耕牛二八頭，平均每頭牛耕地九六.○六畝

牛区选购一〇〇头，供应各繁殖站需要，以后再陆续举办，同时并奖励饲育母牛，以求增产。

7. 提倡养猪，本区农家平均每户有猪一头（见下表）

社学区名称	猪数	户数	备注
黄沱场	二八一只	三二三户	无猪者四五户，一只者一〇九户，二只者五二户，三只者九户，四只者四户，七只者一户
三个滩	二六六只	二四二户	

故宜倡导增产，以增加肥料来源与农家收益，拟约克夏纯种猪与荣昌猪交配之一代杂交种性状甚佳，成长快，易肥育，极有推广之价值，而著名之荣昌白鬃猪，亦宜保留纯种，计划每繁殖站即

华西实验区农业组工作计划进行步骤及工作现况（一九四九年四月一日） 9-1-54（250）

136

發給免疫种猪二頭，并舉辦母猪貸款，使其交配繁殖，增產一代雜交种，以後使每鄉鎮均有二頭种猪，在巴縣，璧山，北碚，江北，合川造成一代雜交种區域，其他縣份則造成榮昌純种區，

8. 家畜保育，指導改良畜舍与飼育方法，按時注射疫苗血清，舉辦牲畜保險，以收增產之效，

9. 舉办小型水利，現已籌劃，為免乾旱之威脅，各區有鑿塘築堰之必要時，即舉办小型水利貸款，

10. 植物病虫害之防治，現正準備派技術人員分赴璧山，合川，北碚，巴縣，江北，綦江等地，從事表證施藥工作

11. 準備調查工作 本年度計劃之各項調查，現已着手準備，由本

12.編印叢書小冊，已編竣者有「改良稻种栽培須知」，正編印中者有「本區農業輔導人員手册」「油桐栽培法」「家畜飼育法」等。

13.農民對本年度推廣工作之反應

a.優良品种之推廣，備受農民之热烈欢迎，其中尤以南瑞苕及米桐苗因產量高，而收益確实，已經建立信仰，故搶貨情况更為空前，例如滄白、屏都、白市驛等鄉鎮距離北碚無下一百五十里者，然各區農民領种者人數，并未因此稍減，擔筐荷籮，絡繹不絕，當時成渝道上，因駐軍開拔赴滇，拉夫之風頗盛，然農民仍不為所動，踴躍奔赴各繁殖站，請領良种，内有滄白

璧山四寶閣文具印刷紙號印製

华西实验区农业组工作计划进行步骤及工作现况（一九四九年四月一日） 9-1-54（252）

137

農民胡世有、張天才等，因距發種距離遠，又攤到遲，致失去領種之機會，竟星夜趕程，中午到達發種地點，後以接洽分發，致渠等於下午三時始得領到，渠等并未以此為苦也。同時為爭取及時下種計，當即匆匆冒黑趕回。又丁家鄉分發稻種時，有二位六十餘歲老人，因家中人外出，又恐失却機會，乃從五十里外，共抬一籮筐，要求發放人員優先領取，以便趕回，當時推廣人員及在場保甲農民莫不為之感動，爭為協攜，二人乃欣然一再稱謝而去。

b.其他如農民關於耕牛貸豬辦法之興奮，改進畜舍以使適應環境，新品種之申請之請領，與夫對殺蟲藥劑之爭取

华西实验区农业组工作计划进行步骤及工作现况（一九四九年四月一日）　9-1-54（253）

璧山四賓閣文具印刷紙號印製

华西实验区农业组预算书 9-1-54（206）

113

農業組預算書

總額 美金叁萬元正

甲、種苗繁殖費共計一〇,〇〇〇美元

一、原始種繁殖費——二,四五〇美元

1、地租人工肥料設備补助費——四〇〇美元

2、稻麥繁殖补助費——五〇〇美元

3、油桐繁殖补助費——八〇〇美元

4、一千五百石倉庫一座建造补助費—七五〇美元

二、原种繁殖費——五四〇美元

1、稻种繁殖人工種子肥料等費——[illegible]

2. 油桐苗種子肥料補助費——四〇〇美元

3. 三千市石倉庫三座——三九〇〇美元

三、推廣種繁殖費——一二〇〇美元

1. 部份補助人工肥料——六〇〇美元

2. 部份補助種子——四〇〇美元

3. 旅費——二〇〇美元

四、農産品种选种费——五〇〇美元

1. 旅費及雜用——五〇〇美元

五、油桐苗推廣費——四五〇美元

1. 包裝運輸——三〇〇美元

璧山四寶閣文具印刷紙號印製

华西实验区农业组预算书　9-1-54（208）

114

2. 旅費雜用管理費——一五〇美元

乙. 家畜防疫費共計七、〇〇〇美元

丙. 植物病虫害防治費共計八〇〇美元

一. 藥劑運輸費——三〇〇美元

二. 器具修理費——一〇〇美元

三. 旅雜費——三六〇美元

4. 雜用——四〇美元

丁. 甜橙苗繁殖費共計七〇〇美元

一. 繁殖費——五〇〇美元

三、旅費 —— 一〇〇美元

戊、牧草種子搜集輸种繁殖費共計八〇〇美元

一、繁殖費 —— 三〇〇美元

二、搜集輸种 —— 二〇〇美元

三、運輸 —— 一〇〇美元

四、調查旅費 —— 二〇〇美元

巳、蔬菜种子繁殖費共計五八〇美元

一、繁殖費 —— 四〇〇美元

二、壮在運費 —— 八〇美元

118

三、旅費——一〇〇美元

庚、魚苗繁殖費共計三〇〇美元

一、繁殖費——二〇〇美元

二、運費——五〇美元

三、旅費——五〇美元

辛、鷄鴨繁殖費共計五〇〇美元〇

一、繁殖費——三〇〇美元

二、運費——九〇美元

三、旅費——一一〇美元

壬、果樹及經濟苗木繁殖費七〇〇美元

华西实验区农业组预算书　9-1-54（210）

二、裝運費　一〇〇美元

三、旅費　一〇〇美元

癸、花草繁殖費共計四〇〇美元

一、繁殖費　三〇〇美元

二、旅費　一〇〇美元

子、農業生產調查費共計一八〇〇美元

一、器材標本設備費　一〇〇〇美元

二、印刷費　四〇〇美元

三、調查旅費　四〇〇美元

璧山西街閣文具印刷紙號印製

华西实验区农业组预算书　9-1-54（212）

116

丑、推廣費共計　三五〇〇美元
一、材料設備——一五〇〇美元
二、加工技術表証示範費——一〇〇〇美元
三、旅費——一〇〇〇美元

寅、肥料表証試驗費共計　九〇〇美元
一、材料費——五〇〇美元
二、地权管理費——二〇〇美元
三、旅費——二〇〇美元

卯、小型水利表証試驗費共計　二千四百廿元
一、[illegible]購費——一五〇〇美元

二、[illegible]費　……

三、旅費——二二〇美元

以上經費共计美金叁萬元正，依美農復會撥到款項比例支用（農復會現已撥到款項為四分之一，則本組經費應照比例減為七五〇〇美元，又該項開支亦照比例減，以後續撥撥款到，又按比例增加）

璧山四宇閣文具印刷紙號印製

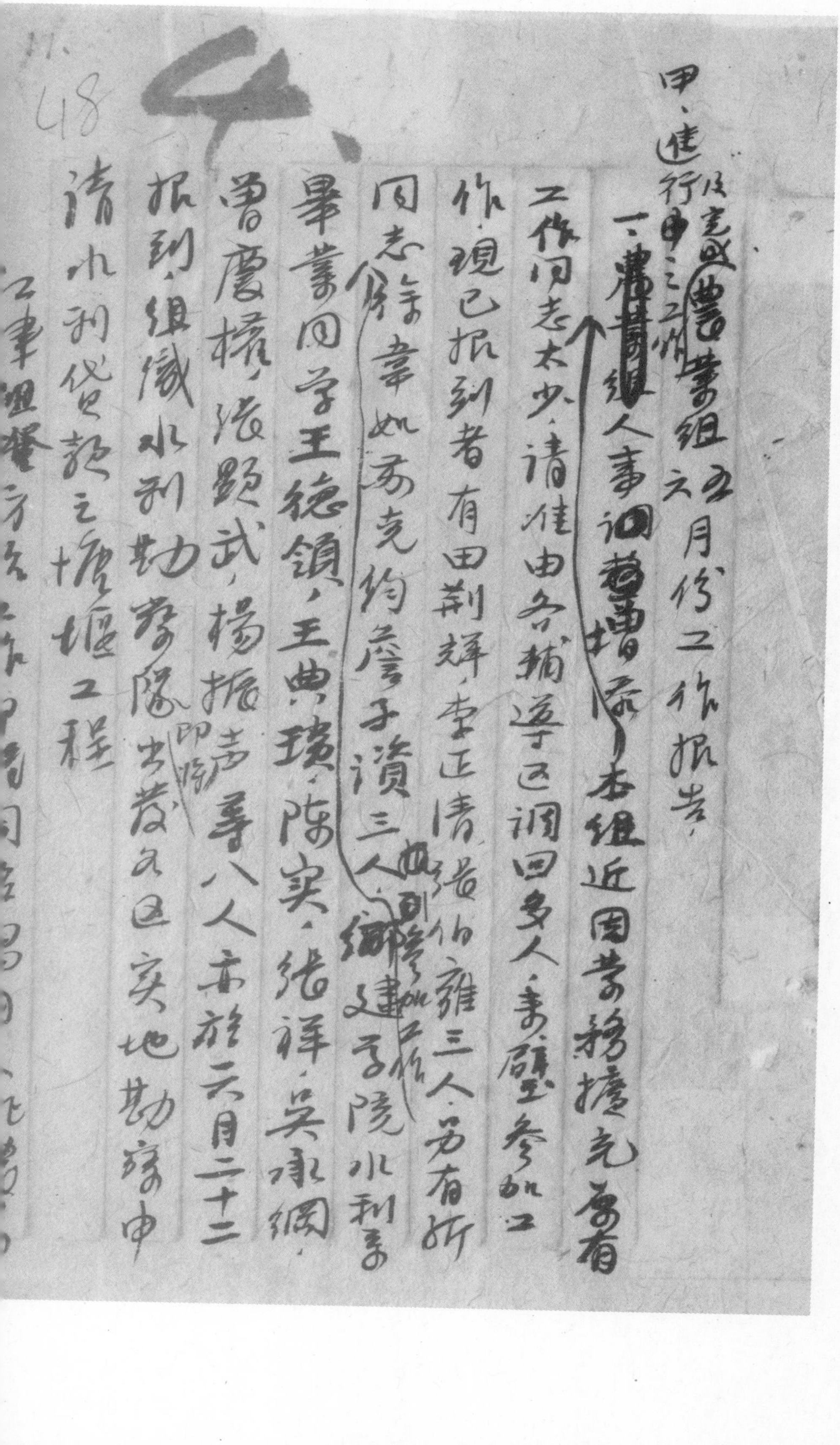

农业组五、六月份工作报告

甲、进行中之工作

一、农业组人事调整

本组近因业务扩充，需有工作同志太少，请准由各辅导区调回多人，专职参加工作。现已报到者有田荆祥、李正清、张伯雍三人，另有同志徐章如、詹子资三人，如乡建学院水利系毕业同学王德镇、王典琏、陈实、张德祥、吴承纲、曾庆樯、张题武、杨振声等八人，亦于六月二十二报到，组织水利勘察队，出发各区实地勘察中请水利贷款之堰塘工程。

华西实验区农业组五、六月份工作报告（草稿）　9-1-217（82）

华西实验区农业组五、六月份工作报告（草稿）　9-1-217（82）

[illegible]郭锡昌、吴廷锡、郭[illegible]、周存基、冯林楷

参加者等八人，青组协助。

三、种猪推广——北碚种猪繁殖站饲育之

约克夏种猪，[illegible]开始配种推广，同时举办母

猪管理，各区选定繁殖猪舍，饲育方法即予

指导。前往北碚[illegible]，并将各区分配种猪数量列表如下：

区别	公猪 大	公猪 小	母猪 小	共计
巴一区	1	1	1	3
巴二区		1		1
璧一区	1	2	2	5
璧二区	1	1	1	3
璧三区		1	1	2
璧四区	1	1	1	3
璧五区		1	1	2
璧六区		1	1	2
合三区		1	1	2
共计	4	10	9	23

[illegible]正在重庆[illegible]印中。

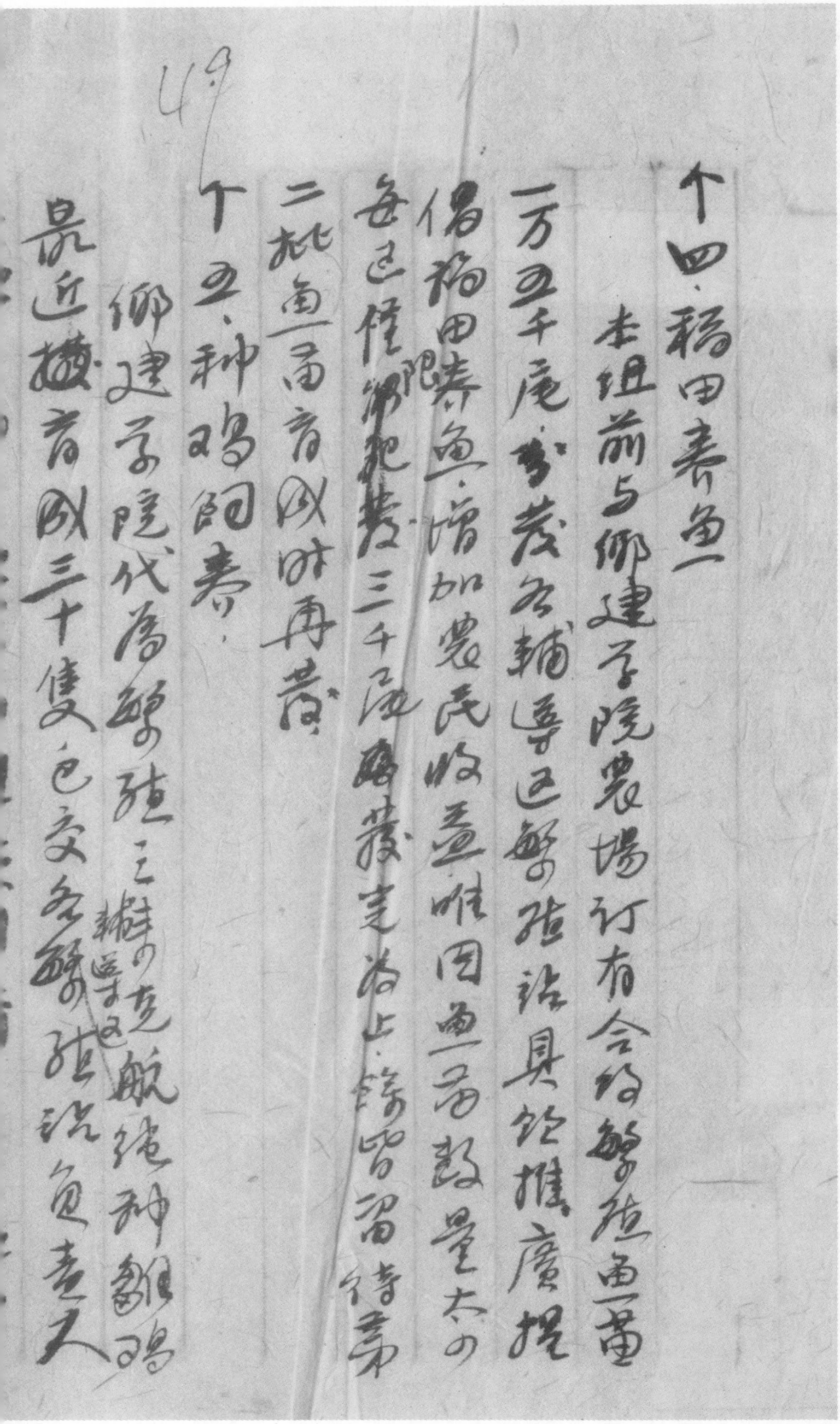

十四、稻田养鱼

本组前与乡建学院农场订有合约繁殖鱼苗一万五千尾，贷发各辅导区繁殖站具领推广提倡稻田养鱼，增加农民收益，唯因鱼苗数量太少，每区仅配发三千尾，发完为止，余皆留待第二批鱼苗育成时再发。

十五、种鸡饲养

乡建学院代为繁殖三辅导区之来航纯种雏鸡，最近接育成三十只，已交各繁殖站负责人

华西实验区农业组五、六月份工作报告（草稿） 9-1-217（83）

华西实验区农业组五、六月份工作报告（草稿） 9-1-217（83）

六、兽疫防治

本组为防治猪牛瘟疫前与川农所第三辅导区兽医技士田先信商洽代为利用已购疫苗前往杨家祠、河边场、狮子乡等地防疫注射，近又由农购到猪丹毒血清一〇〇〇〇cc、丹猪菌苗六〇〇cc、猪肺疫血清一〇〇〇〇cc、肺疫菌苗一〇〇〇cc及牛瘟脏器苗一〇〇〇cc并向农复会又准辅助专款交由成都华西兽疫防治处定制大量牛瘟血清疫苗并派技术人员七人即将来璧协助兽疫防治工作。

华西实验区农业组五、六月份工作报告（草稿）　9-1-217（84）

50

七、病虫防治：

本組前由農復會撥發砒酸鉛及碱式硫酸銅各之噸，部份已經發出，其餘均在包裝即可分發各輔導區作示範及果樹病蟲防治。最近又由重慶運到大批病蟲藥械，計有單管噴霧器六箱共六十具，噴粉器十二箱共九十之具，魚藤精十箱共一六〇打，氟矽酸鈉一桶共一〇〇磅，「穀仁樂生」Granosan八十桶共八〇〇〇磅，水溶性DDT二十九桶，共二九〇〇磅。

八、美齡農場留中

华西实验区农业组五、六月份工作报告（草稿）　9-1-217（84）

[illegible]
美菸八十七万株，秋播菸苗均已播妥，並由本组
派员前往督導選留种以保自交品种純潔，並隨
时指導烘烤技術。廣安大部均已完成春播
菸苗种籽係由本组推廣肥料烤房及燃料
貸款四〇〇銀元均已開始申請貸放。

华西实验区农业组五、六月份工作报告（草稿） 9-1-217（85）

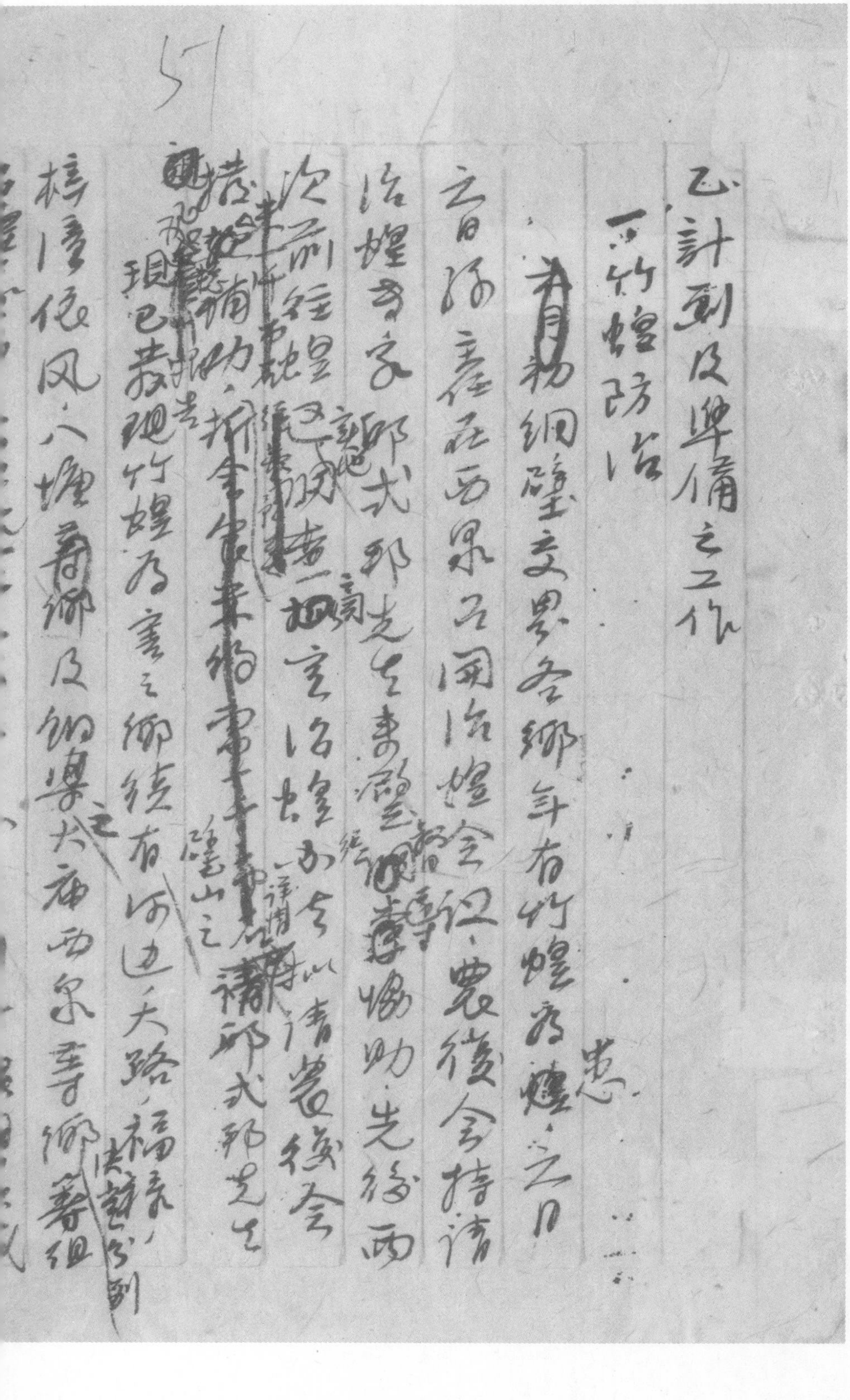

乙 計劃及準備之工作
一 竹蝗防治
本月初銅隍交界各鄉年有竹蝗為患[illegible]
[illegible]召集西泉五鄉開治蝗會議，農復會特請
治蝗專家邱式邦先生[illegible]協助，先後兩
次前往蝗區[illegible]宣傳治蝗方法[illegible]以請農復會
[illegible]
現已發現竹蝗為害之鄉鎮有河邊、大路、福祿、
梓潼、德鳳、八塘[illegible]鄉及銅梁之大廟、西泉等鄉[illegible]

华西实验区农业组五、六月份工作报告（草稿） 9-1-217（85）

農復會已准撥運蝗藥，希兼發放，組二作
Agrocide No.10 及 Agrocide wettable Powder
二批，尚未運到，可供治蝗試驗。
二、蛆橙防治 防治計劃
本組為防治江津普江二縣之甜橙果實蛆為 [illegible]
害，邀發動鄉建學院同學一二〇人，組成
防治蛆橙工作隊，利用暑假前往江津普江兩縣
參加工作。
防治地區包括臨江、馬鬃、仁沱、河坪、真武、楚溪、
高牙、先鋒、嘉平、清河、金紫、電洞、永豐、四校

华西实验区农业组五、六月份工作报告（草稿） 9-1-217（86）

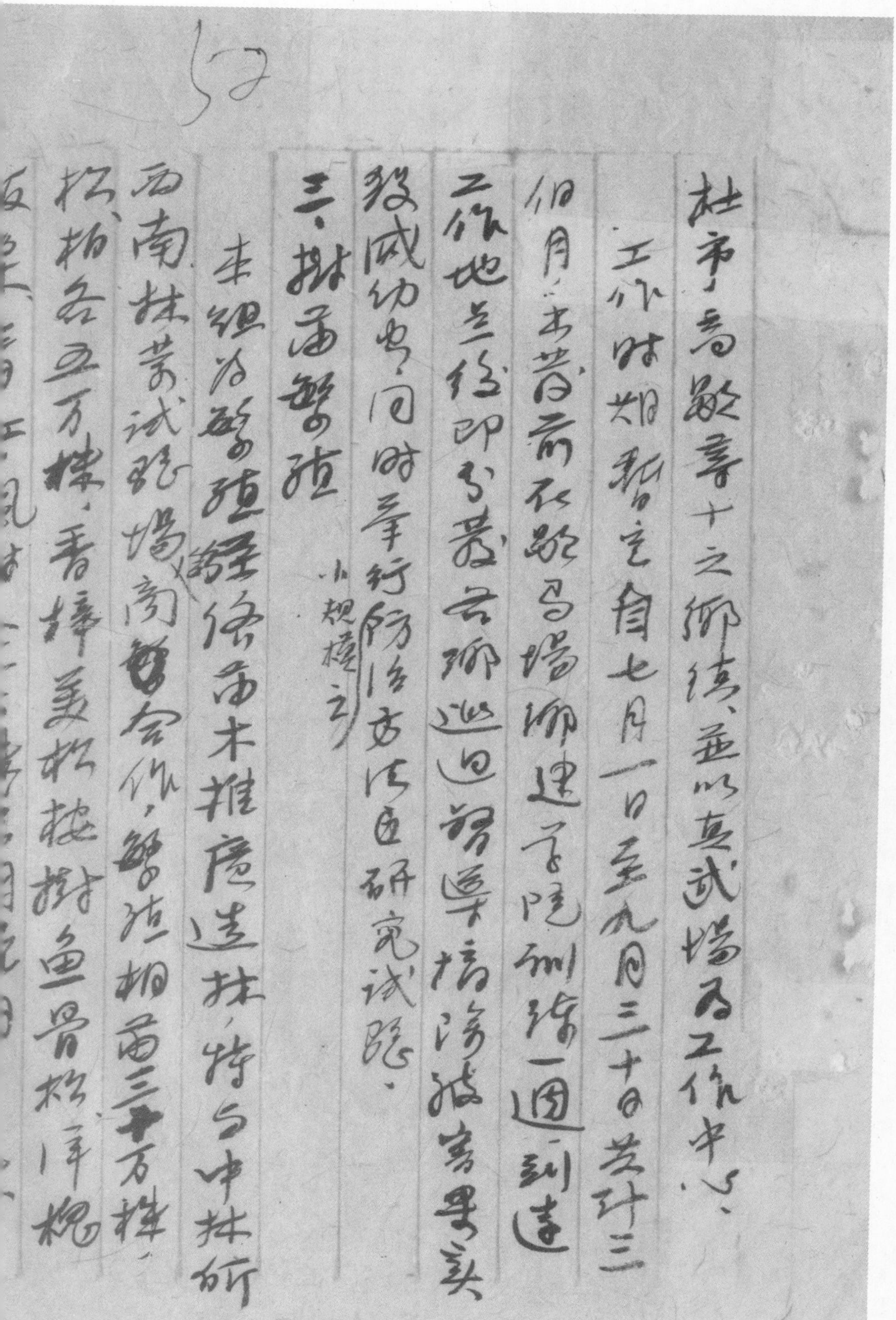

杜市为县第十之乡镇，并以其试验场为工作中心。
工作时期暂定自七月一日至九月三十日，共计三
個月。出发前在农场为乡建学院训练一週，到达
工作地点后即与农会乡巡回辅导员接洽，结果
扑减幼虫，同时举行防治方法（小规模之）研究试验。
三、树苗繁殖
本组为繁殖经济林木，推广造林，特与中林所
西南林业试验场商妥合作，繁殖柏苗三十万株，
松、柏各五万株，香樟、美松、桉树、鱼骨松、洋槐
[illegible]

培植侧柏、红豆杉、水杉、八角树、桤柏、泡桐、樟、梓、喜树、檀木、白蜡树、白杨、银杏、苦楝子、金钱松等各一千株，松针四十万株，均按本区土地地势风土环境及实际需要选定，明春秋季即可开始推广，分发各辅导区种植。

四、菜种繁殖：

本组为推广蔬菜栽培，近与川农所江津园艺场良场合作繁殖秋播蔬菜种（中国种）萝卜、外国种萝卜、榨菜、甘蓝，及外国种豌豆等蔬菜种，计可供青年推广一千余亩菜园播种之用

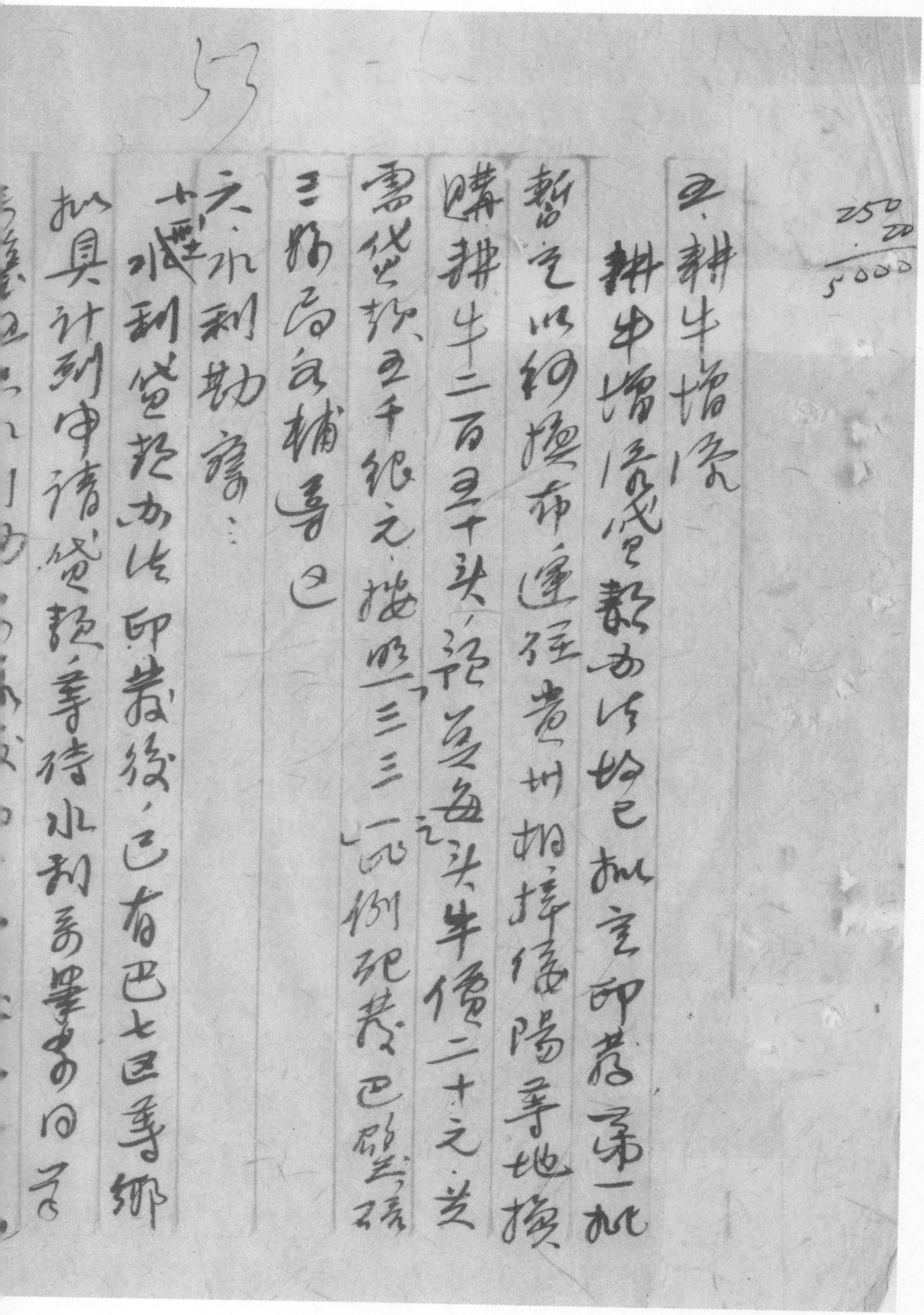

53

250
20
5000

五、耕牛增殖

耕牛增殖贷款办法均已拟定印发，第一批暂定以绵阳、遂宁、资州、梓潼、德阳等地采购耕牛二百五十头，计每头牛价二十元，共需贷款五千银元，按照三三一比例现巴璧綦三县各区补寄已

六、水利贷款：

水利贷款办法印发后，已有巴七区等乡拟具计划申请贷款，等待水利委员会同

华西实验区农业组五、六月份工作报告（草稿） 9-1-217（87）

华西实验区农业组五、六月份工作报告（草稿）　9-1-217（87）

340
340
450
1130

协助申请贷款之水利工程，再定详细之代电报以团工办处。

七、农业调查

本组为明瞭本区农业产概况，特已拟定农场经营调查表附肥料牲畜出售概况调查一种，计二十七页，在编付印，一俟下月即可开始填查，前往璧山狮子乡或北碚黄桷镇实地调查。

八、合作辅助

本区前由农复会补助农业经费项下，指定分拨北碚巴县璧山等三县农推所补助费各三百美元，近已分别商订合作拨款办法交县组，合作繁殖稻、小麦及南瑞苕共一二三〇亩。

华西实验区农业组五、六月份工作报告　9-1-148（5）

148

農業組五六月份工作報告

华西实验区农业组五、六月份工作报告 9-1-148（8）

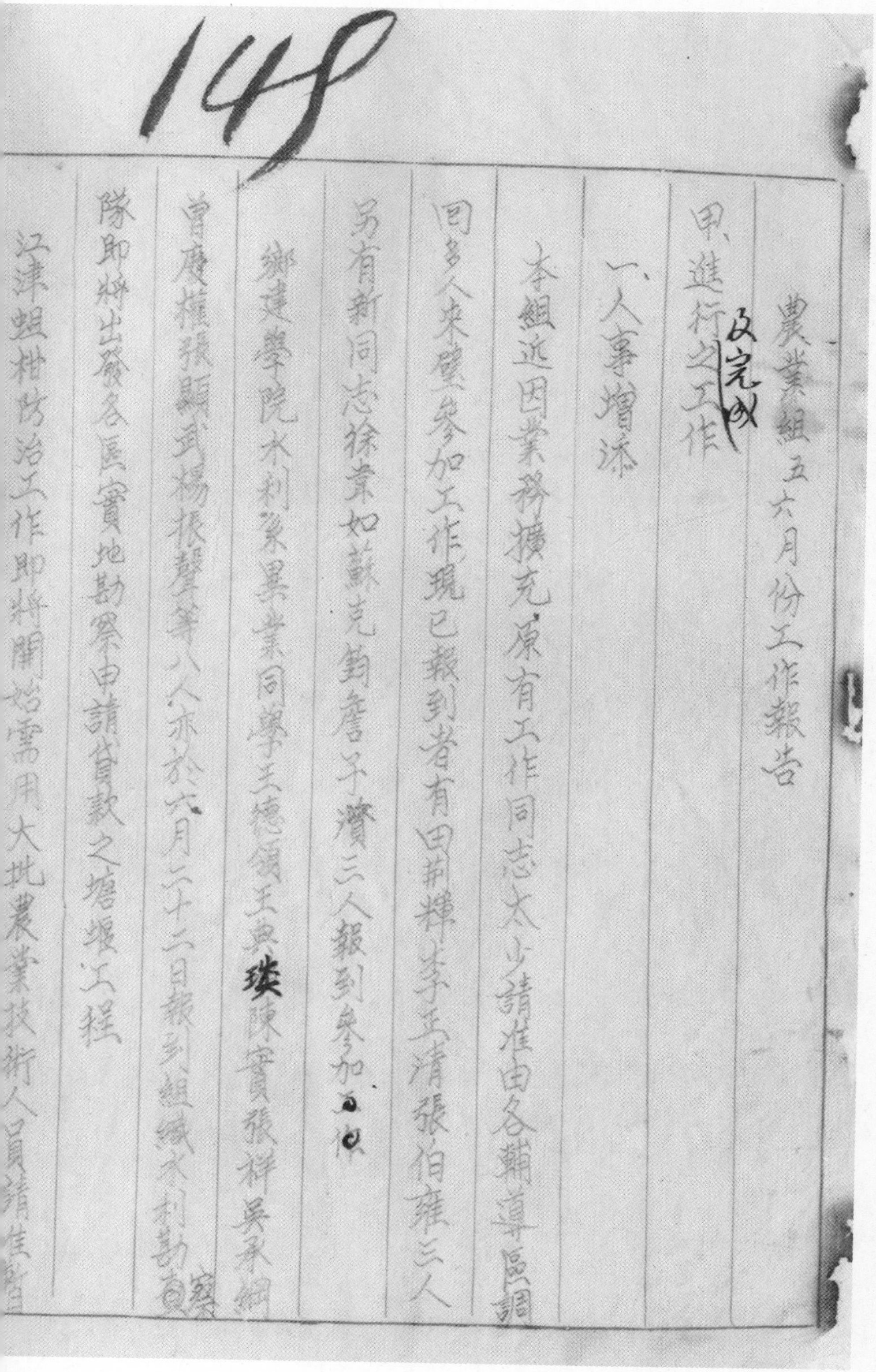
148

農業組五六月份工作報告

甲、進行及完成之工作

一、人事增添

本組近因業務擴充原有工作同志太少請准由各輔導區調回多人來璧參加工作現已報到者有田茀輝李正清張伯雍三人另有新同志徐棠如蘇克鈞詹子濱三人報到參加工作

鄉建學院水利系畢業同學王德領王典瑛陳寶貫張祥吳承綱曾慶權張顯武楊振聲等八人亦於六月二十二日報到組織水利勘察隊即將出發各區實地勘察申請貸款之塘堰工程

江津蛆柑防治工作即將開始需用大批農業技術人員請准將

华西实验区农业组五、六月份工作报告　9-1-148（9）

已制卡
林楷詹正性等八人來組協助

二、訪問調查

本組為明瞭各區農業工作實況曾派員巡迴各區輔導視察現已完成璧山第一二三四五區巴縣第一二三四七八十二區及江北第二第區之訪問調查曾實與各主管同志及繁殖站負責人分別洽談並在璧山三區及江北二區舉行農業工作同志座談會徵詢意見以供參考病虫調查亦有專人負責農業生產概況調查表格正在重慶趕印中

三、種豬推廣

北碚種豬繁殖站飼育之約克夏種豬決定開始配發推廣同時舉

璧山四寶閣文具印刷紙號印製

华西实验区农业组五、六月份工作报告 9-1-148（6）

148

辦母豬貸款詳細辦法及分配數量均已發出由各區先行準備豬舍商定飼養辦法即可前往北碚洽領茲將各區分配種豬數量列表如下

區別 \ 性別	公 大	豬 小	母豬 小	共計
巴一區	1	1	1	3
巴二區		1		1
璧一區	1	2	2	5
璧二區	1	1	1	3
璧四區	1	1	1	3
璧三區		1	1	2
璧五區		1	1	2
璧六區		1	1	2
合二區		1	1	2
共計	4	10	9	23

四、稻田養魚

本組前與鄉建學院農場訂有合約繁殖魚苗一萬五千尾分發各

[illegible]

华西实验区农业组五、六月份工作报告　9-1-148（7）

量太少每區僅限三千尾[illegible]

發

五、種雞飼養

鄉建學院代為繁殖之來克航純種雛雞最近育成三十隻已交各輔導區繁殖站員責人在歇馬場分領帶回推廣飼養另有純種來克航雞四七〇隻北平鴨一〇〇隻本地鴨一〇〇〇〇隻仍在飼養繁殖中

六、獸疫防治

本組為防治豬牛瘟疫曾與川農所第三農業輔導區獸醫技士田元信商洽代為利用已購疫苗前往楊家祠河邊場獅子鄉等地

华西实验区农业组五、六月份工作报告　9-1-148（10）

140

防疫注射近又由蓉購到猪丹毒血清（一〇、〇〇〇C.C.）丹豬菌苗六〇〇C.C.猪肺疫血清（一〇、〇〇〇C.C.）肺疫菌苗（一〇〇〇C.C.）及牛瘟臟器（苗一〇〇〇C.C.）並聞農復會又准補助專款交由成都華西獸疫防治處定製大量牛瘟血清疫苗並派技術人員七人即將來璧協助獸疫防治工作

七　病虫防治

本組前由農復會撥交砒酸鉛及碱式硫酸銅各六噸部分已經發出其餘均在包裝即可分發各輔導區作蔬菜及菓樹病虫防治

最近又由重慶運到大批病虫藥械計有噴霧器六箱共六

华西实验区农业组五、六月份工作报告　9-1-148（11）

通共二九〇〇磅

八、美菸留種

璧四區馬坊廣普三合等鄉本年栽培美菸六十七萬八千株秋播菸苗均已採收近由本組派員前往套袋自交留種以保品種純潔同時指導烘烤技術六鄉均已完成春播菸苗種籽係由本組推廣肥料烤房及燃料貸款四〇〇銀元均已申請開始貸放

乙、計劃及準備之工作

一、竹蝗防治

銅璧交界各鄉本有竹蝗為害六月六日孫主任在西泉召開治蝗會

璧山四宮閣文具印刷紙號印製

华西实验区农业组五、六月份工作报告 9-1-148（12）

151

議農復會特請治蝗專家邱式邦先生來璧督導協助先後兩次前往蝗區實地調查商定治蝗辦法擬請農復會撥款補助詳情已請邱式邦先生飛穗報告

現已發現竹蝗為害之鄉鎮有璧山之河邊大路福祿梓潼依鳳八塘及銅梁之大廟西泉等鄉決定分别籌組治蝗隊動員農民一千二百五十人上山圍打限期撲滅

農復會已准撥運之蝗藥有氟矽酸鈉二噸 Agrocide NO.10 及 Agrocide wettable powder 二噸尚未運到可供治蝗試驗

二、蛆柑防治

华西实验区农业组五、六月份工作报告　9-1-148（13）

實施防治計劃發動建學[illegible]

利用暑假前往江津綦江兩縣參加防治工作

防治地區包括順江馬鬃仁沱河坪真武賴溪高牙先峯崇興清泊金

紫賢驛永豐沙梗杜市高歇等十六鄉鎮並以真武場為工作中心

工作時期暫定自七月一日至九月三十日共計三個月出發前在歇

馬場鄉建學院訓練一週到達工作地點後即分發各鄉巡迴督導

摘除被害果實撲滅幼虫同時舉行小規模之防治法研究試驗

三、樹苗繁殖

本組為繁殖經濟苗木推廣造林特與中林所西南林業試驗場洽

商合作繁殖桐苗三十萬株松柏各五萬株香樟美松楔樹魚骨松洋槐

璧山四寶閣文具印刷紙號印製

华西实验区农业组五、六月份工作报告　9-1-148（14）

150

板栗青杠楓樹各一萬株法國梧桐三千株塔柏側柏紅豆杉水杉八角樹三角楓梧桐泡桐樟欒喜樹桂木白蜡樹白楊銀杏無患子金錢松等各一千株總計五十萬株均按本區土壤地勢風土環境及實際需要選定秋季即可開始推廣分發各鄉道旁種植

四、菜種繁殖

本組為推廣蔬菜栽培近與川農所江津園藝改良場洽商繁殖秋播蔬菜中國種蘿蔔外國種蘿蔔榨菜甘藍及外國種豌豆等菜種預計可供來年推廣一千畝菜園播種之用

五、耕牛增殖

耕牛會章貸款辦法均已擬定印發第一批暫定以紗換牛運往貴

华西实验区农业组五、六月份工作报告 9-1-148（15）

款五千銀元按照「三三一」之比例配發巴璧琣三縣局各輔導區

六、水利勘察

小型水利貸款辦法印發後已有巴七區等鄉擬具計劃申請貸款等待水利系畢業同學來璧組織水利勘察隊後即可分赴各區實地勘察申請貸款之水利工程再定詳細之貸款及施工辦法

七、農業調查

本組為明瞭本區農業生產概況特已擬定農場經營調查表附肥料牲畜病虫害概況調查一種計六十七頁在渝付印一萬份下月即可開始派員前往璧山獅子鄉或北碚黄桷鎮實地調查

璧山四寶閣文具印刷紙號印製

华西实验区农业组五、六月份工作报告 9-1-148（16）（17）

153

八、合作補助

本組前由農復會補助農業繁殖經費項下指定分撥北碚巴縣璧山等三縣局農推所補助費各三百美元近已分别商討合約即將撥款轉交具領合作繁殖水稻小麥及南瑞苕共一一三〇畝

华西实验区农业组七月份工作报告（草稿） 9-1-217（88）

平教会华西实验区
农业组七月份工作报告

甲、进行及完成之工作

一、各农业推广繁殖站工作检讨（详见附件一）

1.璧山一至六辅导区及巴县一二辅导区已成立农业推广繁殖站九处，表证农家共计九十八户，耕地面积二四一四市亩

2.各站繁殖水稻良种中农四号，中农卅四号及胜利籼共计二一·一二石，栽培面积四二三亩，估计今年收种二一一五石，明年可供推广稻田四二三

3. 繁殖南瑞苕种共计七一九斤，栽培面积二九

亩，估计今年收种五八〇〇〇斤，明年可供推广二三二〇亩

4. 繁殖小米桐籽二五八三斤，播种苗圃二四.五亩、

估计明年育成桐苗二五八〇〇〇株，可供推广植桐

面积八六〇〇亩

5. 各路推广稻种共计二九四.一五石，栽培面积

五八八三亩，今年产量估计二九四一五石，

6. 各路推广南瑞苕种四九九二斤，栽培面积

二〇一亩，今年产量估计四〇二〇担

7. 各路推广桐苗二二五〇〇株，栽培面积七五〇亩

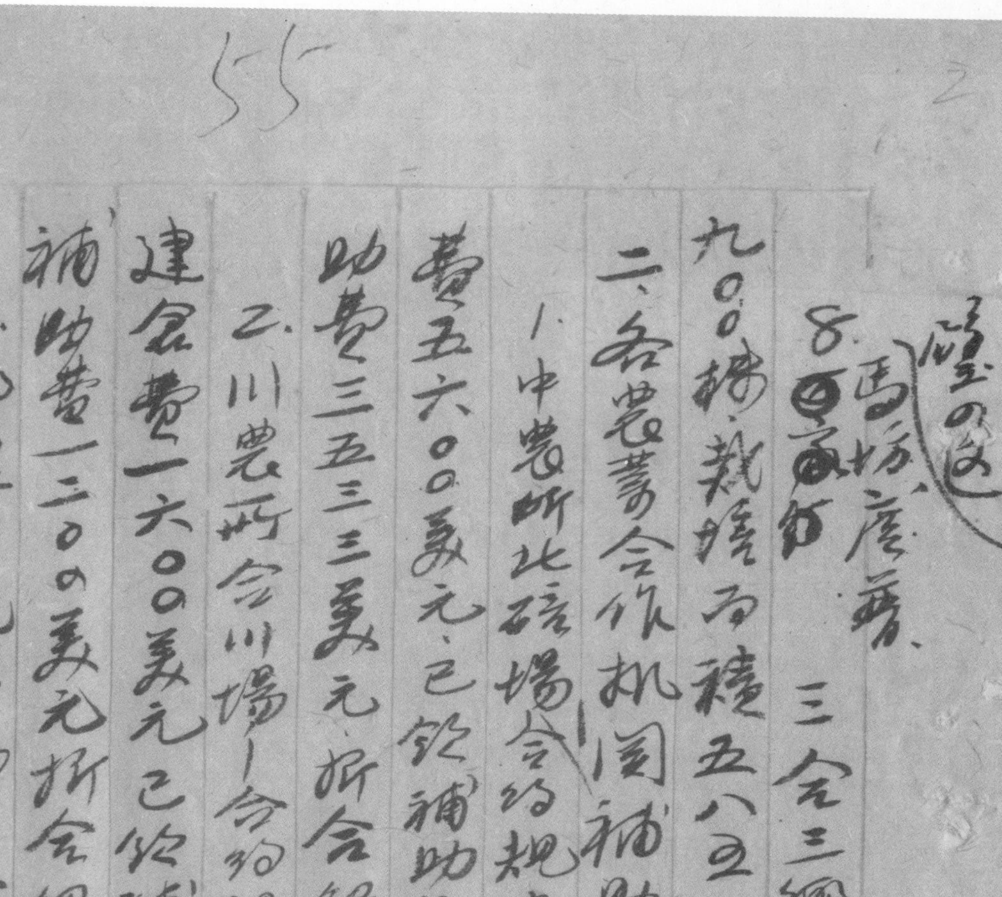

陸、建設

8. 馬坊、廣壽、[illegible]　三合三鄉推廣美棉[illegible]苗八七七九〇〇株，栽培面積五八五畝，估計產量二〇〇担

二、各農業合作機關補助費情形（詳見附件二）

1. 中農所北碚場合約規定補助良種繁殖及建倉費五六〇〇美元，已領補助費二〇六七美元，未領補助費三五三三美元，折合銀幣五三〇〇元，七月底付清

2. 川農所合川場（一）合約規定補助良種繁殖及建倉費一六〇〇美元，已領補助費四〇〇美元，未領補助費一二〇〇美元，折合銀幣一八〇〇元，七月底付清

3. 鄉建學院農場（一）合同規定補助良種繁殖費

华西实验区农业组七月份工作报告（草稿）　9-1-217（89）

改建会费一六〇〇美元，已领补助费四〇〇美元，尚欠
补助费一二〇〇美元，折合法币一八〇〇元，七月底付清
4、璧山县农推所：合约规定补助良种繁殖费
三〇〇美元，折合法币四五〇元，七月底付清
5、巴县农推所：合约规定补助良种繁殖
费三〇〇美元，折合法币四五〇元，七月底付清
6、北碚农推所：合约规定补助良种繁殖费
三〇〇美元，已领补助费七五美元，尚欠补助费二二五
美元，折合法币三三七元，七月底付清
7、合川农推所：合约商订中，补助费三〇〇
美元，折合法币四五〇元，立约后付清。

华西实验区农业组七月份工作报告（草稿） 9-1-217（90）

以上七県農業合作機関、合約烟主補助費共計一〇、〇〇〇美元，已領補助費二九四二美元，未領補助費七〇五八美元，折合法幣一〇五八七元，七月底全部結清。

七、江津甜橙果實蠅防治工作開始（詳見附件三）

八、七月一日至十日在歇馬場鄉建學院舉行甜橙果實蠅防治訓練，參加受訓之輔導員二十六人，同學一〇九人。

九、七月十六日全体出發至渝轉往江津工作地点

十、七月十七日在渝招待新聞記者説明蛆柑防治

华西实验区农业组七月份工作报告（草稿）　9-1-217（90）

4.金堂派员十六分队，分驻真武、顺江、仁沱、青白、西湖、高歇、宝兴、和平、集贤、贵嗣、广兴、杜市、五福、先锋、永丰、高明等十六乡镇分别辅导组督防治工作

四、铜梁交界乡镇竹蝗防治工作结束（详见附件）

1.铜梁交界乡镇竹蝗防治工作自六月二十五日开始，七月十五日结束，按照捕蝗奖励办法发动农民组织防治蝗队，捕蝗二至四两，奖励一排并分二期或三期办理

2.璧山三福镇、梓潼、河边、大路、依凤、八塘

华西实验区农业组七月份工作报告（草稿）　9-1-217（91）

57

六鄉及銅梁之西泉、虎峯、大廟、天錫、太平五鄉
共計十一鄉，總動員民工二一八三五人，捕蝗一〇八、
二八八兩，共合六七六八斤

3.目前竹蝗多已三齡，捕捉甚感困難，各鄉
已經撲滅竹蝗數量平均約佔[illegible]之八十以上，雖
未全部肅清，今年決難成為[illegible]，嚴監視成蟲集中
產卵區域，準備冬季翻土掘卵

4.全部捕蝗總數一〇八、二八八兩，平均竹蝗三齡
每兩一三〇隻，約共捕蝗一四〇七七四四〇隻，減
少竹蝗及玉米等作物[illegible]一四〇〇〇[illegible]

五、合作办理兽疫防治（详见附件五）

1.经济部华西兽疫防治处及四川省农业改进所合组兽疫防治辅导团派员来璧为防治牛瘟注射免化牛瘟疫苗，先在璧一区同好试办，於七月十日至廿三日在城北、城东、狮子、城西、城南五乡注射黄牛四七头、水牛二一六头，共计二六三头，现已调往璧三区继续注射防疫工作

2.本区与第三农业辅导区合作办理猪瘟及丹毒防治注射 共计防治猪肺疫[illegible]头、猪丹毒三六三头、牛瘟 三十六头

华西实验区农业组七月份工作报告（草稿） 9-1-217（92）

58

六、水利工程队出发勘查

1.水利工程队组织成立，已于七月廿五日分二路出发前往巴县土主、虎溪二乡勘查小型水利工程。

2.长江上游水利工程处调派工程师傅可塝、袁承侃，助理工程师王晓洲三人，前来璧山领导水利队分组勘查工作。

3.申请勘查之小型水利工程种类以挖塘筑堰、修补及疏通水道为限。

4.工作范围以巴、璧、磁三县为主，先以璧山

5

七、水稻生长概况调查

1、各区推广之水稻良种均已抽穗，中农所派员会同气象实地调查水稻生长概况，记载播种期、抽穗期及成熟情形，各区推广稻田亦如举行考种评赛，以保稻种纯洁。

八、蔬菜套袋留种贮藏

在璧山四区马坊、广普、三合三乡，今年推广美蔬蔬苗八七七五〇〇株，为保蔬种纯洁，曾派员前往套袋，或自交，共计四〇〇〇株，收种二三斤，可供推广美蔬栽培面积二六七亩，

明年

华西实验区农业组七月份工作报告（草稿） 9-1-217（93）

乙、计划及举办之工作

一、特约商仓收购优良种

今年各区共计推广优良稻种二九四、一五石

南瑞苕种四九九三斤，已待收回，并已分配农家繁殖之

优良稻种二一、一二石，南瑞苕种七一〇九斤，估计共可收

收获稻种二二一五石，苕种五八〇〇〇斤，均待收购

贮藏，各区急需选租商仓库，以便贮藏，

留待明年推广。

二、辅导农民自行换种

今年……

华西实验区农业组七月份工作报告（草稿） 9-1-217（93）

新作物以外農民自選之良種，決定推廣計劃

輔導附近農民自行換種，以便擴大良種推廣面積，普遍增加糧食生產。

三、準備推廣小麥良種

本區與中農所北碚場、川農所合川場及鄉建學院農場訂立合約，今年繁殖之小麥良種「中農廿八號」「中農六十二號」「中農四八三號」「金場五號」等，將於秋後大量推廣，現正擬具計劃，選定適當品種及推廣區域，以便早作準備，屆時推廣及時播種。

分別

华西实验区农业组七月份工作报告（草稿） 9-1-217（94）

60

四、协助购运耕牛种猪及防疫注射

本区耕牛及种猪贷款均已开始办理完竣，夏种猪已改由巴二、二区及璧一、三、六区领运饲养，种猪已派专人前往洽购，猪瘟及丹毒血清已运往该地防疫注射，耕牛现在相机选购，已商请兽疫防治督导团派员前往防疫注射。

华西实验区农业组七月份工作报告　9-1-166（2）

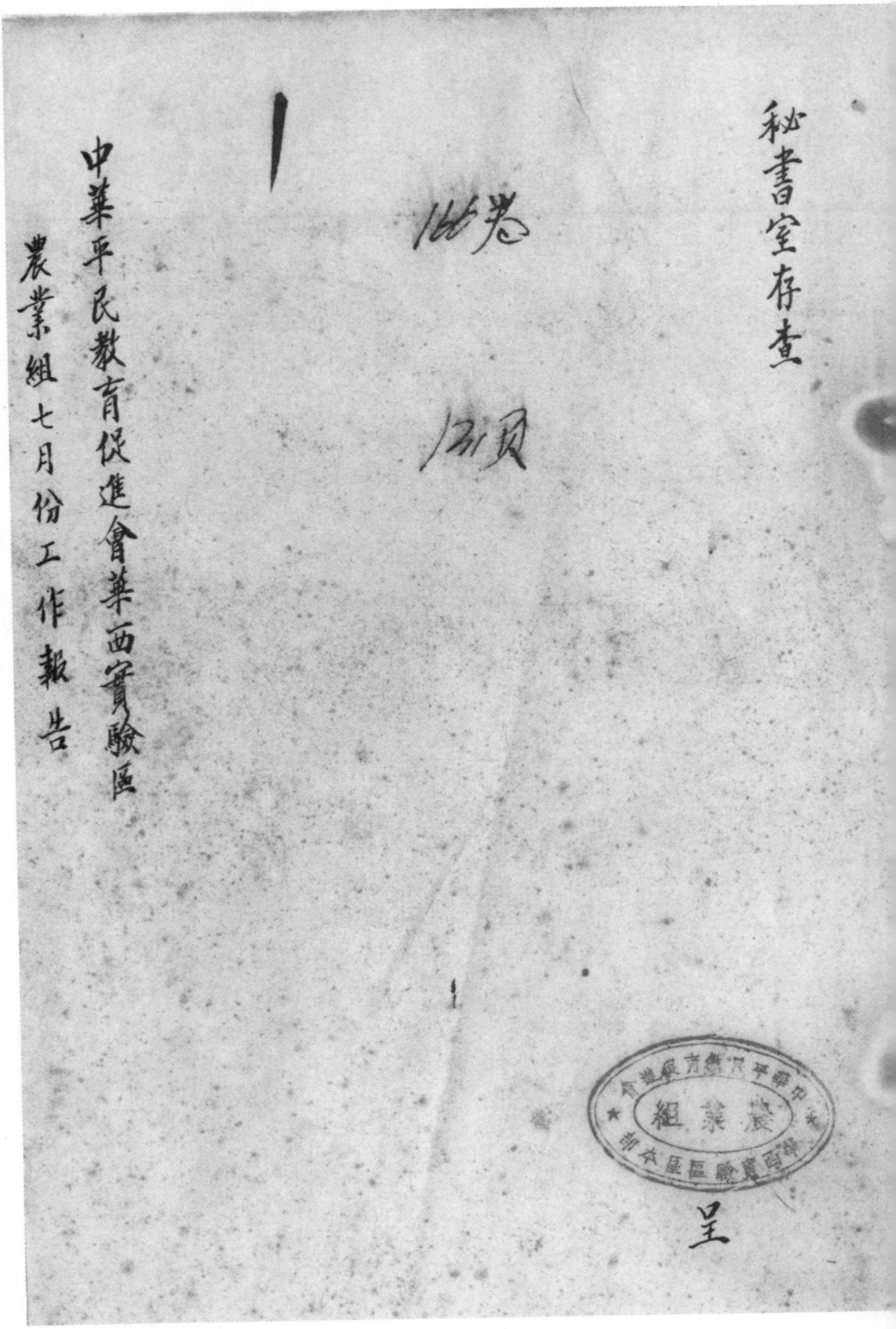

秘書室存查

中華平民教育促進會華西實驗區

農業組七月份工作報告

中華平民教育促進會 農業組 華西實驗區區本部

呈

华西实验区农业组七月份工作报告　9-1-166（3）

中华平民教育促进会华西实验区农业组七月份工作报告

甲、进行及完成工作

一、各农业推广繁殖站工作检讨（详见附件）

1. 璧山一至六辅导区及巴县一、二辅导区已成立农业推广、繁殖站九处，表证农家共计九十八户，耕地面积二八四〇市亩

2. 各站繁殖水稻良种中农四号、中农卅四号及胜利籼共计二〇二石，栽培面积四〇三亩，估计今年收获二八五石，明年可供推广稻田四八、〇〇〇亩

3. 各站繁殖南瑞苕种共计七一九斤，栽培面积二九亩，估计今年收获五八、〇〇〇斤，明年可供[illegible]

中华平民教育促进会 农业组 华西实验区总办事处

4. 繁殖小米桐子二五八三斤播種苗圃二四五畝估計明年育成桐苗二五八、八〇〇株可供推廣植桐面積八六〇〇畝

5. 各站推廣稻種共計二九四一五石栽培面積五八八三畝今年產量估計二九四一五石

6. 各站推廣南瑞苕種四九九三斤栽培面積一〇八畝今年產量估計四〇六〇〇担

7. 各站推廣小米桐苗二八、五〇〇株栽培面積七五〇畝

8. 璧四區馬坊廣普三合推廣美菸苗八七七、九〇〇株栽培面積五八五畝估計產菸二〇〇担

二、各農業合作機關補助費結祘（詳見附件二）

华西实验区农业组七月份工作报告 9-1-166（5）

3

1.中農所北碚場——合約規定補助良種繁殖及建倉費
五、六〇〇美元已領補助費二、〇六七美元未領補助費
三、五三三美元折合銀幣五、三〇〇元七月底付清
2.川農所合川場——合約規定補助良種繁殖及建倉費
另一、六〇〇美元已領補助費四〇〇美元未領補助費
一、二〇〇美元折合銀幣一、八〇〇元七月底付清
3.鄉建學院農場——合約規定補助良種繁殖及建
倉費一、六〇〇美元已領補助費四〇〇美元未領補助
費一、二〇〇美元折合銀幣一、八〇〇元七月底付清
4.璧山縣農推所——合約規定補助良種繁殖費

三〇〇美元折合銀幣[illegible]

5、巴縣農推所——合約規定補助良種繁殖費三〇〇美元折合銀幣四五〇元七月底付清

6、北碚農推所——合約規定補助良種繁殖費三〇〇美元已領補助費七五美元未領補助費二二五美元折合銀幣一三三七元七月底付清

7、合川農推所——合約商定中補助費三〇〇美元折合銀幣四五〇元支約後付清

以上農業合作機関合約規定補助費共計一〇、〇〇〇美元已領補助費二九四二美元未領補助費七〇五八美元折

璧山四寶閣文具印刷紙號印製

华西实验区农业组七月份工作报告 9-1-166（7）

4

合銀幣一〇五八七元七月底全部結称付清

三、江津柑橙果實蠅防治工作開始（詳見附件三）

1、七月一日至十四日在歇馬場鄉建學院舉行柑橙果實蠅防治訓練參加受訓之輔導員二十六名同學一〇九人

2、七月十六日全体出發至渝轉往江津工作地點

3、七月十七日在渝招待新聞記者說明柑橙防治工作之重要

4、全体組織共分四區隊十六分隊分駐真武、順江、仁沱、清泊、高歇、崇興、和平、馬鬃、賈嗣、長興、土

华西实验区农业组七月份工作报告　9-1-166（8）

五福、先峯、永峰、豐盛、高升等十六鄉鎮分别輔導

蛆樣防治工作

四、(5) 銅璧交界鄉鎮竹蝗防治工作結束（詳見附件四）

1、銅璧交界鄉鎮竹蝗防治工作自六月六十五日開始、七月十五日結束按照捕蝗獎紗办法發動農民組織治蝗隊捕蝗一二至四兩獎紗一排共分二期或三期辦理

2、璧山之福祿、梓潼、河邊、大路、依鳳、八塘、六鄉及銅梁之西泉、虎峯、大廟、天錫、太平五鄉共計十一鄉鎮動員民工二八、八三五人捕蝗一百八、二八八兩共合六、七六八斤

华西实验区农业组七月份工作报告　9-1-166（9）

5

3.目前竹蝗多已五龄捕捉甚感困難各鄉已經捕滅竹蝗數量平均約佔百分之八十以上雖未全部肅清今年决難成災現正監視成虫集中産卵區域準備冬季翻土掘卵

4.全部捕蝗總數一〇八、二八八兩平均竹蝗五齡每兩一三〇隻約共捕蝗一四、〇七七、四四〇隻減少竹稻及玉米等作物受害面積一、四〇〇畝增加農民收益折合銀幣一二、〇〇〇元

五　合作辦理獸疫防治（詳見附件五）

1.經濟部華西獸疫防治處及四川省農業改進所合組獸疫防治督導團派員來璧為防治牛瘟注射兎化牛瘟疫苗先在第一區開始試辦自七月十五日至二十二日在

城北、城東、獅子、城南五鄉注射黃牛四七頭水牛二八六頭
共計二六三頭現已調往璧三區繼續注射防疫工作根據

2. 報告至七月底止在中興、來鳳、鹿鳴、龍鳳共注射牛隻四四五頭
本區與第三農業輔導區合作辦理豬瘟及丹毒防治
注射共計防治豬肺疫及豬丹毒二六五頭牛瘟三十
六頭、

六、水利工程隊出發勘查

1. 水利工程隊組織成立已於七月廿五日分兩隊出發
前往巴一區大安、虎溪二鄉勘查小型水利工程

2. 長江裝上將水利工程處調派副工程師傅可坊袁
承偉助理工程師王鵬洲三人來璧分組領導水

华西实验区农业组七月份工作报告 9-1-166（11）

6

利隊勘查工作

3. 申請勘查之小型水利工程種類以挖塘築堰修補及疏通水道為限

4. 工作範圍以巴璧、碚三縣爲主先以璧山北碚全區及巴縣一二兩區為重心次及巴縣全區

七 水稻生長概況調查

1. 各區推廣之水稻良種均已抽穗中農所派員會同當地各鄉實地調查水稻生長概況記載播種期、抽穗期及生長情形

2. 各區推廣稻田定期舉行去雜除劣人員當中

华西实验区农业组七月份工作报告　9-1-166（12）

純潔

八、菸草套袋留種貯藏

璧山四區馬坊、廣普、三合三鄉今年推廣美菸小菸苗八七七、五〇〇株為保菸種純潔曾派員前往套袋自交共計四〇〇株收種二、五斤可供明年推廣美菸栽培面積六六七畝

华西实验区农业组七月份工作报告　9-1-166（13）

乙、計劃及準備之工作

一、特約簡倉收購良種

今年各區推廣繁殖站共計推廣優良稻種六九四·一五石南瑞苕種四九九三斤秋後即待收回各區表證農家繁殖之優良稻種二一·一二石南瑞苕種七一九斤估計共可收穫稻種二一一五石苕種五八〇〇〇斤均待收購貯藏各區急需選租簡易倉庫以便貯藏保管留[待]明年推廣

二、輔導農民自行換種

今年各區推廣之稻種苕種除將貸種部份收回外農民自留之良種已決定擬就計劃輔導附近農民自行換種以便擴大良種推廣面積普遍增加糧食生產

本區與中農所北碚場川農所合川場及鄉建學院農場訂立合約今年繁殖之小麥良種「中農廿八號」「中農六十二號」「中農四八三號」「合場五號」等將於秋後大量推廣現正擬具計劃選定適應品種及推廣區域以便早作準備分別推廣及時播種

四、協助購運耕牛種豬及防疫注射

本區耕牛及種豬貸款均已開始舉辦約克夏種豬改由巴、六區及璧、一、五、六區領運飼養榮昌種豬已派員前往洽購豬瘟乃丹毒血清已運往購豬地點防疫注射耕牛現在桐梓選購已商請獸疫防治督導團派員前往防疫注射

华西实验区农业组八月份工作报告　9-1-217（61）

农业组八月份工作报告

甲、进行及完成之工作

一、各农业合作机关补助费结算

补助各农业合作机关之良种繁殖及建仓费中农所北碚场五六〇〇美元川农所合川场及乡建学院农场各一、六〇〇美元至目前止均已全数领讫又补助各农所之良种繁殖费除合川农推所迄未前来洽领外其余北碚、巴县、璧山、武农推所各三〇〇美元已全数领讫以上各农业合作机关补助费共计一〇、〇〇〇美元已领九、七〇〇美元，未领此三〇〇美元

二　江津甜橙果實蠅防治工作展開

江津甜橙果實蠅防治隊於上月到達指定地點後即與鄉保長取得聯繫召開果農會議同時舉行果園位置調查及農家訪問與甜橙防蛆並宣傳工作果農已普遍認識蛆柑防治之重要自動訂立防蛆公約組成防蛆委員會以加強防蛆工作十三日舉行擴大会議出席各區分隊長及領隊共三十餘人对防蛆各項問題討論甚詳会議期中并舉行防蛆資料展覽搜集各鄉鎮調查測繪之圖表標本並陳列以供與会各區分隊長觀摩

三、蔬菜良种之推廣

璧山四寶閣文具印刷紙號印製

华西实验区农业组八月份工作报告 9-1-217（63）

38

本區委託中國農民銀行江津園藝推廣示範場繁殖之優良蔬菜种籽已交来甘藍五斤花椰菜四斤洋葱五斤本組已通知各繁殖站領取并轉發各表証農家及繁殖站附近之農業社社員栽培計表證農家每家配發菜种每种五錢至一兩農業社社員每家配發菜种每种一錢至二錢本組并編有「甘藍花椰菜栽培淺說」及「洋葱栽培淺說」二种用作栽培參考今秋繁殖九十二畝加倍收种可得廿八斤明年可供推廣一八四畝

四、水稻良种去劣去雜

本年各繁殖站表証農家繁殖之「中農四号」「中農卅四号」「勝利秈」水稻良种一般生長情况均佳農友對之亦頗具好感

必須保持純度以備明年推廣特派專人分赴各繁殖站協同繁殖站負責人監督各表証農家去劣除雜現已有一二推廣繁殖站工作完畢約略統計中農四號等品种一般純度均在百分之九十六以上其他各站去劣除雜工作則正在進行俟以後彙齊報告此外並囑各站舉行推廣种與當地种之優劣比較以測推廣成績

五、小型水利勘查已獲部分結果

1.水利工程隊於上月二十五日分兩隊前往巴縣第一輔導區所轄之土主、虎溪、鳳凰、青木等鄉實地踏勘小型水利工程經勘查結果內有十三處合於興修條件即用費少而灌溉特大者當由合作組貸款興修

华西实验区农业组八月份工作报告 9-1-217（65）

39

2、水利工程隊於完成巴一區之塘堰勘查後復分為一二兩分隊於本月十二日出發第一分隊經璧山縣梅江沿岸之三合、馬坊、倒石灘、太和、梓潼、福祿等處實地勘查已於十五日完成一一〇華里之初步勘查工作第二分隊則為勘測璧河沿岸各鄉鎮之小型水利工程

六、編寫竹蝗掘卵傳習教材及甘藍花椰菜洋蔥等栽培淺說

八、本年銅璧鄰界鄉鎮竹蝗為害甚烈，業經捕殺完竣今冬擬發動當地農民於成虫集中產卵區域翻土掘卵以根絕來年蝗患[illegible]

本区编辑组编制告習教材以灌输農民除蝗知识

2. 蔬菜种籽已在繁殖推廣为谋改進農民栽培技術特編輯洋葱甘藍花椰菜栽培淺說多种分發領种農家參考

3. 上月在馬坊廣普三合等鄉美菸收种工作已告完畢関於農民栽培及烘烤技術之改進除由本組指派專人前往指導外并編「美菸栽培及烘烤淺說」一种以供參考

七、調查巴十一區旱災

據巴十一區報稱該區旱災嚴重秋收無望請貸洋芋蕎麥籽种費以資補救本區當即派員前往调查兹经调查结果該區罹災甚为普遍其中以石廟等鄉为最嚴重水田受災

华西实验区农业组八月份工作报告 9-1-217（67）

40

为百分之四十旱田受灾为百分之八十计水田约八、六〇〇市亩旱田约一、八〇〇市亩罹灾总面积一〇、四〇〇市亩若栽种蕎麦以籽种困难不易实现且以灾区尚適洋芋栽培當以籽种洋芋为宜该区请贷洋芋籽种費二、四〇〇〇之已由合作组貸予即可籽种八、〇〇〇〇斤分配各受灾農家栽种

八、獸疫防治

經济部華西獸疫防治處与四川省農業改進所合组之獸疫防治督導團於七月二十四日至本月十七日分赴中兴、来鳳、鹿鳴、龍鳳、正興、丁家、馬坊、定林、健龍、三合等鄉工作计注射水牛二、四〇五頭黄牛三〇四头合計二七〇九頭現在

璧山區之[illegible]北碚家畜[illegible]獸疫防治團

於七月廿日至本月十五日分赴北碚所轄之朝陽、澄江、金剛、黄桷、土主、二岩、龍鳳、白廟、文星等鄉注射牛隻八九三頭現亦在接龍鄉工作

乙、計画及準備之工作

一、收購水稻良種暨輔導農民相互換种

本年除向中農所北碚場川農所合川場鄉建院農場各洽購優良水稻原种八〇市石外預計本年各推廣繁殖站繁殖優良稻種可收中農四號一六七〇市石中農卅四號三三五市石勝利秈一一〇市石共計二一一五市石業已派員切實監督田間去

41

黏除劣工作并經決定收購半數一〇五七·五市石以供明春各農業社社員栽培其餘半數則指導當地農民自行換种至於向一般農家推廣者經檢定之其种籽純度在百分之九十六以上亦得為換种農家與當地農民相互換种以資推廣

二、小麥良种之購運與繁殖

專供本區各農業推廣繁殖站表證農家繁殖之小麥優良品种計有中農與北碚場代為繁殖之「中農廿八號」三千市擔「中農の八三號」二千五市擔「中農六十二號」十四市擔又川農與合川場繁殖之「中農廿八號」十一市擔「中大二の一九」五市擔以上共計九十三市擔可繁殖九三〇畝明年收[illegible]九三〇市石共推廣一三、

华西实验区农业组八月份工作报告　9-1-217（70）

亩收購所搬運費共需八〇〇元下月中[illegible]須分發各表證農家秋播

华西实验区农业组九月份工作报告　9-1-217（19）

中華平民教育促進會華西實驗區農業組九月份工作報告

甲、進行及完成工作

一、成立繁殖站

各輔導區農業推廣繁殖站原已成立九處其餘未設站之輔導區均於最近全部成立新站十五處連前繁殖站共計已有二十四處

附表一、　新成立之繁殖站地點及負責人

輔導區	設站地點	區主任	輔導員
巴縣三區	屏都	胡英鐵 已制卡	曾慶義 已制卡
四	冶白	李樑東 已制卡	李克敬 已制卡

五	南[illegible]	[illegible]	[illegible]文彬
六	長生	王宗耀（已制卡）	曾鼎有（已制卡）
七	白市	朱晉楨（已制卡）	沈世昌（已制卡）
八	陶家	朱鏡清（已制卡）	張翼翔（已制卡）
十一	跳石	蘇彥魁（已制卡）	唐元佑（已制卡）
十二	百節	閻毅敏（已制卡） 李良康（已制卡）	何烈勳（已制卡）
綦江八區	古南	程岳（已制卡）	徐乃康（已制卡）
六	石角	廖榮先（已制卡）	陳志遠（已制卡）
江北八區	大石	張[illegible]大（已制卡）	陳柏林（已制卡）
二	水土	晏昇東（已制卡）	成[illegible]紀（已制卡）

之達

璧山四寶閣文具印刷紙號印製

华西实验区农业组九月份工作报告 9-1-217（21）

12

合川一區 沙溪 已辦卡 李毅 已辦卡 龐一貴

二 小河 已辦卡 楊東侯 已辦卡 趙德勳

銅梁一區 虎峯 康興璧 謝繼明 黃炎五

二、推廣小麥

1、小麥繁殖——本年推廣小麥計有中農所北碚場代為繁殖之中農廿八號二十四市擔中農四八三號六十七市擔中農六十二號十三市擔及川農所合川場代為繁殖之中農廿八號十二市擔中大二四一九號六市擔以上共計八十二市擔已於九月內運送璧山巴縣綦江銅梁江北合川各輔導區繁殖站交由各表證農家審慎繁殖以便明年[illegible]

华西实验区农业组九月份工作报告　9-1-217（22）

數字見附表二（一）

2、小麥示範——本年推廣小麥共計四個品種各繁殖站已洽選土壤地勢完全相同之田土一塊面積半市畝以作示範栽培另加當地土種（種各種十分之一市畝生長期間栽培管理相同以便比較產量可供推廣參考（附詳細辦法）

三、獸疫防治

1、牛瘟預防注射——經濟部华西獸疫防治處與川農所合組獸疫防治督導團與本區合作辦理牛瘟預防注射璧山牛瘟防治工作於九月二十日圓滿完成九月份共注射牛隻三二二五頭全縣注射牛隻六一五七頭又北碚家畜保育站獸疫防治督

璧山四寶閣文具印刷紙號印製

华西实验区农业组九月份工作报告 9-1-217（23）

導團人員分赴青木、鳳凰、虎溪、西永、新發、大土、歇馬、興隆等鄉注射牛隻三〇七三頭，巴、璧、碚三地已注射牛隻總計一〇八二三頭（詳見附表三），此項工作仍在進行中

2、猪瘟預防注射——獸疫防治督導團於本月十五日分赴城北、城西、城東、城南及獅子等鄉開始猪丹毒預防注射工作，計注射榮昌母猪及本地猪六十四頭，現在榮昌、青木等地工作中

3、九月七日農復會畜牧專家亨德、張龍志兩先生來璧並攜帶猪丹毒血清十萬西西、菌苗一千西西、猪肺疫血清一萬西西，分配璧山、榮昌、北碚三地，各為三分之一，並召開畜牧獸医問題座談會，決定在璧山、北碚、巴縣、榮昌等地展開猪瘟防治工作，另

华西实验区农业组九月份工作报告 9-1-217（24）

籌備進行中

四、蛆柑防治

江津蛆柑防治隊除繼續上月防蛆宣傳工作外復積極從事於蛆柑採摘工作之準備據報防治各鄉殺蛆土坑已一一掘就並運往該隊之殺蛆藥品計氯化苦三十六瓶DDT三大桶煤油六十桶亦已分發各鄉下月即可正式採摘蛆柑投入土坑集中毒殺又該隊為應事實上之需要決定延長工作時期至十月十五日結束

五、水利勘查

璧山四寶閣文具印刷紙號印製

14

1.水利工程隊曾分二隊勘察璧河、梅河及璧北河流域水利工程狀況、實地測量、貸款興修健龍、梅龍、丁家、城北、三合、馬坊、梓潼、大路等鄉引水築堰工程九處

2.巴縣五區、七區、八區及十二區等地勘查工作業已結束，報告及資料均在整理中（詳見水利隊工作報告）

华西实验区农业组九月份工作报告　9-1-217（25）

华西实验区农业组九月份工作报告 9-1-217（26）

15

乙、計劃及準備之工作

一、充實繁殖站之設備

各輔導區新成立之繁殖站十五處擬請農復會補助六百美元購置器械充實設備並作小麥示範之補助

二、指導小麥播種

本年推廣之小麥均已運送各輔導區繁殖站配發表證農家及農業生產合作社社員指導栽培及時播種

三、繼續獸疫防治

璧山各輔導區及巴縣一區牛瘟防治工作結束防疫團已離璧前往榮昌作緊急豬瘟防治巴二區之牛瘟預防注射及各乡者

华西实验区农业组九月份工作报告　9-1-217（27）

疫預防注射工作仍在繼續辦理中

四、結束蛆柑防治

江津蛆柑防治工作已定於十月中旬結束參加工作之鄉建學院同學即將返校上課未完工作已決設立新輔導區長駐各鄉繼續辦理

五、水利工程測量

水利工程隊勘察璧河梅河及璧北河流域水利工程結束決定其最富灌溉利益確有經濟價值准予貸款興修之引水築堰工程九處即將組織測量隊分期前往實地測繪施工詳圖以便興工貸修

华西实验区农业组九月份工作报告　9-1-217（28）

推廣麥種分配表（單位市斤）　附表2.

縣名	輔導區	麥種 中農28	中農483	中農62	中大2419	共計
璧山	一區獅子鄉	150	150	100		400
〃	二區城北鄉	100	130	180		410
〃	二　區	200	100	200		500
〃	三　區	200	100	200		500
〃	四　區	200	100	200		500
〃	五　區	200	300			500
〃	六　區	100	200			300
巴縣	一　區	100	1400			

16

〃	二區	100	100			200
〃	四區	130	100			230
〃	五區	100	100			200
〃	六區	100	100			200
〃	七區	100	100			200
〃	八區	100	100			200
〃	十一區	100	100			200
〃	十二區	100	100			200
县12	一區	100	100			200
〃	二區	100	100			200

璧山四寶閣文具印刷紙號印製

华西实验区农业组九月份工作报告　9-1-217（28）

华西实验区农业组九月份工作报告 9-1-217（29）

銅梁	一	區		200			200
合川	一	區	200			200	400
〃	二	區	300			100	400
江北	一	區	300			100	400
〃	二	區	300			100	400
共		計	3500	~~2800~~ 2700	1300	500	8100
備		註：以上三種各取出20市斤用作小麥示範合計如上數					

17

华西实验区农业组九月份工作报告 9-1-217（30）

18

附表三 牛瘟預防注射統計表

縣 區	注射牛數	縣 區	注射牛數	縣 區	注射牛數	縣 區	注射牛數
璧一區	263	璧三區	922	璧五區	1,154	巴一區	1,953
城東	49	來鳳	173	接龍	210	青木	277
城南	30	鹿鳴	151	青木	20	鳳凰	280
城西	10	中興	146	大路	390	虎溪	592
城北	111	正興	330	龍溪	48	西永	388
獅子	63	龍鳳	122	蒲元	60	新發	93
璧二區	1,306	璧四區	1,829	六塘	81	土主	423
大興	[illegible]	[illegible]	[illegible]	[illegible]	[illegible]	[illegible]	[illegible]

[illegible]	78	马坊	301	[illegible]	683	歇马	540
丹凤	418	定林	103	八塘	124	興龍	580
太和	72	廣普	577	七塘	178	北碚	893
三教	126	健龍	122	依凤	95	璧山	6,157
福祿	323	三合	211	轉龍	148	巴縣	3,072
				臨江	138	巴璧碚總計	10,123

璧山四寶閣文具印刷紙號印製

19

小麥良種示範辦法

一、各輔導區繁殖站應選地位適中土壤地勢相同之田土一块長十丈寬三丈面積半市畝作小麥良種示範之用

二、良種示範由表證農家負責生長期間栽培管理完全相同但須接受指導酌給租金或補助

三、參加示範之小麥品種為中農二十八、六十二、四八三及中大二四一九另加當地土種共計五個品種

四、每一品種播種量一市斤栽培面積十分之一市畝長三丈寬二丈隨機排列土種居中兩邊各種二品種各在四边插立木牌寫明品種名稱

华西实验区农业组九月份工作报告　9-1-217（31）

中旬分發各站負責人

六、各繁殖站收得麥种後應即洽選表証農家及時播種宜用條播或点播行距一尺每一品种种二十行

七、田間記載事項詳見附表

八、收穫時期注意產量比較以供推廣時之參攷

樂山四寶閣文具印刷紙莊印製

华西实验区农业组九月份工作报告　9-1-217（33）

水利工程隊工作報告

一、八月十二日本隊分二隊出發勘查，第一隊沿璧河作沿河勘查，第二隊沿梅河及璧北河作沿河勘查，迄八月二十日查勘完畢，計其最富灌溉利益確有經濟價值而即須興修者：

I、璧河

A、健龍鄉之齊家溝　引水工程

B、接龍鄉之胡里樹　築堰及引水工程

C、丁家鄉之天燈堰　築堰及引水工程

D、城北鄉之石櫟橋　築堰工程

II、梅河

A、三合鄉之團魚沱　築堰及整理延長引水渠

B、馬坊鄉之矮店橋　築攔河壩及引水渠

C、梓潼鄉之蕭家橋　築壩工程

Ⅲ、璧北河

A、大路鄉之陰塘　築壩及引水渠

B、大路鄉之鵝公嶺　築堰及引水渠

上述諸處工程擬於十月一日起分二隊進行測量工作

2、八月廿三日本隊赴巴五區勘查水利工程廿六日完成南泉勘查，

工作繼分三隊出發

第一隊赴界石鄉及巴十一區全區勘查，

璧山四寶閣文具印刷紙號印製

华西实验区农业组九月份工作报告 9-1-217（35）

71

第二队赴虎角乡、文峯乡及巴七区勘查
第三队赴樵坪及巴八区勘查
迄九月二十日始全返璧此次三队共行里程有六千餘里其勘查
資料正在整理中

华西实验区农业组十月份工作报告　9-1-148（227）

中華平民教育促進會華西實驗區農業組十月份工作報告

甲、進行及完成之工作

一、小麥推廣及播種

本年推廣小麥共計四個品種計有中農二十八号三六〇〇市斤中農四八三号二七〇〇市斤中農六十二号一三〇〇市斤中大二四一九号六〇〇市斤總計八二〇〇市斤均已運交璧山、巴縣、綦江、銅梁、合川、江北等六縣農業推廣繁殖站二十四處分別推廣由表證農家特約繁殖本月內開始整地即將指導播種預計栽培面積共約八二〇市畝明年共可收穫麥種一六四、〇〇〇市斤以供普遍推廣

华西实验区农业组十月份工作报告　9-1-148（228）

二、苕種推廣增產綠肥

本年自成都平原購回苕種（Vetch）一五五市斤已分發璧山、巴縣、各繁殖站選定表證農家栽種冬水田中明春耕翻供作綠肥或作飼料以便比較示範能否增加稻作產量

三、秋播菜種二次推廣

第二批秋播菜種由江津中農行園藝示範場運來德豐豌豆一六〇兩選種榨菜四〇兩瓢兒白菜三二兩雪裏蕻三二兩洋葱六四兩均已分發璧山、巴縣等九繁殖站推廣栽培（詳見附表一）

四、蛆柑防治總隊工作結束

本年暑假集合鄉建學院同學一〇九人組織蛆柑防治總隊

璧山四寶閣文具印刷紙號印製

华西实验区农业组十月份工作报告　9-1-148（229）

112

分為十六分隊前為江津輔導果農防治柑蛆現因學院開學已於本月十二日結束回校二十五日準備在歇馬場鄉建學院舉行蛆柑防治成績展覽會

江津柑桔產區各鄉均已接受指導分別組織果農生產促進會訂立公約自動打坑摘果展開防治工作詳細工作報告已另文專寄農復會

根據實地調查結果江津柑桔產品十六鄉鎮共有果農五、一七二戶栽培柑桔二三七、九〇八株平均受害蛆柑佔百分之四十八（詳見附表二）民國二十九年調查損失柑桔一一九萬枚今年防治工作如能完成一半則可增加生產柑桔六〇萬枚

五、獸疫防治繼續進行

經濟部獸疫防治督導團現在榮縣防治豬瘟牛瘟北碚家畜保育工作站防疫隊正在巴縣第七輔導區各鄉防治牛瘟詳細統計報告尚未寄到

耕牛貸放前在貴州買回之耕牛十九頭已運到北碚、涪陵買回之耕牛十七頭已運到璧山獅子鄉均經派員注射牛瘟疫苗

本區推廣之約克夏與榮昌種豬最近常有死亡除已注射疫苗防治疾病外並又擬訂種豬飼料與体重月報表發交各鄉負責指導種豬繁養及生長管理

六、水利勘查

华西实验区农业组十月份工作报告 9-1-148（231）

113

水利工程隊本月份工作分測量和勘查二部分進行

測量工作分二隊出發其一測量璧山四區馬坊鄉矮磴橋灌溉工程其一測量璧山五區接龍鄉蚂里樹灌溉工程及璧山一區城北鄉石棵橋築堰工程二處現已測量完竣計劃書不日即可完成

勘查工作第一次出發勘查北碚管理局所申請者其中有堰二處擬予修理第二次勘查已十二區所申請各水利工程勘查工作業已完竣其資料正在整理中

乙、計劃及準備之工作

一、農情調查

農場經營調查表報全套均已印就擬於下月開始派員分

赴各鄉會同各農業推廣繁殖站分別往各村調查各地[illegible]
況以供明年農業工作計劃之參考

二、菜虫防治

秋播蔬菜生長期中菜虫為害頗烈前由農復會撥發之砒酸鉛噴霧器等藥械均已分運各鄉農業推廣繁殖站下月即將派員前往指導菜虫防治示範預計施用砒酸鉛二、〇〇〇市斤防治菜田二、〇〇〇市畝約可增產蔬菜四、〇〇〇市擔增加農民收益二〇、〇〇〇銀元

三、獸疫防治

巴縣各輔導區牛瘟防治注射繼續進行中近由農復會通知

製印號紙刷印具文閣寶四山璧

华西实验区农业组十月份工作报告　9-1-148（233）

114

即将派（由三人组成之兽疫巡迴防治队来区协助开展兽疫防治工作

四、水利勘查

上月经水利工程队勘查完毕即将进行测量施工者计有：

Ⅰ、璧河

A、徒龍鄉之脊家溝

B、丁家鄉之天燈堰

Ⅱ、梅河——梓潼鄉之蕭家橋

Ⅲ、璧北河

A、大路鄉之陡塘

[illegible]大路[illegible]之鄉公[illegible]

勘查工作：即將在巴縣第八輔導區申請各處水利工程進行勘查工

作

华西实验区农业组十月份工作报告 9-1-148（235）

115

附表一 秋播菜种第二次推广分配各区数量

区	乡	瓢儿白	雪裡蕻	榨菜	洋葱	豌豆	合計
璧一區	楊家祠	4	0	6	4	24	38
〃〃〃	獅子鄉	0	4	6	4	24	38
〃二〃	大興〃	4	4	4	8	16	36
〃三〃	來鳳驛	4	4	4	8	16	36
〃四〃	丁家坳	4	4	4	8	16	36
〃五〃	河邊鄉	4	4	4	8	16	36
〃六〃	依鳳〃	4	4	4	8	16	36
巴一區	青木關	4	4	4	8	[illegible]	[illegible]

共計		32	32	40	64	160	328

璧山四寶閣文具印刷紙號印製

华西实验区农业组十月份工作报告　9-1-148（236）

华西实验区农业组十月份工作报告 9-1-148（237）

116

附表二 江津甜橙概况表

地名	户数	株数	蛆柑百分比	
顺江	36	2,056	7%	
仁沱	96	10,037	12%	
真武	104	8,800	25%	
青泊	421	41,394	64%	
西湖	164	1,849	75%	
高歇	983	11,391	75%	
崇兴	549	10,646	35%	
和平	431	18,079	28%	

馬鬃	351	18,500	20%
賈嗣	479	14,794	70.5%
廣興	427	8,400	90%
杜市	250	15,000	70%
五福	363	7,186	80%
先峯	201	25,681	11%
永豐	190	14,143	53%
高牙	127	23,952	2%
總計	·172	237,908	48%

璧山四寶閣文具印刷紙號印製

华西实验区农业组十月份工作报告　9-1-148（238）

华西实验区农业合作部分七月份工作报告　9-1-148（182）

農業合作部份七月份報告

一、合作組織：本月份農業生產合作之組織工作巴璧碚三縣局仍繼續進行惟以北碚區合作社幾近飽和狀態本月未增組新社而巴縣大多新設輔導區域仍多集中力量辦理傳習教育及社學區之劃分工作而組社工作較為遲緩本月僅增組一〇社璧山組社工作各輔導區均甚積極發展較速本月計增組三七社巴璧二縣共增組新社四七社（附表）

農業合作社統計表　七月份

縣別	社數			社員數		
	原有	新增	小計	原有	新增	小計
璧山	62	37	99	5932	5286	11218

北碚	79	—	79	5635	—	5635
合計	224	47	271	21128	6529	27657

二、母猪貸款：榮昌純種母猪之推廣經由本區輔導員會同合作社代表前往榮昌採購現因非產猪旺月須選擇優良純種又為避免同時採購刺激猪價上漲本月僅北碚已購買四一二頭已分貸各社社員飼養佔各農業社原申請之三九六〇頭之十分之一強現仍在繼續購買中一月後即屆產猪旺月當可大量採購完成原定計劃

三、榮昌種猪貸款：榮昌種猪原定購買四八頭續前往榮昌購買時該地因養猪習慣公猪出生六十日內即行去勢購公猪者均須預

製印號紙刷印具文閣寶四山璧

华西实验区农业合作部分七月份工作报告　9-1-148（184）

90

先定購是以未曾購到現已分別於養猪農民定購四十八頭

四補充耕牛：本省耕牛普遍缺乏為實際增加耕牛經派員先行會同北碚合作社代表前往貴州之西北部購買本月份大部時間為耕牛市場耕牛價格及物價調查現將貴州之桐梓松坎遵義等地附近各市場均已調查完竣亦已開始購買惟黔北一帶無較大之牛市場且須以食盐换牛搬運食盐甚感困難亦費時日不能迅速購到據報方購得十頭並陸續購買中現本區計劃於涪陵江津耕牛集散場所購買以期早日完成原定計劃

五小型水利工程：各區申請舉辦之小型水利工程已由水利工程人員分為兩隊於七月二十五日出發前往巴一區實地勘查灶主西永

华西实验区农业合作部分七月份工作报告　9-1-148（185）

舊塘十處堰六處防洪工程一處引水灌溉溝一處即可貸款興工其
中二十五處不合協修條件不予貸款修建
銅梁合作紙廠水力發電動力工程設備貸款已核定三千元

六、保租安佃準備工作：本區為了解農村租佃關係以為農業社辦
理保租安佃工作之準備經派員實地調查農業社社員租佃情形
業已調查三個灘及楊家祠兩農業社其結果三個灘農業社
社員佃農佔百分之七十強楊家祠農業社社員佃農佔百分之八
十五強而兩社佃農社員耕地面積均在一〇—二十畝之間經濟情形
多入不敷出

璧山四寶閣文具印刷紙號印製

华西实验区农业合作部分七月份工作报告 9-1-148（186）

91

租佃制度分為包租制與分租制兩種百分之九十以上為包租制
分租制僅佔百分之十左右
包租制係預先議定租額秋收後佃農照議定租額繳付在包租制中僅水田有租在接連水田之旱地無租地主仍供給房屋居住如遇天旱須下河車水灌溉時所需費用地主與佃農各負擔半數或地主支付工資佃農供給伙食其他流動資金由佃農負責租額為大春（即水稻）產量十分之六如有災害收穫不佳時地主佃農雙方仍可洽商減租普通可減為原定租額之七成
分租制係不議定租額於秋收後以水稻產量各半分配在分租制中地主除供給田地房屋外「車水」「犁耙」「打谷」等工作費用地主

押租僅包租制有押租規定而分租制則無押租習慣目前押租均以實物計算多寡不同因人而易普遍二十石租額收押租二三石租佃期間目前均為一年而租約一年一换由佃農書具地主收執而舊約多無期限之訂定地主佃農間如無問題發生該項佃約則永遠有效

此項準備工作仍在繼續進行以期澈底了解租佃關係而訂定農業社保租安佃之設施

璧山四寶閣文具印刷紙號印製

华西实验区农业合作部分八月份工作报告　9-1-148（169）

82

農業合作部份八月份工作報告

一、組社工作　本月份北碚仍為七十九社未增組新社巴縣已組成各社多在辦理申請登記手續亦未增加新社璧山上月份為九九社本月份新增六八社共為一六七社社員人數上月份為一一、二一八人本月份增加六、五三〇人共為一七、七四八人另銅梁西泉組成造紙合作社一社社員四七人茲將各縣局社數及社員人數列表如左：

農業合作社統計表

縣別	社數			社員		
	原有	新增	小計	原有	新增	小計

劃 案

註：北碚巴縣仍為上月數字

六、貸款工作　分為養猪耕牛及水利三種茲分別報告如左：

(1)養猪貸款　養猪貸款分為榮昌母猪及種豬與仔猪三項貸放情形如左：

甲、榮昌母猪

(子)北碚　北碚上月份購到榮昌母猪四一二頭本月份購到六二二頭共計六三四頭購猪款原核定六〇〇〇〇元已用一八五九·九〇元另加運費計算平均猪價分貸各社飼

養

华西实验区农业合作部分八月份工作报告　9-1-148（170）

83

（丑）璧山　本月份已陆續運回兩批計一五九頭分配於一區十六個合作社大致尚稱良好僅有少數因天熱受病者

（寅）巴縣　巴縣一區已採購運到二百頭分貸各社飼養其餘正在陸續購運中

乙、種猪　巴縣前月計劃定購榮昌種猪四八頭於九月份始能運到

丙、仔猪　各區均在陸續申請中本月份已核准者計璧山二區一四個合作社准貸六一頭六區六個合作社准貸八九頭

以上養猪貸款中榮昌母猪貸款北碚核定為二〇〇〇〇元璧山各區及巴一二區核定為三八〇〇〇元共計五八〇〇〇元擬待全數採購

完竣運齊另加旅運費計算成本平均猪價後再由合作社補助
貸款手續至仔猪貸款每猪按三元核貸本月份計核定貸款
為二、一〇〇元

(2)補充耕牛　本區派員至黔北購牛困難特多據最近報告僅購
到耕牛六十頭且死亡一頭牛價並未損失共付價款五七〇元平
均每頭三〇元至運牛費用每頭約需四十餘元連同其他旅雜
費運到後每頭當在八十元之譜因黔北購牛困難甚多最近变
更辦法除派人至涪陵一帶試購北碚已派人至川北一帶採購已撥週
轉金一、四四〇元外複為迅速完成計劃已製定「耕牛分區採購
辦法」一種由各區派人會同合作社代表分批分期分地購買並

华西实验区农业合作部分八月份工作报告　9-1-148（172）

84

可須借購牛款一部將来計算成本由合作社辦理申借手續准採購耕牛雖非易事且需較長時間因之合作社耕牛貸款亦非短期所能辦竣

(3)小型水利貸款　本月份經核定巳一區土主鳳凰虎溪青木四鄉塘堰水利貸款計十三處共合食米四二〇·七四市石合銀元約三、〇〇〇元正由合作社辦理申請手續中

(4)北碚栽種洋芋貸款　北碚本年夏季因雨水缺少農民所種紅苕多已旱死為補救計需補種洋芋等項但此項種子須向外採購本月份特准貸給六千元專為購買種子之用

(5)合作紙廠貸款　銅梁西泉合作紙廠為增加產量最近擬

[illegible]已核定連同上月核

定之水力發電動力工程設備貸款三千元共七千元已於本

月份貸放

(6)農業合作社鄉(鎮)聯合辦事處貸款　本月份已貸

璧二區大興鄉一處計一千元

(7)購儲骨粉備貸款項　為準備冬季菓樹施肥貸款於重

慶骨粉廠定購骨粉三萬斤預付定款七二〇元

總計以上本月份貸款共計二六、九九四元特列統計表如左

農業合作社八月份貸款統計表

項目	款數	備註

华西实验区农业合作部分八月份工作报告　9-1-148（174）

85

(1)養猪貸款		
1、榮昌母猪貸款		
1、北碚	2,000	已購回634頭
2、璧山	3,800	已購回359頭
2、仔猪貸款	~~[illegible]~~ 2100	已貸出 ~~[illegible]~~ 700頭
(2)補充耕牛	1,440	已撥北碚
(3)小型水利貸款	3,000（合食米420.74市石）	貸放水利工程十三處
(4)北碚芋種貸款	6,000	

华西实验区农业合作部分八月份工作报告　9-1-148（175）

(7)[illegible]款	720 27.060

三、減租運動之推行　減租運動已由政府頒布辦法本區為配合此項運動現正就整個辦法加以分析研究將來推動當由農業合作社開始實施至於與政府機關如何配合以及各項說明正在編印中

华西实验区农业合作部分九月份工作报告 9-1-148（176）

86

農業合作部份九月份工作報告

一、組社工作：本月份農業生產合作社除開辦未久之綦江等縣各輔導區現正集中力量辦傳習教育及經濟調查尚未開始組織合作社工作外，璧山在本月内新組二四社，增加社員一九四人，連前為一九一社，社員一九六六二人；巴縣新組一九社，增加社員四五八人，連前為一七二社，社員為一五五六二人；銅梁新組造紙合作社一社，增加社員五六人，連前為二社，社員為一〇二人。兹列表於左：

農業合作社統計表（九月份）

縣別	社數			社員			附記
	原有	新增	小計	原有	新增	小計	
璧山	167	24	191	17,748	1,914	19,662	本月份[illegible]新組社數之縣…

巴縣	93	79	172	19,804	4,758	15,562
銅梁	1	1	2	47	56	103
合計	261	104	365	26,599	6,728	35,327

本區為促進農業生產合作社業務之發展並建立合作經濟体系而有組設農業生產合作社聯合辦事處之設施本月份組織三處貸款二處計二千元連前共為四處各種業務現已積極展開

二、小型水利：本月份正分赴各輔導區勘查及經核定舉辦之水利工程之測量工作俟測量完畢估定工程費用後依照貸款成數即行通知農業合作社申請借款開始動工

华西实验区农业合作部分九月份工作报告　9-1-148（178）

87

三、耕牛貸款：本區派往黔北購牛人員及合作社代表因該地產牛过少又無耕牛集散場所無法大量購買現已結束返處费時兩月餘僅購到耕牛四五頭運抵北碚者四〇頭業已分貸各合作社其餘五頭仍在途中

涪陵購買耕牛人員現購得三〇頭現在趕運來璧山途中

北碚合作社耕牛補充除由貴州所購耕牛配貸外復派員前往達縣購買已購得二五頭運抵北碚貸放現仍在繼續購買中

耕牛補充因受購買之種種困难非擴大採購區域無法完成原定計劃現復增加武勝鄰水李市等採購地點

华西实验区农业合作部分九月份工作报告　9-1-148（179）

九社申請貸款計請貸耕牛三七九頭除以已購到之一〇〇頭配貸外其餘已核定預支牛價五千元令各區分別採買中

四、栽種洋芋貸款：巴縣綦江因有一部份旱災區域農作物損失均在九成以上各地農民紛紛請貸洋芋种貸款補种洋芋以增加食粮本月份已貸放四，四〇〇元

五、養猪貸款：

1、榮昌母猪：榮昌優良种猪推廣已採購一〇二八頭因榮昌發生猪瘟遂中途停止採購本月份着重於猪隻疾病治療疾病預防及如何護養工作

璧山四寶閣文具印刷紙號印製

华西实验区农业合作部分九月份工作报告　9-1-148（180）

88

（甲）疾病治療與護養：在榮昌採購之母猪貸放各社後因水土關係飼養方法之不同飼料之差異等因而發生疾病者為数甚多經派員接貸猪社員分別指導飼養方法遇有罹疾猪隻即予以治療並經設法治療加意護養而死亡率仍在8%以上

（乙）預防注射：為保護優良猪种減少合作社社員猪隻死亡損失經派員注射猪丹毒血清及猪丹毒菌混合菌剂現已大部注射完竣

2、仔猪貸款：本月份因農忙關係合作社申請貸款較少計核定一四社貸放仔猪四三三頭計貸款一、二九九元

华西实验区农业合作部分九月份工作报告　9-1-148（181）

產合作社已全部召開減租會議並訂定減租登記表
分發各輔導區登記佃戶社員租佃情形俟登記完竣
即行辦理減租工作並協辦另換新佃約

璧山四寶閣文具印刷紙號印製

华西实验区农业合作部分十月份工作报告　9-1-141（135）

农業合作部份十月份工作報告

一、組社工作

本月份組社工作璧山方面新增加六個合作社連前共為一九七社社員人數新增加四七一人連前共為六〇八三人其他各縣增組社數尚未報處無法編列仍以上月數字為準

汉津新開一輔導區係以新的方式來推動工作先由組社開始再及其他項工作唯此項組社工作將先由汉津特產之甜橙開始現已到來十六個鄉鎮計劃每鄉組織一個甜橙生產運銷合作社並組織聯合社統籌辦理甜橙運銷業務各社之採集儲藏以至運銷均在輔導區協助之下逐步進行

华西实验区农业合作部分十月份工作报告　9-1-141（136）

1.造纸贷款　铜梁丙保乡刘店造纸合作社业于上月份成立，本月份已贷放该社造纸所需之纯碱原料贷款六五二〇元，由辅导区监督在渝购买纯碱配贷社员，同时由合作社与合作纸厂订立供给纸浆合同，供给该厂所需纸浆。

2.运输合作贷款　巴二区歇马场附近因事实之需要，已组成人力车运输合作社八社，该社为购买人力车按车请求贷款，业已贷放二〇〇〇元。

3.耕牛贷款

甲、贵州所购牛只于本月份已全数运齐，共计四六头，已全数分贷北碚各合作社

华西实验区农业合作部分十月份工作报告 9-1-141（137）

78

乙、涪陵所購牛隻本月份已運到二八頭現均集中璧二區[illegible]鄉及[illegible]鄉待經過檢疫注射後即分貸該鄉各農業合作社尚有二十頭正在起運途中傷斃付璧二區六〇〇〇元派員會同合作社代表前往該區各社辦理

丙、北碚購牛工作仍在繼續進行已撥付該處購牛款七四〇〇元正託達縣代購運中約計可購牛壹百頭

4、養豬貸款

甲、仔豬貸款　本月份核准二十〇社計仔豬九八〇頭共計貸款二九〇[illegible]

乙、母豬貸款　前因榮昌豬瘟流行曾暫停辦貸本月份除派獸醫人員分別將已辦母豬作防疫注射外復派人至榮昌作普遍防疫注射之作本月份共核准四十六社計母豬四八六頭現已[illegible]

一區派合作社代表一人前往榮昌會同購買

5.水利貸款

水利工程隊本月份已將巴縣五七八三個輔導區小型水利工程測量完竣，現已分別通知各該區依照規定手續由合作社申請貸款，計巴五區十九處共需食米一一六八市石，約五八四〇元；巴七區三處計需食米三三市石，約一六〇元；巴八區五十七處計需食米二八六七市石，約一四三三五元；共計工程七十八處，需米四〇六七市石，約二〇三三五元，除由合作社自籌三成外，本區約需貸放一四〇〇〇元

6.聯合辦事處貸款

本月份璧山一區農業合作社聯合辦事處已開始業務，經擬准

华西实验区农业合作部分十月份工作报告　9-1-141（139）

貸款一二〇〇九

三、農地減租工作

農地減租為本區一個月來之中心工作大部人力均配合推動除北碚減租登記工作業已完成現正展開換約外其餘各縣均在積極推進減租登記亦有將登記及換約事項同時進行者在合作社之佃戶社員由合作社統籌代為辦理租地登記減租換約後由區將有關農地減租重要法規加印三千份換租約存根副本加印五十萬份分發各區合作社應用同時並開始試辦統佃分租工作

四、農產加工

農業合作社除貸款發展一般業務外農產加工亦為其重要業務之

华西实验区农业合作部分十月份工作报告 9-1-141（140）

[illegible]

作社已有出品應市其中以製麵粉釀酒掛麵醬油等出品為最多雙十節北碚之展覽會中各社均有出品參加展覽頗得好評

华西实验区农业组工作纪要 9-1-174（163）

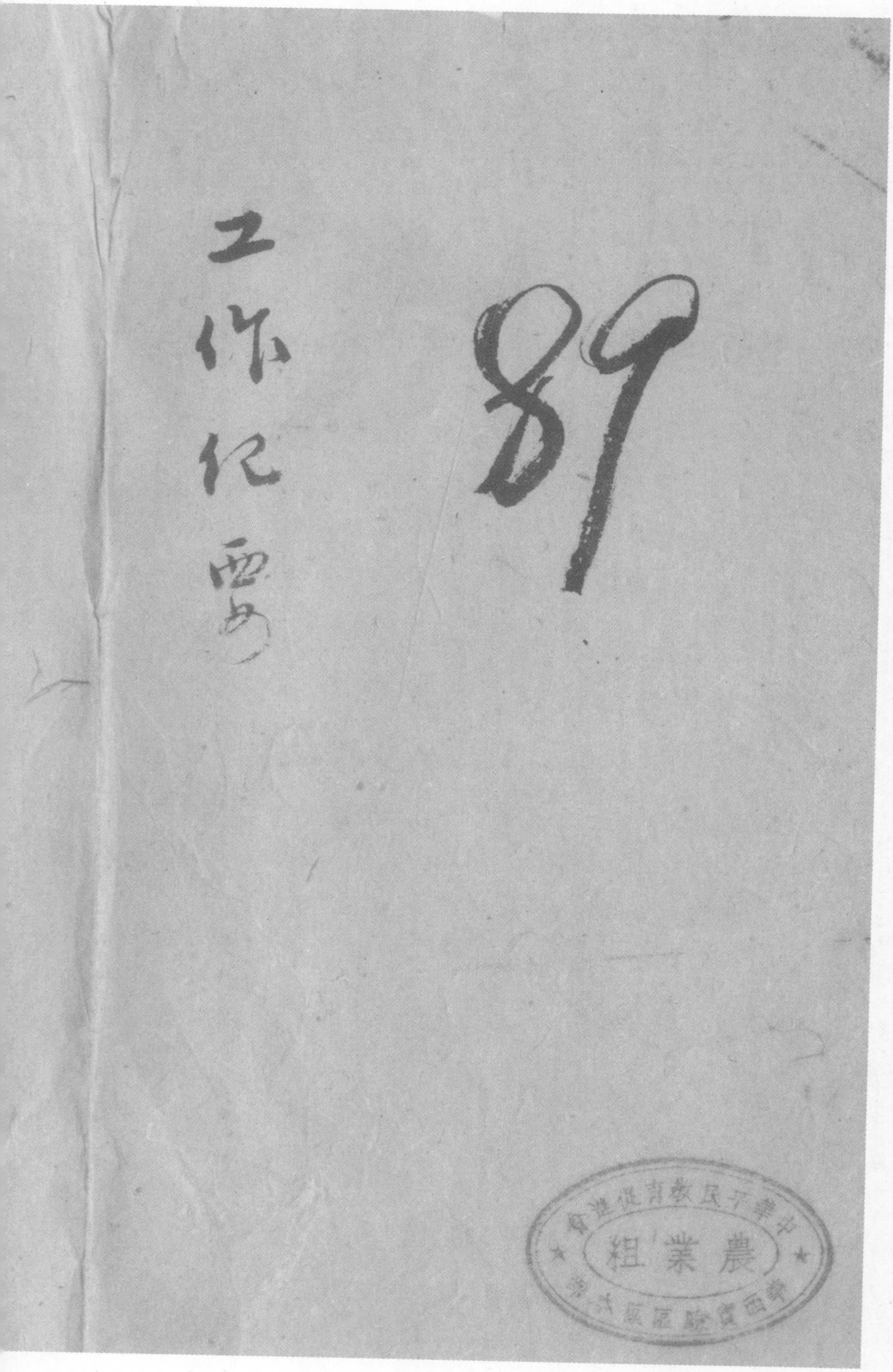
工作纪要

89

農業組

华西实验区农业组工作纪要　9-1-174（163）

华西实验区农业组工作纪要 9-1-174（164）

三月十七日 组长李焕章到职。

十八日 辅导会议时孙主任宣布农业生产合作社中心业务为 ①革新小型水利 ②增加耕牛、③推广优良品种、④设置联合种猪站 ⑤种猪繁殖与母猪贷款。

十九日 农行推广中农四号稻分配璧山区

廿日 与中农所洽商试验场擬订合同

①中农所价让中农卅四号稻种、中农四号稻种、胜利籼、南瑞苕供本区推广、②中农所承育[illegible]柑一万株供本区之用

编撰、挑发留种设置办法表证[illegible]
书，及「改良稻种栽培须知」，与中农所良种
各区配额，通知各区。
回到农复西华农场了解信谊相种十二老农
廿日 李焕章君偕签讨论问题，李
良谋君北碚配发中农所稻种。
陈石城 钱应湛训练。
廿六日 钱应湛君至乡坊乡四期农会配种
回选繁与篇复百额引。

已制卡

已制卡

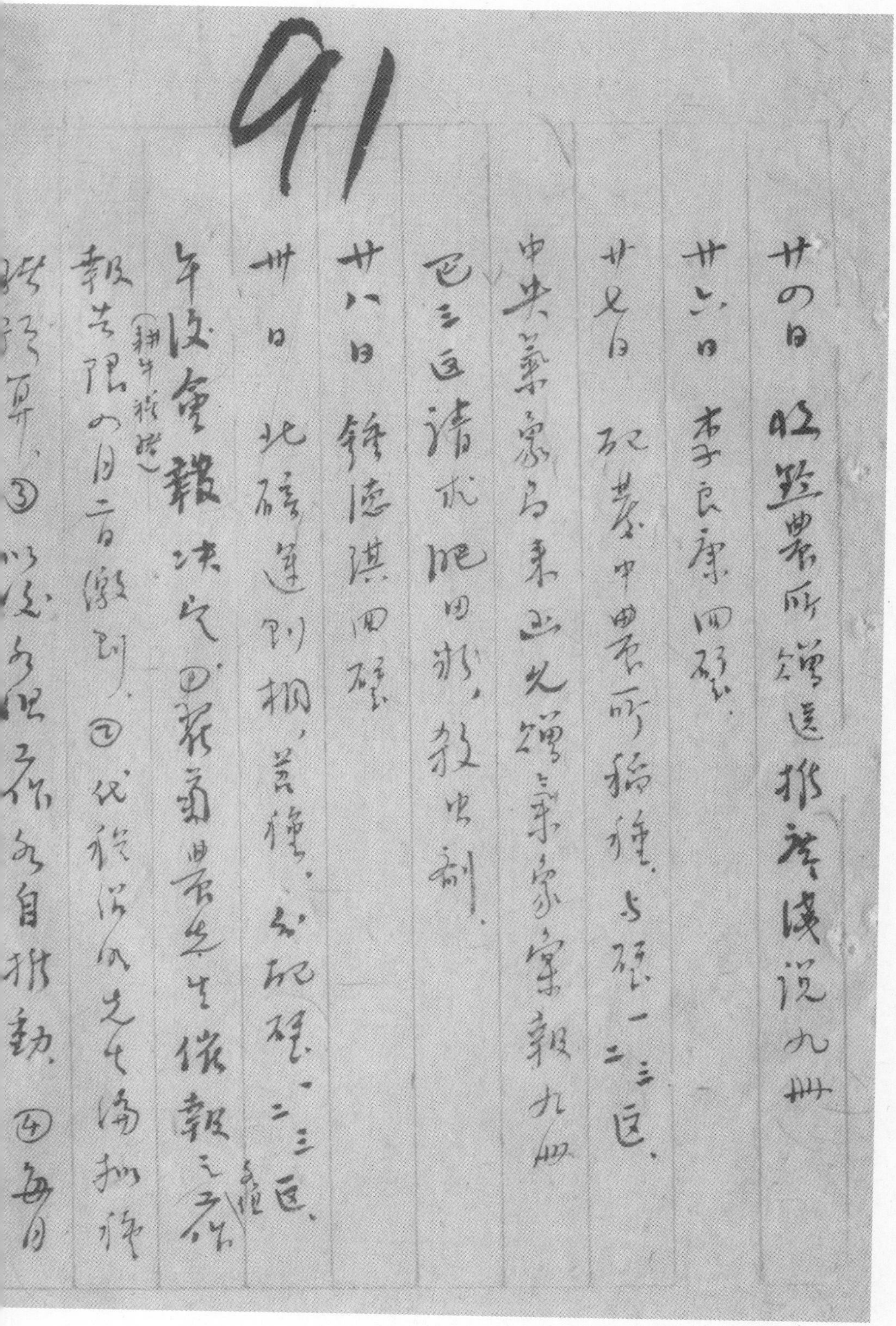

廿四日 收照农所饋送推广浅说九册
廿六日 李良康回县
廿七日 配发中农所稻种与区一二三区、
中央农业局来函，饋送农业案报九册
巴三区请求肥田粉、杀虫剂。
廿八日 钟德淇回县
卅日 北碚送到桐、蓖种，分配区一二三区、
午后会议决定①耕苗农业生产报告之方式（耕牛推广）
报告限四月二日缴到，②代耕保证先予备挪种
种籽等，③以后各保各作各自推动，④每月

华西实验区农业组工作纪要 9-1-174（166）

编拟本组各项经费预算，本组预算[illegible]

延续下半月，明年度开支须经会议决定。

卅日　拟订业务概况调查纲目与推广追加预算

卅一日　通知各辅导区呈报①销种、种量（数）及运费②种子推广站设置情形③种子储藏所办法④毕储作物生长调查、

二日　编拟本组工作计划及现况报告

三日　李焕章先生返璧山

四日　①全组同仁开会分配工作②与合作组讨论事项

华西实验区农业组工作纪要　9-1-174（168）

92

1. 稻种推广 原始种30石已发283石 利息20% 農民對稻種懷疑 餘數如何處理

2. 苕种1000斤 配給城北楊家祠及鄉子繁殖站 農民歡迎

3. 桐种400斤 苗圃未決(解)

4. 耕牛肥料 貸款甚需要

5. 農業社共七 城南及城北各均有示範校

溫泉鄉需水利貸款耕牛 黃泥鄉需十一头牛

城北鄉有表証農家4户

城南地區有15堰塘於塞 需修整可灌400—1400畝

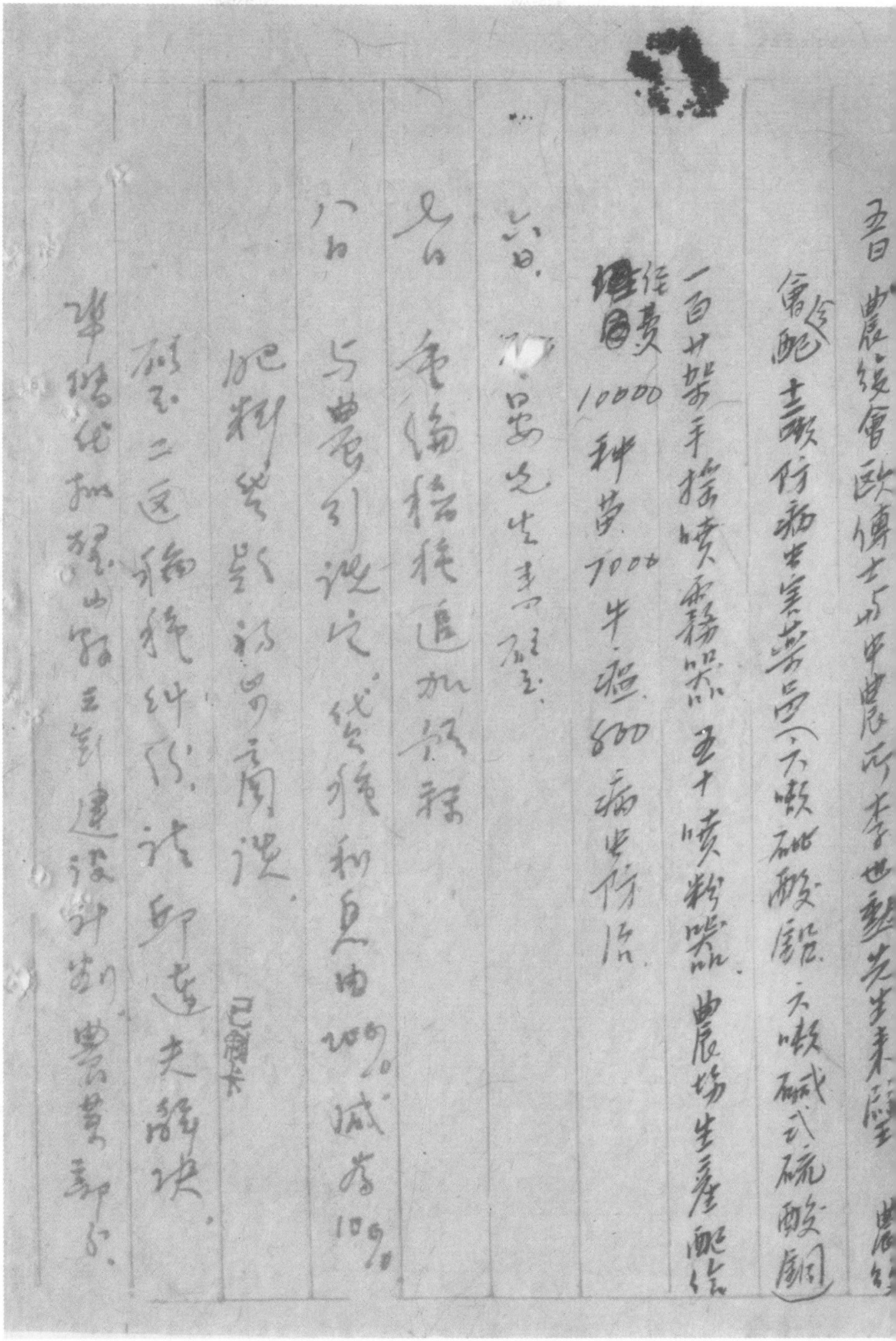

五日 農復會歐傅士及中農所李世繁先生來函 農復
會(分)配十五噸防病虫害藥品(六噸砒酸鉛、六噸碱式硫酸銅)
一百廿架手搖噴霧器 五十噴粉器 農場生產配合
經費 10000 種苗 7000 牛瘟 800 病虫防治
六日 [illegible]晏先生來函
七日 重編稻種追加預算
八日 與農引說定代繁種和良田 2000斤 城岑 1000斤
肥料發放辦法
研究三區編稻計劃，請鄉建夫辭決。
華禮林擬出三年建設計劃 農業部分。
已制卡

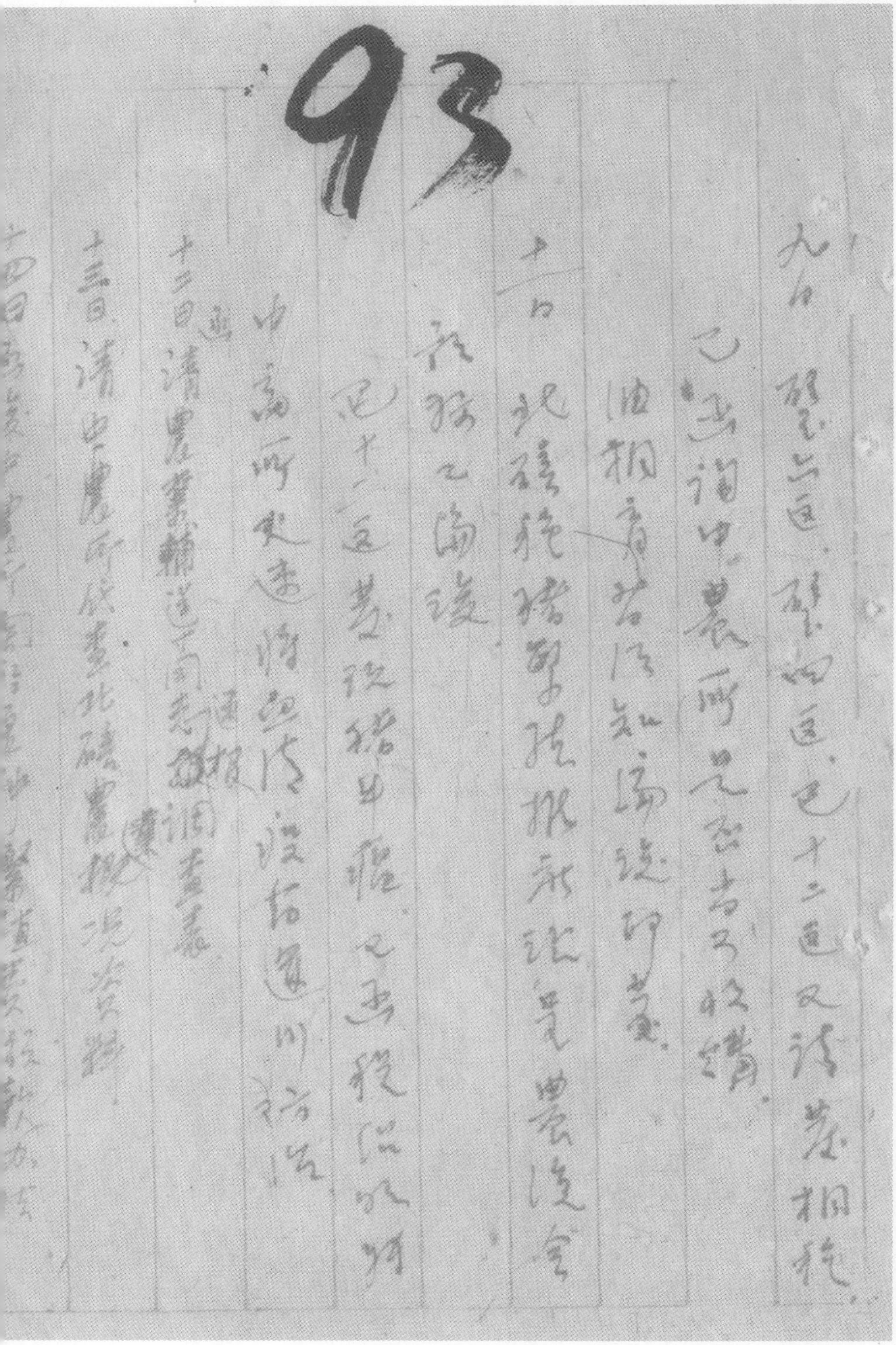
九日 整六区、整四区、也十二区及请[illegible]桐稿
已函请中农所[illegible]寄[illegible]
油桐资料召集编选印发
十日 北碚[illegible]
[illegible]之编缮
已十二区[illegible]
中农所[illegible]
十二日 请农业辅导[illegible]调查表
十三日 请中农所代查北碚农业概况资料
十四日 [illegible]

华西实验区农业组工作纪要　9-1-174（170）

华西实验区农业组工作纪要　9-1-174（171）

十五日 与四川农业改进所合[illegible]
繁殖推广优良稻麦品种合约
十六日 通知璧六、巴十二区派员领运桐种并举办苗圃
十七日 分发油桐育苗须知
十八日 通知巴县各区请报良种繁殖情形
十九日 通知璧山四区农记填报[illegible]
表
廿日 函铜梁[illegible]
廿一日 函铜梁中农所[illegible]繁殖推广情形
廿二日 通知各区农记[illegible]情形

廿三日 通知璧山二三区催报秋种贷款详情。
廿四日 通知邹莲天请代查璧山二三区叙者谷种数量及通知
璧山四区已十二区派员领运桐种。
廿五日 函张伯钧询谷贷谷种数量曾否如期发放查报。
廿六日 函俞启葆会同省农所病虫药械借据。
廿七日 印寄树润麦病虫及病虫害防治药械单送到硫酸
铜15桶，硫酸铜10桶，喷雾器8，喷粉器16。
廿八日 调训编印农民须知作物栽培制度，畜肥料等
调查农村事。
廿九日 通知胡英鉴发种利息办法。

华西实验区农业组工作纪要　9-1-174（172）

卅日 [illegible]

五月一日 定做繁殖站木牌及育苗要[illegible]

二日 通知各區辦事處設置苗圃、推廣站事

三日 去中農所請求撥借小麥良種標本

四日 討論標本接及育標本[illegible]事

五日 繪製推廣繁殖站木牌

六日 與中農所徐總光合商肥料示範辦法

七日 準備出發下鄉調查，向出納領出差旅費十二元

九日 ①李良慶赴丁家調查水稻栽培

②夏主犀、龍紹昌、汪靜赴丁家調查病蟲

③清理文件檔案

④編擬本月工作計劃

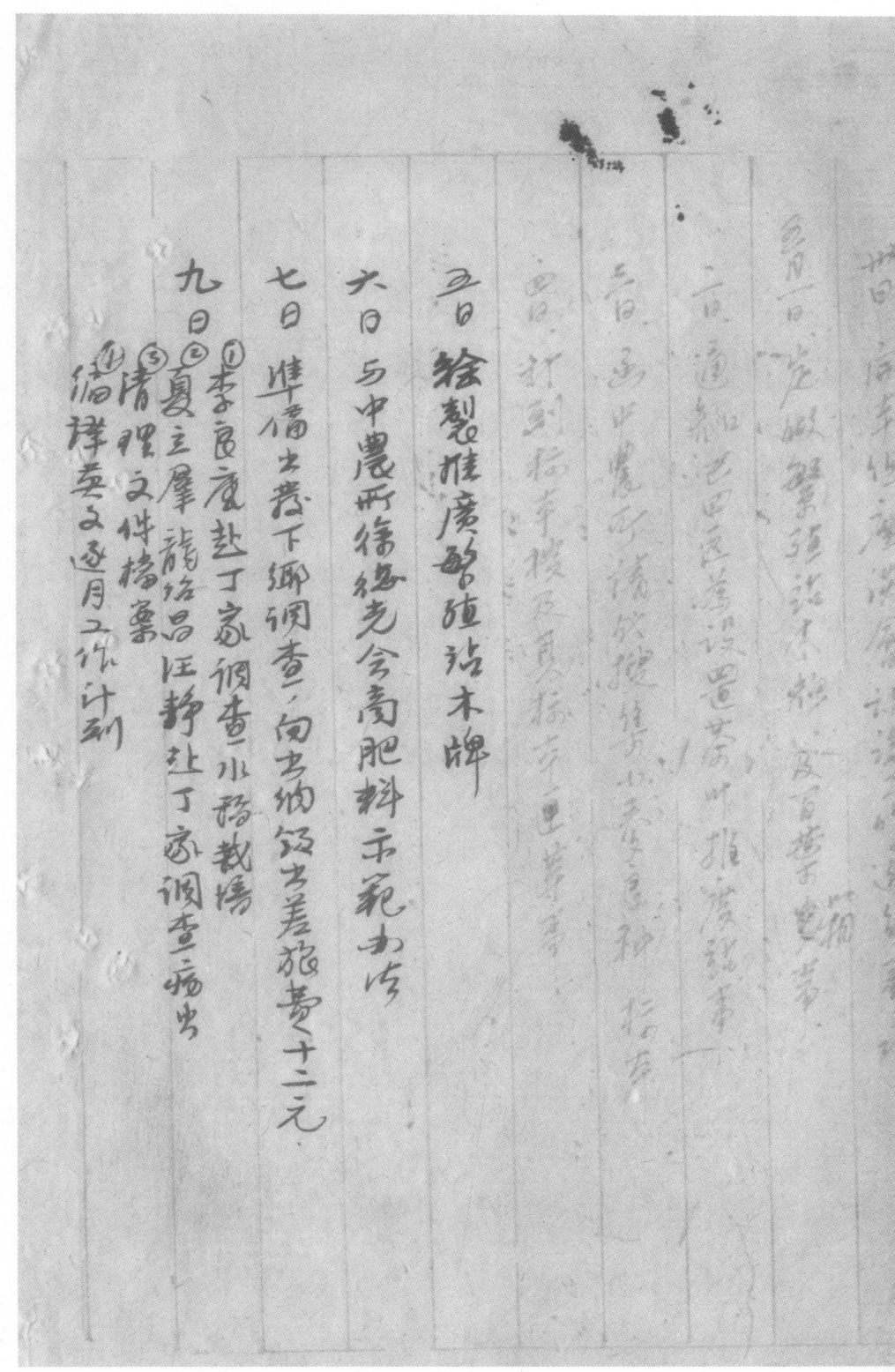

95

十日 ①与农行商订美丽肥料贷款办法 ②会报商定合贷办法 ③油印农情调查一差 ④璧五区津力中领桐苗补助款五元

十一日 ①与农行订立美丽肥料贷款合约 ②电告丁家美丽贷款 ③出席农业辅导员问题 ④巴二区王秀斋领桐苗补助款十一元

十二日 ①肥料璧四区丁家督强谘喷雾器及硫酸铅，领运费三元 ②续德秋赴青风参加农业座谈会 ③李组长由渝回组 ④赴农行商谈美丽贷款及稻种利息

十三日 ①续德秋由青风阆座谈会归来 ②通知璧三区 推广改进计划 ③摘录璧一区、巴二区工作月报 ④璧五区领桐苗补助九元末市石

十四日 ①召开组务会报告下乡调查经过 ②钟德秋赴狮子场试查农情概况

十六日 ①提新良种推广系统数量图表 ②编写本组工作概况报告 ③辅助杨家祠狮子场蔡强谘布置田场 ④布置清扫本组办公室

十七日 ①欢迎经合总署及农复会专人参观 ②……

华西实验区农业组工作纪要　9-1-174（174）

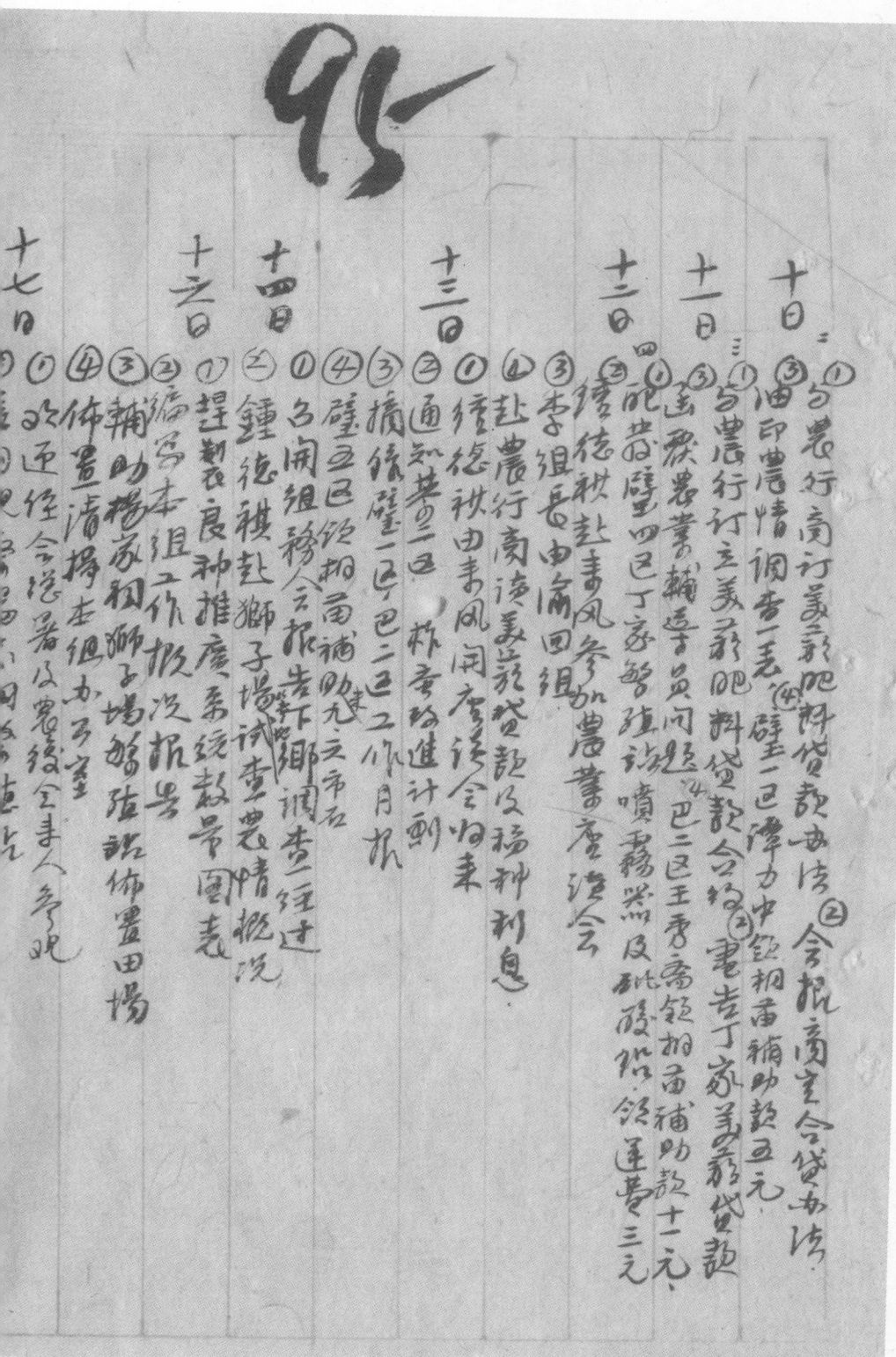

①送[illegible]

十八日　②函華西繁殖站詢問牧草材料
③通知五區申請水利貸款擬具初步計劃
④與合作組會商美蘇肥料、燒房燃料貸款分配數量

十九日　①函知調派人員徵求意見
②全區擴大會報討論視導及衛生問題

二十日　①與農行推廣稻种儲押及利息
②編擬江津組防治計劃
③函中林所洽商繁殖樹苗
④縣全會報討論視導及蔬菜問題

廿一日　①通知魚苗推廣辦法
②函江津農行園藝場繁殖橘苗

廿三日　①李、夏、龔、汪赴青木園調查
②鍾由獅子場試查回來
③簽發付印
④函川氣象所商合作測候辦法

廿四日　①擬訂春耕貸款辦法
②修改農業調查表格
③編寫麥种推廣淺說

华西实验区农业组工作纪要　9-1-174（176）

96

廿五日 ①与視察组商讨農業視察工作
②编写烤菸叶烘烤说明
③李同志到职负责、文书缮写
④璧三区龍主任领桐种补助十二元稻田赔偿一元八角

廿六日 ①抄缮蛆柑防治计划
②抄缮糯稻推广办法

廿七日 ①田荊楷同志到职负责、总務檔案
②赴江津園藝場洽商繁殖青种

廿八日 ①整理桐苗推广统计 ③
②修改药剂用法说明

廿九日 ①李组长与鐘龍同志赴渝

三十日 一 ①清理檔案
②统计推广良种数字

卅一日 二 ①清理檔案

六月一日 三 連璘瑆、徐幸如同志到職
接收購回農械書籍

二日 四 李組長自渝歸來
整理圖書編號
5 江津園藝場簽訂繁殖柑苗合約

三日 五 張伯雍同志調職到組辦公
5 北碚農推所簽訂繁殖良種合約

四日 六 擬組柑防治計畫
區農會設計總務組種藝工作
秀克鈞同志到職辦公

五日 日 張伯雍同志赴丁家輔導美藝工作
李組長田荊輝同赴歇馬場
李棚欽育苗費二十三元

六日 一 邱武郊先生參觀輔導防蝗

七日 二 徐幸如、陶存同赴西泉防蝗
汪靜淵
印發耕牛增保辦法（合作組請繕發）

八日 三 油印稻田養魚辦法
石城陽同邱先生赴河邊鄉八保調查竹蝗

九日 四 石城陽同邱先生赴西泉路河邊七保調查竹蝗

十日 五 荊輝自歇馬場回組

华西实验区农业组工作报告　9-1-197（107）

63

1.

農業

一、農業推廣繁殖站——本區農業推廣繁殖站依照總處規定先設二處一處設城北鄉楊家祠由輔導員陶存同志主持一處設鄉子鄉堞墩房子由輔導員譚力中同志主持現因譚同志他調總處改派王德偉同志担任兹將工作概况分述如下

甲、城北鄉楊家祠繁殖站——楊家祠繁殖站於卅八年三月廿八日正式成立選擇表証農家十戶為便利收種及更換訂合作期定本年度十二月底止該站農業工作計貸放中農四號稻種一·三市石中農34號稻種二·四市石貸與表証農家二八八市石貸與農業生産合作社社員[illegible]

約表証農家優先貸給計貸放一四〇斤農業合作社貸放三四六斤桐種

繁殖另租土地三塊自行播種育苗現已播種二〇〇斤出土情形尚

屬良好

乙、獅子鄉樑墩房子繁殖站—樑墩房子繁殖站於卅八年四月一日成立特

約表証農家於四月內選擇完成計推廣中農34號稻種二四〇市石

中農四號稻種一三市石南瑞苕五〇〇斤繁殖桐油租地一·五畝播種

桐籽二〇〇市斤預備次年推廣

二、農業生產合作社—本區農業生產合作社現正式成立核准登記者

計城南鄉二社城北鄉五社獅子鄉一社尚有新社七處計城南鄉二社城

東鄉一社獅子鄉四社正在辦理登記並擬於獅子鄉設置農業社

璧山四賓閣文具印刷紙號印製

64

2

聯合机構統籌辦理該鄉農業社業務事宜詳附表(一)

鄉別	社名	理事主席	經理	成立年月	社員數	主要業務
城南鄉	觀音閣農業生產合作社	曾仲傑		三十八年一月	一四六	興修塘堰繁殖良種農產加工
	東嶽廟農業生產合作社	李德安		三十七年十一月	八六	繁殖良種農產加工
城北鄉	三個碓農業生產合作社	龔文淵	榮廷佑	三十七年十一月	一五五	小型水利農產加工繁殖良种
	温家灣農業生產合作社		張兆麟	三十七年十月	二〇七	仝前
	楊家祠農業生產合作社	楊秉鈞		三十八年二月	一三四	仝前
	黄泥灣農業生產合作社	龔賢成	萬啓修	三十八年一月	八四	仝前
	雷家灣農業生產合作社		陳光德	三十八年一月	四八	農業加工繁殖良种
獅子鄉	蜘蛛墳農業生產合作社	李瑞林	何西霖	三十八年四月	八五	仝前

三、農業推廣：農業推廣計分良種推廣養魚推廣養豬推廣三項良種推廣計推廣中農34號稻種南瑞苕桐油及桐籽等品種養魚及養豬推廣已由本區詳擬計劃呈請總處核發

甲、良種推廣：推廣中農4號稻神三〇·七石中農34號稻種四·八石南瑞苕一九五〇斤桐苗八·〇〇〇株桐籽四〇〇斤詳附表(二)

乙、養魚推廣：本區養魚推廣依照總處指示擬具計劃選定示範社學區五處為推廣區域第一批申請鯉鯽魚苗一萬弍仟尾俟魚苗發放推廣情形良好時再繼續申請

丙、豬種推廣：依照總處指示分配本區飼養公豬三頭母豬二頭現已決定由城北鄉楊家祠溫家灣及獅子鄉社學區分別飼

华西实验区农业组工作报告 9-1-197（111）

65

3

養併豬種運到即由農業合作社申請貸款

四、畜牧獸醫：本區畜牧獸醫目前正舉辦家畜防疫工作惟一般農民对此工作極表懷疑進行較為遲緩現正由城北鄉楊家祠示範社學區開始計已注射牛瘟疫苗水牛十一頭豬瘟疫苗肉豬三十七頭若有成效再推廣其他各社學區

五、问題及改進意見：本區農業工作並未全部展開考其原因約有下列數端

甲、農業工作範围既廣且繁若僅根據甲地需要情形即可代表乙丙其他各地殊為失策

乙、農民並非全條科學頭腦对新的知識不能全部接受

丙、良種推廣遲遲未能兑現已推廣之良種並非純種多失信於農民

丁、農業合作社申請貸款甚感手續煩難若合作社对此深為不滿

根據上列各項問題擬具改進意見如下：

（一）確定農業工作範圍並應分别個别調查各地需要情形对症下药以免顧此失彼之弊

（二）應於農業推廣之前舉辦傳習教育灌輸農業知識使農民充分了解科學之重要

（三）推廣良種早日實現在推廣之先應实行品種檢定避免

滥竽充数失信于农民

（四）农业生产合作社贷款请简化手续使贷款早日贷放以便展开业务

华西实验区一九五〇年四月份农业工作报告摘要　9-1-266（82）

47

一九五〇年四月份農業工作報告摘要

壹、工作情况

甲、本區方面

(一) 良種小麥生長情形檢查

(二) 準備收購良種小麥

(三) 豬種飼養

(四) 搶運油餅

(五) 準備推廣魚苗

乙、各專署典型區方面

(一) 璧山專署典型區

1 梁灘河農業生產指導所

A 組織農民小組——

(1) 組織步驟

(2) 組織後效果

B 農業技術試驗

(1) 水稻比較試驗

二、揚家祠農業生產指導所
1、健全農業良种生產小組組織
2、品種比較户的確定
3、檢查稻種实播情形
4、调查推廣良種小麥情形

(二)涪陵專署典型區
一、宣傳政策
二、调劑勞動
三、協助農貸及佈置春耕
四、改善農業经營
1、協助農民订立了今年的農業生產計劃
2、提倡割草堆肥
3、防治病虫害
4、防旱防荒

(三)大竹專署典型區
一、调查宣傳

48

二、組織領導

1. 生產治安委員會
2. 生產互助組
3. 生產技術小組
4. 農民代表協會

三、解決春耕困難

1. 種籽問題
2. 耕牛農具問題
3. 口糧問題

四、指導農業技術

1. 提倡新式秧田
2. 採用互補間作物
3. 經濟栽培

貳、總結

甲、基本工作应着重組織

乙、工作方法必須走群众路線

华西实验区一九五〇年四月份农业工作报告摘要 9-1-266（85）

了 进行工作之先必须了解情况

戊 组织劳动力应注意当地习惯

华西实验区一九五〇年四月份农业工作报告　9-1-266（86）

49

一九五〇年四月份農業工作報告

本區農業工作奉川東行署指示各項任務并在各級政府領導之下協助璧山潼陵大竹及萬縣四專區辦理典型農建工作繁殖優良品種搜集生產資料提供意見近屆兩月有餘因於三月底前的工作已有詳細報告目前各典型工作進行情況除萬縣尚未收到外餘者均有詳細報導茲特綜述於後以便交流經驗藉供各地工作同志參考。

壹　工作情況

甲、本區方面：在準備本年秋耕材料及解決肥料困難的主要課題下本區工作計有下列五項：

（一）良種小麥生長情形檢查：為早日準備本年秋耕材料曾於本月中旬就本區去年推廣良種小麥作生長情形的檢查以確定本年收購及推廣之標準因時間人力及治安關係等條件限制於本月內僅完成了璧山巴縣等十三鄉鎮工作詳細情形另有良種小麥生長情形檢查報告（附件一）

（二）準備收購良種小麥：為抓緊時間起見接着良種小麥生長情形檢查之後曾在璧山楊家祠巴縣梁灘河歇馬場三地區進行良種小麥收購準備事宜如教育農民去雜除劣保持純種收穫後種子不使混雜及預約收購數量等並於正式收購工作則須下月（五月）內舉行。

肥猪猪石灰投于人[illegible]

題從長遠現点看想仍須在農民养猪蓄肥上加緊提倡，我们覺得提倡方法应着重在搬除農民思想上的顧慮（如怕工錢等）及培养养猪兴趣，而方前者可从宣传着手，後者则在改良猪种品質使農民樂于飼养。因此本月曾運去梁滩河约克夏公猪二頭，荣昌公猪一頭，荣昌母猪一頭，楊家祠運去约克夏公猪六頭，约克夏母猪一頭，除自行繁殖约克夏和荣昌纯种猪及约克夏公猪与荣昌母猪第一代雜交猪外，并将约克夏公猪免費与本地農民所养的母猪交配，截至本月底止梁滩河已交配十頭，楊家祠因運達時间較晚，正通知养有母猪的農民準備交配。

（四）搶運油餅：挑繁殖良种農民反映肥料缺乏，還望解决，并希望在播秧之前能到手中。本區即派專人加緊運送油餅，计現運至梁滩河農指所的三萬斤，楊家祠農指所的二萬斤，目前正召集農民小组商讨如何貸放油餅，中日内即可正式貸放。

（五）準備推廣魚苗：本區去年曾與鄉建院農場訂立合约，繁殖鯉魚苗十五萬尾，除私在歇馬場推廣五萬尾外，梁滩河可分配六萬尾，楊家祠區域可分配四萬尾，已函请農業生産指導所通知農民準備領養，预计此項

华西实验区一九五〇年四月份农业工作报告 9-1-266（88）

50

工作可於下月十五日前完成。

乙、各專署典型工作：

(一) 璧山專署典型區方面：

一、梁灘河農業推廣指導所：該所本月份主要工作在組織各保農民小組及作業試驗，據報其工作情况可分為下列兩方面：A、組織農民小組：據報導現已在巴縣鳳凰鄉一、二、三、四、五保組成農民小組三七組，共有組員四八八人，組員成份計佃貧農佔總人數百分之四五.五，佃中農佔百分之一六.二，貧農佔百分之六.一，赤貧（包括僱農）佔百分之一二.五，中農佔百分之二二.三，其他佔百分之〇.四。從這一系列數字中可以看出在組織工作中充分掌握了依靠貧農團結中農的政策，茲將工作概况畧述如下：

(1) 組織步驟：先進行個别調查訪问了解具体情况和組織対象，後再普遍進行個别教育、集体教育及机會教育。其教育的内容包括(一)翻身教育(二)勞動創造世教育(三)堅定立場教育(四)宣傳政府政策(五)啓發組織教育(六)解除農民思想顧慮等，在教育中發現并掌握積極份子以便選為

（四）組成後效果：自從組織農民小組工作搞好後，鳳凰鄉的農村情況可以說是進入了新的階段，参加了農民小組的農民認識到農民小組是自己的組織，覺得依靠這個組織以後的利益都有了保障，他真的体會到翻身的意義。思想行動都非常積極，例如檢舉地主不上公粮、隱匿槍枝和要求分田等。没有参加到小組的眼見别人政治經濟地位的提高，表示積極要加入進来，同時地主鄉保人員看到農民的力量已被引發出来，感到是一種威脅，雖然內心不滿意，但在廣大農民雪亮的眼睛監視下，只好羨慕妒忌，消極悲觀，或想與農民小組拉攏而已。總之目前有農民小組的地方，土匪特務是不能活動的了，政府的工作是能貫澈的了，農民的情緒是已經提高了。「組織就是力量」從這事實上給工作人員增加了更堅強的認識。

（六）農業技術試驗：在將農業技術提高一步，增加生產，打破農民對優良种籽的懷疑，並在效察各項品种對環境的適應性的動机下，技術股於本月內舉行了水稻比較試驗、不同品質肥料試驗、

华西实验区一九五〇年四月份农业工作报告 9-1-266（90）

51

培育桐苗技術試驗等工作分述於下：

(1)水稻比較試驗：參加試驗的計有釣魚蘭，馬尾粘，鬍鬚々粘，華泡齐，一根簽，蚁烘粘，貴州四股齐，面泥黄，寸糯，乾濕谷（鉄脚蓮）亞谷，白谷子，貴州粘，大蘭粘等十五種品种加上本年推廣的中農四號中農三四號及勝利秈三种優良品种共計十八种品种試驗項目計有發芽率試驗新式秧田作埂試驗栽植試驗等試驗結果以後當另文報告

(2)油餅比較試驗：

拉丁方比較試驗：施用於水田選一种好油餅一种壞油餅另一种不施油餅用以的拉丁方比較試驗計算其產量比較其優劣

複因子隨机區組試驗：施用於玉米用菜餅蔴餅及桐餅三种每种又以好坏分上中下三等施用時分普通法与腐熟法共有十八种不同的組合計算其產量比較其優劣。

(3)桐苗培育技術試驗：該所於大量繁殖小米桐苗進程中对培育技術曾作浸种試驗用四種不同的液体和五種不同的時间浸种以試驗出芽的结果同時在培育工作中發現了濃种相地整

色番中等一大包至含容易[illegible]

一、健全农业良种生产小组组织：该所区域为城北乡六七八三保，在本月内每保每甲均成立了农业良种生产小组，每组选举正副组长各一人负开会及领导工作的责任，总计三保共组成二七小组，共有组员四〇二人，此外每保尚有小组联席会议，每月举行开会一次，由各小组正副组长组成，通过这个组织，经常的进行教育与说服工作，使各贫种农民对该所工作之认识及生产改进的情绪都比上月有显著的进步。

二、品种比较户的确定：共确定本地水稻与改良水稻比较栽植户二五家，并对比较品种名称及栽种地点均有详细登记，以便经常指导及作栽培记录等。

三、检查稻种实播情形：推广工作人员在工作中了解农民因对优良种子认识缺乏正确了解和认识，致有将种子领去完全未播，领多播少等情形，经派人分别实地检查，结果播种数量为领种数量的百分之八三左右。

四、调查推广良种小麦情形：调查璧山城北乡一九四九年推广优良小麦生长情形及可能收购数量，并先进行个别教

华西实验区一九五〇年四月份农业工作报告　9-1-266（92）

52

育指导农民苗种办法经分别派员实行田间检查、估计城北乡可收到优良种子二四市石，河边乡可收到二市石，惟去冬所推广之小麦那常零散，且当时各贫种农々户亦无组织无训练教育工作做得不够，将来收购能否尽如理想，殊不敢言。

(二)涪陵专署典型区：该区典型工作是由专署农业工作组主持，据他们的报告本月份工作内容仍着重在农民组织方面，组织方式系以农会生产委员为领导，在凉塘乡十三保内组成七个生产小组，通过这个组织发动群众举办下列各种事项：

一、宣传政策：解放后农民对人民政府的政策尚未充分了解，加以匪特造谣，所以人心尚欠安定，传说着共产党不准雇长工，养猪要抽税，养鸡要抽蛋，勤劳增产部份要归公等谣言，使佃户怀疑地主愁无出路。工作人员根据这种具体情况，抓着生产小组开会的时机，充分解释政府各种政策，经过月余来的教育与说服，农民原有怀疑均已冰释了，生产情趣已提高了。

二、调剂劳动力：当地农民本有换「活路」的旧习惯，但都是零碎而无组织的，现在利用生产小组组长为中心，在自愿的原则下等到除人畜劳动力且只要[illegible]

遵守

三、協办農貸及佈置春耕：凉塘鄉十三保共獲得農貸玉米一千三百多斤经过评议得出春耕生產有困难的共七十三户结果在互讓互諒的原則下領到農貸的有五十六户同時在生產小組会议上决定了勤割草多堆肥搶栽不搶割精耕细作等原則。

四、改善農業經營：除了已推廣良种和提倡精耕细作之外对经營方面採取了下列幾項措施：

1、協助農民订立了農業生產計劃：為提倡勞動致富生產發家并保证保持一九四九年生產水平起見大众经過会议决定自己订立今年農業生產計劃按照施行（附件二）

2、提倡割草堆肥直接可增加肥料间接減少病虫害发生但彼此相约彼此監視割草决不得妨害别人的权益和各种作物。

3、防治病虫害：宣傳動員農民採除大小麥黑穗并在栽有玉米土地实行堆草誘殺土蚕实施以来收到很大效果。

4、防旱防荒：該保原有塘十個但都年久失修在生產会议上已决定現在修捻修溝秋後修塘的办法大众合力齐心

华西实验区一九五〇年四月份农业工作报告 9-1-266（94）

53

共同修建对统筹用水避免争执的办法亦有具体决定。

(三)大竹专署典型区：工作内容包括：

一、调查宣传：全部调查工作已经完成对全工作区的具体情况已有初步了解同时在调查访谈及召集会议等工作中发现农民存在着不敢与工作人员接近怕地主抽佃恐惧匪特骚扰及担心口粮等思想上的顾虑因此便将政府春耕生产政策新解放区土地及缴收公粮的政策减租条例剿匪政策等配合工闲荒生产劳动互助争取模范精耕细作提倡节约渡荒等具体工作以铁的事实反复向农民解释以争取农民的信心结果农民的顾虑消除了生产情绪也增高了多半是光荣的勤劳是光荣的等信念在群众中已建立了巩固的基础。

二、组织领导：在本月内已组成的农民组织有下列四种：

1.生产治安委员会：此组织共十五人计正副主任一人生产委员四人治安委员四人宣传委员组织委员各三人领导全保生产事业并负责防匪剿匪等治安工作。

2.生产互助组：由生产治安委员会生产委员领导组织之

题并號召大众友爱互助达到不荒废一亩田地的目的。

3，生產技術小組：亦由生產治安委员会中生產委员领导吸収係内有農事経験及技術的農民組成之主要工作為研究討論及試験一切農業技術使個别技術普通化。

4，農民代表協会：发動農民自己組织起来以解决農民糾紛執行保佃减租减息等事務。

三、解决春耕困难：農民经过宣傳組织後生產情绪固已普遍增高但仍有种子问题耕牛问题農具问题口粮问题等仍有在生產互助組解决不了的困难須区工作人员均需大力協助設法克服其办法如下：

1，种子问题：在春耕時间到来的時候廿数極貧困及新開荒者因经济困难或無準備以致种子缺乏除发動生產互助組互助供貸外并向其他有种子的人家说服願將多餘的備出来因此達到了都有种子的要求。

2，耕牛農具问题：耕牛本極缺乏但经組织畜力發動耕牛互助以人工或穀草換取牛工使困难得以大部克服至於

华西实验区一九五〇年四月份农业工作报告　9-1-266（96）

54

農具因農民经济困难无力加鋼修整致使深耕工作頗受影响該区工作人員对此问题之解决办法正注意搜求中。

3、口粮问题：据當地貧苦農民反映口粮问题不解决田难种得好」目前已有的解决方法為組织婦女縫装運公粮的麻袋及組织剩餘劳力挑運公粮等以工代賑的办法此外并说服有粮户互助借粮并保证償还使口粮问题得到相當解决。

四、指導農業技術：除引進良種提倡使用基肥防治土蠶及黑穗病等外有值得注意的有以下几点：

1、提倡新式秧田：劝導農民整用畦幅四至五尺的新式秧田以便採覓螟虫卵塊及便於管理但農民认為受螟害的白穗係由天旱之故并且这種新式秧田太費种子和人工故多不願接受。後来他们说服了該保四甲的積極份子賀昌貴採用了这种办法結果秧子生长的比别人好使一般農民对这种方法已有信仰。

2、採用互补间作物：例如提倡蠶豆地裡種玉米玉米地裡

中工劳动力[illegible]

3、经济栽培：奖励农民栽植经济价值较高的作物并对蓄水困难的旱田提倡种植豆类蔬菜瓜类等旱作物以免栽种水稻生长不良影响收入。

贰、总结

从各专署典型区的工作情况可以看出各种优点值得彼此学习例如璧山专署梁滩河桥农业生产指导所组织农民小组工作中得到许多实地的经验堪供组织农民的参考；涪陵专署农业工作组协助农民订定了本年农业生产计划对保持一九四九年的生产水平上起了保证的作用；大竹典型区利用以工代赈的办法解决了农民的口粮问题替春耕工作排除了很大的障碍等。综合各区经验特总结如下：

甲、基本工作应着重组织农民并启发其阶级觉悟感到翻身需要和翻身就必须组织起来的重要再灌输农业科学常识使改良农业技术通过群众组织巩固生根同时再经群众实地经验使农业技术得以提高单讲组织而无实际内容会使组织变成空架子单讲改良技术而无组织会造成飘浮无根的现象这两种情形都将会造成人存政举人亡政息的结果

乙、工作方法必须走群众路线从工作中体会到群众力量之伟大从而增

华西实验区一九五〇年四月份农业工作报告 9-1-266（98）

55

加全心全意為群众服務的信心但是也不可盲目随從成群众尾巴换句話说对群众不正確的反映亦須教育領導做到「集中上来貫澈下去」使不致発生偏向。

丙、教育群众必須耐心深入的下工夫说話要中肯態度要和藹一次不行多進行幾次直到他们澈底了解為止才會収得真实的效果。

丁、只從開会決议擬具计劃等不能真正的解决问題主要的还是要先了解情况再决定办法并切实执行加以事後檢查才能将工作進行澈底例如良种的繁殖推廣工作在现在就覺得調查準備工作不够造成了稻田的位置和土壤性質对水稻品种不適合及農民对种子怀疑致未能达到全部的目的

戊、组织劳動力应注意當地習慣在自願等價的原则下去進行強迫命令都是違反農民利益的比如把没有農事经驗的剩餘劳力组织起来做犂田或插秧的工作定会弄成两非所願与事無補且影响將来的这种工作的推行。

已、從这月各處的报告内得知所有工作人員都認為組織群众在推動任何工作上都是最重要的所以在没有老幹部領導的地方他们都有清楚老幹部領導的要求

华西实验区一九五〇年四月份农业工作报告 9-1-266（104）

58

不、推廣之先應先進行教育與說服工作將推廣良種之優點特性栽培方法及推廣辦法等詳細向農民小組討議確實後方能發種於播種時期應突擊檢查實地播種情况以免種子浪費及影響繁殖推廣計劃。

3、中農六二及中農四八三分蘖力強應告訴農民播種量宜稍多，中農四八三尤應採取集中推廣方式免受蟲害損失。

4、推廣應求農民自願不能強迫或命令。

5、推廣時應注意良種間種子混雜推廣後須注意農民將良種與土種混雜。

6、推廣區應注意良種之生長環境是否與其生活條件適合而栽種後對栽培技術之管理如中耕除草施肥等亦均須注意隨時指導以免因生活環境變壞使良種退化變為劣種。

7、推廣後應注意良種生長情形與土種比較并隨時加以記録以為以後推廣之參考。

第　組　　一九五〇年農業生產計劃

(一)我今年要：

種　　石　收穫　　石　種　　石　收穫　　石
種　　石　收穫　　石　種　　石　收穫　　石
種　　石　收穫　　石　種　　石　收穫　　石
種　　石　收穫　　石　種　　石　收穫　　石
種　　石　收穫　　石　種　　石　收穫　　石
種　　石　收穫　　石　種　　石　收穫　　石
收集堆肥　　斤　收集廄肥　　斤　收集人糞尿　　斤
養　　隻　養　　隻　養　　隻　養　　隻

(二)栽培計劃

我計劃栽培左列各種作物			共計
面積	去年		
	今年		
整地	次數		
	人工數		
	畜工數		
施肥	人糞尿次數		
	人糞尿斤數		
	人糞尿人工		
	廄肥次數		
	廄肥斤數		
	廄肥人工		
	堆肥次數		
	堆肥斤數		
	堆肥人工		
中耕	次數		
	人工		
防治病虫害	名稱		
	人工數		
	名稱		
	人工數		
共需人工畜工	共需人工		
	共需畜工		
	施肥人工		
	施肥畜工		
估計去年今年產量	畝產		
	畝產		
	產量		
	產量		
備攷			

华西实验区 一九五〇年四月份农业工作报告 9-1-266（105）

59

附件三、六竹乡典型协助农民订立的互助公约

互助组·互助公约

①凡加入互助的人，彼此间要本互济互助之精神相互协助而谋耕种困难之解决。

②加入互助组的人，都要遵守，自愿两利的原则。

③凡有耕种能力之正当农民，并愿结合互助者均欢迎参加。

④互助组的加入与退出均准自由。

⑤互助组要办理的事情须经过大家商讨来决定。

⑥互助组要选出正副组长各一人，负责推动督促应办各事项。

⑦组员要听从正副组长在工作上之领导。

⑧互助组要互助的事项如下：

1、人工互助 2、耕牛互助 3、耕种互助 4、种籽互助 5、口粮互助 6、资金互助

⑨调换人工、耕牛、耕种、互助均採等价换工换牌记帐的方法。

⑩因於种子、口粮、资金、互助均未有[illegible]

⑪関於變工標準，及每人工作應得之工作分數須按照當地情況及個人工作能力大小，經众詳加評定。

⑫関於耕牛換工的標準規定二人工抵一牛工，無工抵時可以稻草四十個抵付。

⑬換工的价欵可到秋收後清償但願當時支付者亦听便。

⑭相互幫工時吃飯要節約，如有当時無力供飯之農戶，幫工可自吃己飯不受其飯食供給。

⑮本公约全体組員均須一体遵守。

⑯本公约自經众议決之日起施行。

华西实验区一九五〇年四月份农业工作报告摘要正误表　9-1-266（107）

60

一九五〇年四月份農業工作報告摘要正誤表

一、一九五〇年四月份農業工作報告摘要壹工作情况乙、各專著典型區方面(二)涪陵專署典型區"二、調劑勞動"下少一"力"字

二、一九五〇年四月份農業工作報告摘要式總結丙教育群衆"下少"應"字

三、第一頁本文第二行"值"字係"置"字之誤

四、第一頁本文第三行"目前各典型"下少一"區"字

五、第一頁(三)種豬飼養……"培養養豬興趣兩方"下少一"面"字

六、第二頁梁灘河農業生產指導所……"從這一系例數字中"句中"例"字應改為"列"字

七、第二頁(1)組織步驟……(二)"勞動創造世"下少一"界"字

八、第二頁(2)組織後效果……"他真的体會到翻身的意義"句"他"字下少一"們"字

九、第二頁(2)組織後效果……"眼見別人政治經濟的提高"下少一"也"字

十、第三頁(1)水稻比較試驗……"大蘭粘"下應加"四股齊"三字

十一、第三頁"(2)油餅比較試驗"應改正為"油餅肥效比較試驗"

华西实验区一九五〇年四月份农业工作报告摘要正误表　9-1-266（107）

應改正為「着」字

十三、第五頁二、組織領導……「治安委員四人」應刪去「四人」二字

十四、第五頁三、解決春耕困难……「仍有在生產互助組解決不了的」十三字應刪去。

十五、第五頁1、種子問題……「除發動生產互助組互助供貸」句中「供」字應改為「借」字

十六、良種小麥生長情形檢查總結報告二、良種小麥生長情形的普遍觀察4、就麥穗大小……「為栽培得法」句中「為」字應改為「如」字

又四總結2、推廣之先……「詳細向農民小組」下應加「講解並經」四字。

华西实验区一九五〇年五月份农业工作报告摘要 9-1-266（110）

62

中華平民教育促進會華西實驗區五月份農業工作報告摘要

壹、工作情況

一、繼續農家組織工作
二、收購小麥良種
三、貸放油餅
四、推廣魚苗
五、檢查稻種實播數量
六、油桐繁殖
七、互助插秧
(一)組織插秧互助隊
(二)勵行節約減少酒肉開支
(三)互助借貸及發放貸糧
八、菜餅肥效試驗
九、水稻品種產量比較試驗
十、調查農業概況

貳、總結

(一)先深入調查研究了解具體情况作為佈置工作的參攷

(二)結合具體事實進行說服教育培養積極份子起帶頭作用并經適當的醖釀以創造工作的條件

(三)組織成立後應根據羣衆需要及結合中心工作發揮組織的力量

二、良種推廣繁殖方面　進行檢查工作加强技術指導注意田間去劣除雜及早日擬定收購辦法

三、互助換工方面　目前西南農業生產的條件不能使大規模的換工遭遇困難所以現在僅能從小規模的互助小組着手

四、試驗工作方面　試驗工作應與廣大的羣衆及實際相結合

五、農貸方面　秋收前的農貸方針應注意解決缺乏口糧問題

华西实验区一九五〇年五月份农业工作报告 9-1-266（112）

63

中華平民教育促進會華西實驗區五月份農業工作報告

壹、工作情况

一、繼續進行羣衆組織工作：根據上月的經驗搞好農村組織是推動一切工作的基本條件所以本月工作的中心是以擴大和健全農民組織為中心其他工作都是環繞着這項工作來進行。

璧山專區梁灘河農業生產指導所繼續組織農民小組之後覺得各組雖能發揮相當力量但為了便于統一領導使今後工作步調整齊感到需要在各小組之上應建立一綜合性的組織以加强工作使能順利推進同時由於在結合征糧公債等中心工作中培養了一批積極份子創造了建立這个綜合組織的條件工作同志們掌握着時機便開始農民協會籌備會的組織工作以更進一步組織婦女小組青年小組及工人小組作為農會的骨幹和鄉保政權的武裝。

經過充分的教育醞釀及開會前的準備工作在農會籌備會成立時到會的農民異常踴躍在會議進程中先由工作同志有力的致詞以激動會場情緒再由籌備委員候選人和積極份子講演堅定農民的信心和了解組織農民協會的意義後才進行選舉此外還通過了典型訴苦及鬥爭惡霸等運動更增加了農民的階級覺悟與[illegible]農民協會的[illegible]

华西实验区一九五〇年五月份农业工作报告　9-1-266（113）

皆人民服務茲將各保當選籌備委員成份列為下表：

保別	委員人數	委員成份 佃貧	佃中	貧農	傭農	備考
1	9	6	2	1		有女委員二人
2	7	2	5			有女委員一人
3	7	6		1		同
4	7	4	2	1		同
5	9	5	3		1	同
總計	39	23	12	3	1	

在萬縣五梁鄉第三保的典型區內農民協會已正式成立以會員大會為最高權力機關下設小組委員會生產互助委員會防匪治安委員會及情報小組等四機構分別掌管連絡傳達生產互助防捕盜匪及偵察反應等工作自

华西实验区一九五〇年五月份农业工作报告　9-1-266（114）

既三以来表现出很大的成绩。

此外在璧陵大竹两个实验区方面也同样进行着类似的工作，例如璧陵实验区在春耕宣传工作中争取积极份子参加农民俱会为会员，大竹两个实验区除指导由农妇协会妇女会筹开会外，并经专署指定将大竹城南乡十三、十五两保划为工作范围，着重事业推广组织方面的工作。

二、收购小麦良种：上月中本区曾完成了良种小麦情形调查及准备和布置收购事宜，本月内即正式展开收购工作，并遵照璧山专署指示派员分赴璧山巴县江北三县协助进行收购工作，截至本月底止本区方面共收购良种中农二八号五二一一市斤，中农六二号四五〇二市斤，中农四八三号五八〇九市斤；协助政府收购方面计江北共收购二九五二八市斤，璧山共收购一三一五二市斤，巴县共收购八二七六八市斤，详细情形另文报告（见附件二）

三、贷放油饼：为了解决农民肥料缺乏的困难，改进优良品种的生活条件及保证贷出种子的农户，本区曾于上月完成了油饼的购买及运送工作，于本月初开始贷放，并且为顾到优良品种繁殖户及阶级路线——贫苦而需肥料的多贷，富裕而有肥料的少贷或不贷——的原则，计梁滩河农導所貸出二〇二九市斤（貸種農民一七八戶）合計共貸出四九六五九市斤。

四、推廣魚苗：　本區去年與鄉建學院農場合作繁殖魚苗十五萬尾除去一部份撥到本區同意由該場直接推廣與附近農民外其餘則分配與梁灘河楊家祠二農業生產指導所撥計梁灘河共領魚苗七萬尾除去中途死亡三五三五〇尾外實際發出三四六五〇尾楊家祠共領魚苗二萬五仟尾除中途死去七七八二尾外實際發出一七二一八尾共計貸出魚苗五一八六八尾。

五、檢查稻種實播數量：　繼楊家祠農業生產指導所之後梁灘河農業生產指導所也在指導水稻栽培方法工作中進行了由農民領種後播種數量的檢查，經兩次檢查的結果貸種數量為一六六·九五四七市石播種數量為一三八九·九五〇八市石播種數量約佔領種數量的百分之八四。

六、油桐繁殖：　本區於今年三月曾購買小米桐籽五五九〇斤又分配梁灘河及楊家祠兩農業生產指導所自行繁殖同時涪陵專區一方面是與涪陵縣農場訂約負責繁殖五十萬株萬縣專區一方面是自行購種在萬縣農推所繁殖因須準備冬季作物收穫後方能整地故播種時間似嫌稍遲截至本月底止尚有繼續在發芽出土者茲將各典型繁殖情況列表如下：

一九五〇年油桐繁殖情況表

华西实验区一九五〇年五月份农业工作报告　9-1-266（116）

65

地區	浸種數量	播種數量	播種日期	發芽率（成出土百分率）	出土株數	備考
梁灘河		四四三六九〇粒	四月二十八日至五月七日	八〇	三五四九五二株	
楊家祠	未報告不詳	三六四五〇〇粒	四月二十九日至五月二十四日	六〇	二八八七〇〇株	尚在繼續發芽
涪陵專區	一三六〇〇〇粒	七〇八三六九粒	三月二十日至五月二十七日	五〇	三五四一六四株	仍在繼續發芽並預備了植粒十萬枚保証完成五十萬株任務
萬縣專區	未報告不詳	四五〇斤	報告不詳	六〇	五〇〇〇〇株	

三、互助插秧：在插秧之前農民普遍反映着口糧缺乏的問題，更為插秧的工資及招待費焦心，所以涪陵大竹區的工作同志結合着具体情況，發動農民互助插秧，到為本月的突出工作，他們所用的方法有：

1. 組織插秧互助隊：如大竹區工作人員在農民自願結合的原則下，組織了插秧互助隊十二處，用等價換工秋後算賬的辦法解決了農民的工資困難。
2. 節約減少酒肉副支：[illegible]

示願意接受涪陵典型區的報導：往年插秧工資每天至少一升米，伙食吃四餐，早上一餐吃掛麵，其餘三餐吃大米飯，菜須搭豐盛，此外還有三道酒，每次有一个鹽蛋，一根麻花下酒，打牙祭每人需半斤肉，經過教育說服後，農民們自己減少工資，每天為四合米，牙祭肉每人二至三兩，酒每天一道，這樣節省了不少的浪費，并且他們表示「如果真窮就是吃麥子和小菜也要把秧子替人家插下去」階級友愛的精神已逐漸萌發、

(三)、互助借貸及發放貸糧、　涪陵典型區為了解決插秧的口糧問題曾開過借貸會議，力求避免硬派攤糧等偏差，以乾人應互助友愛為號召請有糧的自願的拿多餘的糧借出來，大竹典型區則請准專署撥發熟米三百斤，區政府撥發玉米八百斤，共計一千一百斤，經过農協會的討議貸與缺糧農民，這兩種方式对生產上發生了不少的作用、

八、菜餅肥效試驗：　楊家祠農業生產指導所征取得農户楊六清同意撥與他合作舉行一ヒ乂ㄴ坵丁式試驗小區面積為ㄹ尢乂ㄹ尢用下列四種不同的施肥方法處理：

(一)九斤新鮮菜餅加三斤石灰

(二)九斤霉爛菜餅加三斤石灰

华西实验区一九五〇年五月份农业工作报告　9-1-266（118）

66

（三）無肥石灰
（四）不施肥
截至本月底止觀察各種不同施肥方法小區中的水稻在生長上已有顯著的差異，詳細結果以後另文報告

九、水稻品種產量的比較試驗：萬縣典型區工作同志採收了本地的西南粘、秋府粘、湖南粘、香稻、白洲谷、沙弔子及西南粘早谷等七種本地稻種，加上本區推廣的中農四號、中農卅四號、勝利秈三種共十品種作以下兩種不同的比較試驗

（一）10×10的拉丁方格行試驗：每窩植稻八株以比較其產量
（二）區域比較試驗：每品種區為三方丈，栽三〇〇窩，每窩株數採隨機栽插法以比較其產量

十、調查農業概况：萬縣專署建設科組織了三個工作隊分赴轄區各縣調查水利、公路、農林概况，本區萬縣典型區特派出工作同志二人參加雲陽、開縣、萬縣、巫山、奉節的農業調查工作，詳細結果以後當另文報告

貳、總結

一、群衆組織方面

當前西南各級政府的中心工作是剿匪、征糧、生產，這三項工作要能順利的完成，任務要離不開群衆的組織工作，尤其是農民的組織工作更為重要，據全區工作同志的體會至要

（一）先深入調查研究了解具體情況作普遍實際工作的參考
對該地區內的階級成份土地分配情形人民的生活習慣積極份子的發現等都應當了解清楚明
瞭工作起來才有所依據譬如梁灘河農業生產指導所在組織工作之先對分子階級成份誰
知道那些人是可以依靠的那些人是應當團結的那些人是該隔離的了解了農民不願意白
天花費他們的工作時間就決定了夜間開會的辦法這些都是使該所組織工作順利的開展
（二）結合具體事實進行說服教育培養積極份子起帶頭作用並經過適當的鍛鍊
造工作的條件之貧苦的農民在數千年封建剝削的殘酷壓榨下造成了保守多疑及散
漫的特性加以奸人從中挑撥最容易被人利用而不願意接受進步的組織（只有真正明白組織
的好處後便會積極起來發揮出高度的力量所以在進行組織之先必須考慮怎樣創造這
些條件才能使農民覺悟程度提高接受工作同志的意見切忌在時機未成熟的時候生
的組織起來結果農民根本不了解組織的意義不是持予也表現混入不良分子給順利的推進
工作還會起相反的作用
（三）組織成立之後應該注意如何去充實和健全它更須根據事實需要及結合當前的中
工作充分的發揮組織的力量
二、良種推廣繁殖方面
本區今年三月推廣給農民的優良種子因時間過促準備工作做得不夠例如對各地

华西实验区一九五〇年五月份农业工作报告 9-1-266（120）

67

壤性質與良種是否適宜的情况不甚了解各種良種的特性没有詳細的向農民介紹造成未能達到全區全種的目的為明瞭各項良種的繁殖情况檢查工作實屬必要我們希望在没有進行檢查工作的典型區應該把這項工作立刻進行起來。

經過檢查和估計不能完成任務的地區應多作技術上的指導如作好除草薅秧施肥等工作以資補救。

為了保持種子的純度去劣除雜工作應把握時機及時進行最好工作同志們多從教育工作上下工夫把田内去劣除雜的方法向農民講解并通過農民協會保證把這個工作進行徹底。

目前農民已有怕收購時價錢低廉怕搬運麻煩怕缺口糧等反應工作同志可參致此次政府收購小麥的指示[illegible]向農民[illegible]辦法以利工作。

三、互助換工方面

西南解放不久具有農民覺悟不够組織尚未健全土地使用情形極為零碎及農村剩餘勞動力太多等不利的因素使大規模的互助換工遭遇困難所以目前的工作僅能從小規模的互助小組着手并須在自願等價的原則下進行絕不應含有強迫命令的意味喪失了互助換工的本意。

四、試驗工作方面

農業試驗工作須注意與廣大羣眾結合因為[illegible]

條件深入的觀察和詳細記錄這樣得出來的結果才有實際應用的價值

三、農貸方面

據許多農民反應口糧問題甚為缺乏所以我們以為在秋收前農貸的方針應着重在口糧問題的解決上因為農民有了口糧對除草中耕施肥等工作才會注意而對保持一九四九年生產水平的任務始得達成。

华西实验区六月份农业工作报告 9-1-261（74）

37

中華平民教育促進會華西實驗區六月份農業工作報告

工作項目

一、發動與組織勞動力
二、繁殖耕畜家畜
三、興修水利
四、增施肥料
五、防治病虫害
六、推廣優良品種
七、農業科學調查研究

本區因鑒於各項農業工作必須通過群众始克奏效，所有各典型區工作同志均在當地政府一元化的領導下進行發動與組織勞動力，提倡守信原則，互助换工，兹將各典型區六月份内此項工作進行情况摘要於後：

一、萬縣專署典型區：組織生產互助隊：在典型區内組織了五個生產互助隊，每隊由一積極份子領導進行換工辦法，白天工作，當天晚上登記工作時間和耕地面積，既又可減少農民開支，每人每日工資六合斗米並供伙食，有啥吃啥，绝對不許另外浪費，各組工作提出競賽，工作效率因而提高，平時約需十人的工作現在八人即可完成。

二、大竹專署典型區：該區除整理農會吸收新會員入會外，並發展新互助組，在十三保地區既以前臨時的換工互助隊為基礎改組了兩個新互助組，據查互助換工的情况如下：

舊有互助組：四組　共互助八十一天　參加互助二十三人

新有互助組：一組　共互助　十六天　參加互助　八人

合　　計：五組　共互助九十七天　參加互助三十一人

三、梁滩河農業生產指導所：十五個保共有換工組三十七組五二〇人，他們都在自願兩利的原則下組織起來的，截至六月底止共換工三九〇七五個，其中有我們將

华西实验区六月份农业工作报告　9-1-261（76）

38

務的情況：即六保農民小組組員薛明星、高光發和姜銀山都是個貧農，因病缺乏勞動力，該保換工隊共動員了六十六人，用一天的工夫替他們中耕除草。另一個是該保八甲農民小組組員陳大華，亦因病無力僱工，換工隊六十三人，費半天工夫替他把秧薅了，而且都是不取任何代價的。此種協助互助和友愛精神，令人感動。

貳、繁殖耕畜家畜

一、楊家祠農業生產指導所：

(一)養猪及耕牛調查——城北鄉第六、七、八保共有耕牛一〇六.五頭（有少數農家因為養不起耕牛，只好同另一户農家合養一头，故上項調查數字有〇.五头，即半隻的意思），母猪八一头，閹猪（飼養作肉用的）二三三头，其中有第六保第十一、五、八甲因調查未完，數字尚未計入。

(二)繁殖約克夏雜交第一代——本地農民飼養母猪未與該所約克夏公猪配種者六头，其中有一头母猪因体瘦未能配上。

二、梁灘河農業生產指導所

(一)家畜調查：附巴縣鳳凰鄉第一、二、三、四、五保養猪調查統計

保別	一	二	三	四	五	合計	
头數	一八一	一五八	二〇三	二六〇	二〇七	一〇〇九	其中有母猪八三头，公猪四头

養猪二四八头，一九五〇年為二〇六头，以數量上計較去年少四二头，減少百分之十七，以質量上而言去年二四八头中以肥猪為最多，今年雖有二〇六头，但小猪較多。據農民的反映，其減少的原因為：

1. 農民缺乏口粮，無粮食餵猪，
2. 部份農村副業停止，如醋房、粉業等減少，養猪数甚多。
3. 解放前養畀散甚多，
4. 養猪無利可圖，肉價低，刀本貴（殺猪工資），再加上屠宰税，所餘無几，據該所調查一〇〇斤的肥猪，農民辛辛苦苦飼養的結果，除付刀本上税等外，僅可得五〇斤肉價，所得買不到壹市石米，如果再加上人工飼料等，當然是無利可圖了。

有了以上幾种原因，農民養猪少了成一般現象，這不僅是農村副業的單純問題，而且也是肥料缺乏減少農作物的收益的一大原因，這是一件應当引為重視而急待解决的問題。

一、家畜防疫：該所工作區内發現猪瘟，即邀请川東行署獸疫防治隊張毛同志前去渠（合川）灘河畜牧工作人員施行示範預防注射，其預防注射的头数如下表：

39

保別	一	四	五	本所	合計
頭數	二三	一五	三	二	四三

叁、興修水利

本區爲配合農作物品種之改進，保證栽培作物不致受到天旱雨澇之損失，特況需要修建農村水利，專設水利組，下有水利工程隊及測量隊之設立，現行已爲修建梁灘河渠道之蓄水工程，有關水利工作，水利組另有專門報告，茲不贅述。

肆、增施肥料

（一）梁灘河農業生產指導所——該所有見於農村中肥料缺乏，爲農村中生產工作之一大阻礙，除在本年五月份貸放油餅二八六三〇斤外，並積極督促農民多集肥料，多施肥料，曾作以下兩項具體工作，

（一）作物施肥：指導農民多施肥料，本稻田方面，上了一次肥的有四九四戶，上二次肥的有一七七戶，上三次肥的有五一戶，因爲田肥沒有上肥的有十七戶，高粱大多上过一次肥，包谷已上过三次，紅苕正在施肥，尚無統計。

（四）集肥工作：該所曾以鳳凰鄉第三保爲典型調查，農民二四〇戶，集有蔴豆

华西实验区六月份农业工作报告　9-1-261（79）

二八八挑，鋪晚土五四〇挑，另購菜餅一四五八挑。

二、除梁滩河之外，其他各中心區亦同時辦理，使農民充分了解多施肥料增加生產不僅是個人的收益增加，同時也是國家財富的增加，所以各地農民對於多施肥料及堆肥工作頗為努力，惟目前肥料缺乏，單從堆肥來解決殊非易易，唯一有效办法在如何能使農民多養家畜。

伍、防除病虫害

一、大竹興隆著典型區：

(1)召開生產技術會議研討各种虫害防治方法——先由農民報告目前有些什么虫害正為害那些作物，以用什麼方法去防治等，農民报告该区有黑春象鼻泥虫、玉米鑽心虫、稻苞虫及螟虫等。農民認為螟虫的發生乃天雨太久又没有晒秧撒成的原故，只要把晒田水放去太陽一晒或西風一吹虫就没有了，農民仍然存在着嚴重的迷信思想。農民報告之後，继由工作同志介紹各种虫害的生活史、為害的方式、受害的嚴重性以及防治的办法等，其對螟虫一項介紹尤為詳尽，希各農民①集殺卵塊②用人工捕殺螟蛾③拔除枯心苗等工作，並針對農民迷信詳加解释，使農民了解科学不致存在着靠天吃飯的思想。

华西实验区六月份农业工作报告　9-1-261（80）

40

（二）實地防治工作

甲、砒酸鉛殺青虫示範：典型區內菜叶青虫甚為嚴重損失達80%經選定農民林達聖曾茂廷等十餘戶用05%砒酸鉛溶液噴射經噴射之後虫害業已絕跡一般農民均有充分認識並繼續推廣中

乙、提倡用土法防治玉米鑽心虫該區玉米鑽心虫甚多農民將被害的玉米以原株葉子抱住已經叙末如此鑽心虫即死去被害玉米則自側芽又開始發芽生長此種土法相當成功因以盡量提倡使農民普遍採用至其捏死鑽心虫的理由尚待研究。

丙、鄰水縣的治虫工作：鄰水縣發現玉米鑽心虫及水稻田的負泥虫當工作同志由大竹前往防治時鑽心虫已成過去未及防除至負泥虫的防治法係利用農民土法卻很有效。

1、以茶叶及煮骨頭水潑在秧苗上

2、用麻油桐油充分攪拌後細佈在秧苗上

3、用竹片刺秧田內將幼虫趕到水裡去

二、萬縣專署典型區：因今年雨水太多螟虫及青蝗為害水稻而勝利秈之抵抗力又極弱被害甚多有的地方稻熱病亦同時發生了工作同志遇即指導農民減少田

（一）螟虫防治——在该所五個保內水田面積受害程度約為10%發動農民拔除枯心苗共計拔除六六二〇〇株拔除之後即將躲在其內蠶食之螟虫幼虫殺死以減少其繼續為害

（二）稻苞虫防治——指導農民以手捏死的虫子有一六六〇〇〇株

（三）玉米螟防治——指導農民拔去受害植株計拔去四，五〇〇條

（四）水稻下端——病害程度甚為嚴重約佔水稻面積12.8%據農民反映受害原因係以㈠去年乾了板田㈡泥脚太深曱冷浸㈢雨水太多三種原因所致其防治辦法如下：

甲、施用石灰馬糞等熱性肥料

乙、栽灰秧即揷秧拌灰

丙、晒水：將稻田放乾使秧苗生長健壯減少受害程度

田、稻家利農業生產指導所——該所已發現螟虫為害工作同志一方面作螟虫生活史之研究另一方面宣傳製破除農民迷信指導農民及時拔除枯心苗

陸、推廣優良品種

（一）涪陵專署[illegible]

华西实验区六月份农业工作报告 9-1-261（82）

41

一、優良品種栽培檢查產量估計及特性反映

甲、檢查結果

品種名稱	領種數量	實播數量	估計產量	備註
中農三十四號	三二三斤	三一九斤	八七、五市石	
中農四號	三二七斤	二九一斤	一四〇、〇市石	
勝利秈	三二三斤	二〇〇斤	六九、〇市石	
合計	九七三斤	七二〇斤	二九六、五市石	

本稻播種量為70%，有30%未播，有的農民因鼠害根吃掉了，另一部份是對於種子懷疑未敢全部播下。

乙、農的反映：一般的農民都一致認為以上三種優良水稻生長尚不弱於本地品種，其中有農民彭登雲、田華云都說三十四號的秧苗卻已是白的像糯谷樣，不倒伏，對於各項品種的產量因未屆收獲期都說不敢斷定。

（二）萬縣專署典型區：

指導借給優良稻種農民注意搞秧除草及去雜除劣，號召農民保證搞好良種繁殖，現已插秧二塊。

（三）梁灘河農業生產指導站

為了搞好生產工作及保證完成繁殖優良種子的繁殖，可曾於六月二日召開生產

(一)發各繁殖户進行中耕

甲、水稻——已薅過秧的有二次，少數已到三次，連除草人工在內，五保計共花人工一三七四九個，普遍施肥最少一次，有二——三次者

乙、南瑞苕——扦插早的已薅過一次，有至二次者，尚有繼續扦插者

(二)對於繁殖户防治病虫害、施肥等工作積極重視，已如前述，茲不再贅

柒、農業科學研究工作

本月梁灘河及楊家祠兩農指所的農業科學研究工作，除一般試驗正繼續進行尚未屆總結時期外，其餘多從事於調查工作，茲主要將各地調查工作摘要列後

一、涪陵典型區：農業生產情況調查（附表一、二、三、四）

二、大竹典型區：水稻及瑞苕生長情況調查，每半月一次，但以資料不全，俟下月發表

三、萬縣典型區：會同雲陽、開縣、巫山、奉節等四縣之農林調查，調查內容計有(一)地理情況(二)普通農作物病虫害(三)現有優良品種及其推廣情形與當地之適合性(四)典型農田灌溉情形(五)特種作物之調查與前途估計(六)森林之調查與各地護林造林砍伐情形之了解(七)對土壤與當地耕作方法之分配(八)災歉情形(九)各縣農林機構與農業學校農業人員情況之了解

37

华西实验区七月份农业工作报告　9-1-261（2）

中華平民教育促進會華西實驗區七月份農業工作月報表

一　業務部份

工作項目　原定佈置及工作推動情況

一、大量發動勞動力

1.梁滩河農業生產指導所：

（甲）發動農民組織夜巡隊保護莊稼使全區農產品在將收穫期內未受一點損失

（乙）號召農民及時對紅苕作中耕除草翻蔓等工作總計五保内第一次中耕除草的有八八九户翻蔓的有六七四户第二次中耕除草的有三七六户翻蔓的有一九一户第三次行翻蔓的有八五户

2.楊家祠農業生產指導所：協助城北鄉公所籌備六七八三個保的農民協會以為將來發動勞動力的基礎

3.涪陵專署農業工作組：將優良稻種繁殖户組織成勞動互助小組進行去劣除雜的工作

4.大竹專署典型區：發動農民及時作除螟蟲第二次秧除紅苕豌豆草收穫玉米及割第二次青蔴等工作

十一次并請门東衍署獸疫防治站工作隊來此共同進行預防注射計共注射三二隻

三、興修水利　梁灘河農業生產指導所本月内動員群衆約費了三百個工把渠道崩潰及漏水的地方補好并放水灌溉範圍七千五百市石

四、增施肥料　楊家祠農業生產指導所利用農協開會時間提倡割豆留根以增加土壤中的氮肥部份農民已在實行

五、防除病虫害

1. 梁灘河農業生產指導所發動群衆拔高梁黑穗共計拔去病株七八、七四七株用火燒及喂牛方式處理之

2. 楊家祠農業生產指導所工作同志發現八保九甲農民廖滿云的田裡有蝗蝻，立刻率領農民捕捉將八〇〇多個蝗蝻悉數撲滅使未能蔓延。

3. 大竹壽署典型區　將治螟工作列為本月中心工作有計劃有組織的發動農民捕殺螟蛾，卵塊等共計捕殺螟蛾六二、一五〇個採集螟卵一、一三〇塊拔去枯心苗一二二五斤（每斤約一五〇至一五〇〇株）捕得青虫三二五〇〇條

华西实验区七月份农业工作报告　9-1-261（4）

青虫卵一〇五〇〇块

六、對推廣優良品種方面

1. 為了保護麥種本月已進行第三次翻晒工作

2. 梁灘河楊家祠兩農指所均召集優良稻種繁殖戶開座談會交換收購水稻良種意見并佈置去雜除劣等工作

3. 涪陵大竹兩縣三典型區也召開了良種繁殖戶座談會號召農民學習辨別良種及做好去雜除劣工作各地農民對良種反應很良好且認為政府的收購辦法合理表示擁護。

4. 楊家祠農業生產指導所檢查稻苗株數的結果算出發芽率為百分之六四、七五共有稻苗二三五九二〇株其中壯健幼苗有一八八七六〇株

5. 梁灘河農業生產指導所檢查南瑞苕栽培密度計調查農戶共二七四戶栽種密度為一五〇六九四窩估計可收南瑞苕一二〇〇〇〇市斤

6. 為縣典型區進行調查稻苗除草工作經過十餘日的

7. 涪陵专署农业工作组接洽烟苗已收四九七亩种已由涪陵县人民政府召开了座谈会决定了推广的区域及办法

七、农业科学研究工作

梁滩河扬家祠两农业生产指导所及万县典型区对原有水稻及肥料试验工作继续作田间观察及记载

八、农业调查

A.梁滩河农业生产指导所：

甲.耕牛调查 总计五个保内共有耕地面积二五三五二亩市石耕牛二四二·五头平均每头工作面积约为一〇五市石可知该地区耕牛并不缺乏又解放后耕牛数较解放前增加四头

(乙)养猪调查 计本年六月份五个保内共有猪一一四七头七月份则有公猪四〇头母猪一四一头仔猪三一五头小架子猪六九七头大架子猪二五〇头总计有猪一四〇七头较六月份增加二六〇头增加的原因为：

一、群众接受了生产会议一养猪集肥的号召

二、母猪新生小猪

三、由本月份饲料较多、

华西实验区七月份农业工作报告 9-1-261（6）

3

四、農民多賣去大豬換回小豬

五、屠宰稅減低肉價較高提高了農民養豬的情緒

丙、塘堰調查：總計五保內共有塘五八口共可灌溉田三六〇三市石其中需要修整的塘有四四口

丁、替中央農業部王若壬同志作二十户農家的作物面積產量人口土地牲畜家畜農具收支盈餘等情況的調查。

２、楊家祠農業生產指導所：

甲、替王若壬同志作與梁灘河農指所相同的調查

乙、協助璧山專署城北鄉工作隊完成了大七八三保的農地典型調查以為將來征收農業稅的參考。

３、涪陵專署農業工作組：作租佃關係調查得出了地主剝削農民真實情況

４、大竹專署典型區：曾作了優良水稻南瑞苕與本地稻苕的比較調查（限於篇幅結果另作專題報告）

二、組織領導部份

害防治工作方法也是通過[illegible]在自[illegible]以獲得了比較好的成績工作的效果在有形的方面是除去不少的病虫保護了農作物的生長無形的方面為打破了農民迷信靠天的觀念并对農業科學的智識也有了更明確的認識和實際的應用

2、本區推廣的優良品種比本地品種雖已引起農民的深切注意及提高選種的興趣如梁灘河農指所轄區鳳凰鄉第二保農協會本月曾舉辦了農產品及手工業產品的展覽會他们把一尺長的玉米三五斤的南瓜一斤半的茄子和兩尺五寸長的豇豆拿出來展覽并交換了許多選種栽培的經驗

3、本月的農業調查工作各區都很注意足証工作同志们已認識到農業調查对農業工作的重要

二、檢查缺點

1、在稻種推廣時期对種子雜劣程度究竟如何未加注意以致誤信農民認為雜劣程度過高的反應不敢向他們解釋和保証實際上經檢查的結果雜劣程度僅百分之一左右

4、其他的實驗工作影響了各典型區農業工作的進行，例如楊家祠農業生產指導所為了完成農業稅的調查工作使放鬆水稻的準備工作發動較遲。

5、有些工作不够深入，例如大竹典型區農民找尋螟虫卵塊時誤將草虫花蜘蛛的卵塊除去了三百多個，工作同志方發現，如能預先留意告訴農民當不會發生此種錯誤；又如涪陵農業工作組對推廣水稻的檢查工作也做得不够，一直到放鬆時才發現有關種量與播種量相差很懸殊的情形。

4

三、總結經驗教訓

根據幾月來在工作中的體會，可以說凡是工作收效比較大的都是農民有這種需要再由工作同志們加以組織領導，由他們自己來幹得出來的，因此我們覺得做農業工作的應當深入到農民的思想和生活中去，了解他們現在想的是甚麽，有什麽困難，從而在現有的技術基礎上去設法解決，這樣他們才會慢慢的感覺到這是自身的事情，才不會覺得農業工作人員僅僅救濟他們而此今後應當在如何讓農民能自發的起來熱心對農業生產的工作上去努力從而慢慢輔導他們培養他們使他們能夠慢慢的提高一步這樣的作法才能收效這樣的工作才能生根。

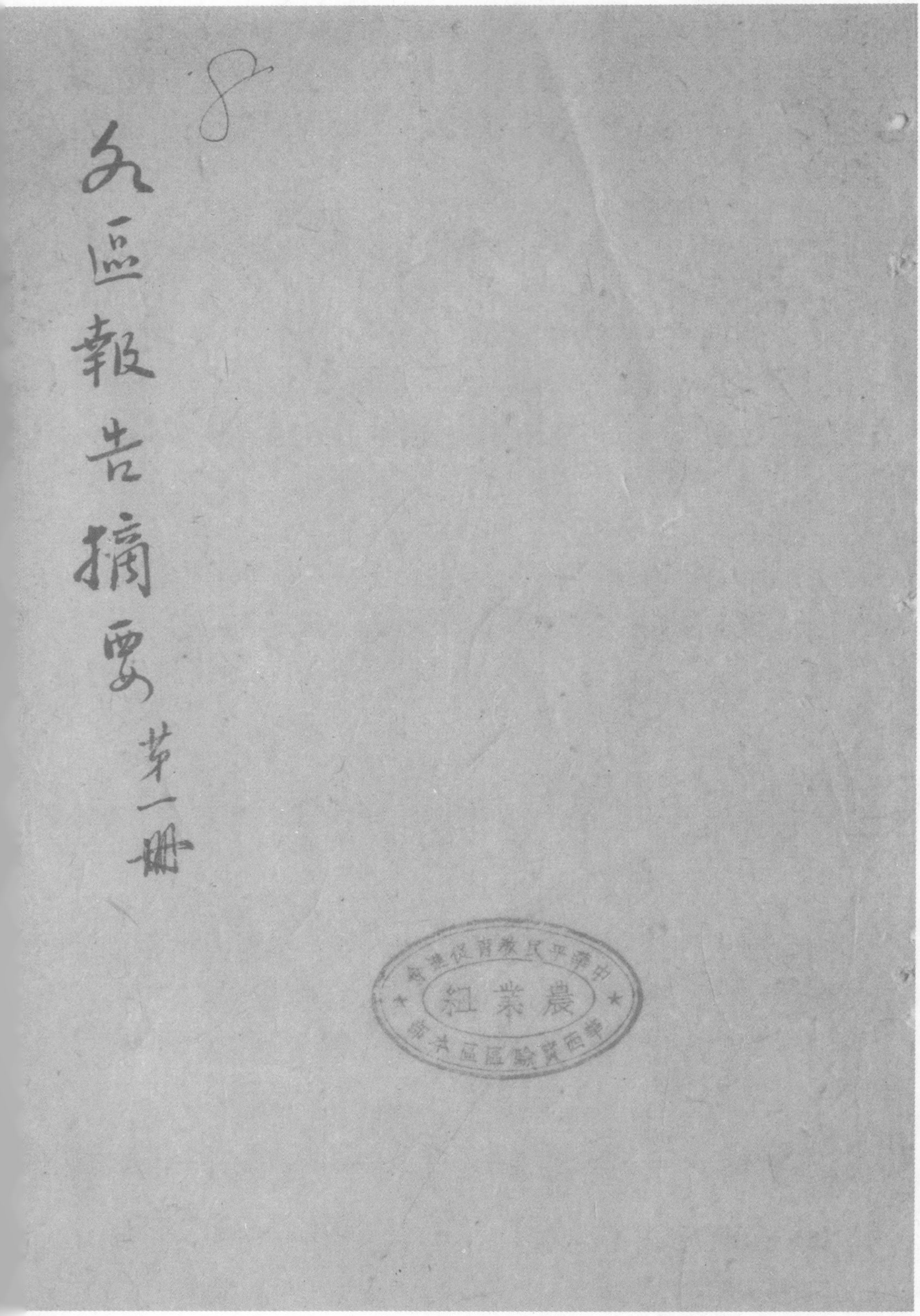
8

各區報告摘要 第一冊

中華平民教育促進會
農業組
華西實驗區區本部

华西实验区农业组各区报告摘要（第一册） 9-1-113（10）

华西实验区农业组各区报告摘要（第一册） 9-1-113（10）

华西实验区农业组各区报告摘要（第一册） 9-1-113（11）

9

巴二区，王秀斋来函：桐籽不纯正，已开始育苗。关于猪瘟防治设备器材无，请（事）是由总处发借器。（四月四日）

巴三辅导区第四次辅导会议纪录（9.3）——欧阳烽报告桐苗稻种及蔗种登记报告表应即填报。特约农家办理，负指导责。

乔、胡辅导员报告——特约农家共有八家，各蔗种已分别配发推广。

姚、程、钟辅导员报告——（三月卅一）农业方面注意选种，推广养鸡。四十六。

璧山第二区第八次辅导会议纪录——中农四号稻种一百四十市石，大六分配卅市石，福禄十市石，梓潼太和各卅市石，丹凤三教各廿市石。

运力：已成立农社之学区由社负责分配，未成立组社者由乡民会保甲（依）

或派民工擔運、民教運費参考叁仟元作数大兴鄉推廣繁
殖站各表證農民免運費。③ 各農民兼照規定所需要用數目
繳甲、前各書借撥於九个月後加二成返谷。④ 各鄉於三月廿四日
派力伕到指定地点担運　　三、廿一、

巴县第七輔導区白市鄉二月份工作月報——環境認識 ① 全鎮28
保、279甲3383戶、② 文化低落 ③ 主要農產稻麥高粱菜籽副業織
布養豬傭工礦產煤油、石灰岩、土產粮鴨 ④ 地理交通四面環山、⑤ 不
甚重新兴事保守性強。
合谷鄉：土質尚屬肥沃、三面係為山地其餘均屬平原。
龍鳳鄉二四 地形境内除堡卯數綴其間外，尚多稻田坡土，土壤係属白

华西实验区农业组各区报告摘要（第一册） 9-1-113（13）

10

土地新成红色土。（四）物产以稻麦为主，其他杂粮亦出富，西山的岩炭、煤。
（五）物产产量亦丰。龙滩溝、高岩滩等亦以土法开採煤矿。（三）耕种
为主业，饲猪、养鸭、制衣、草鞋为副业。

曾家乡：二（一）主产稻麦胡豆、高粱，副产养猪鸭、打草鞋。（二）西山煤矿等
本乡松、西山有二三石灰厂，一纸厂，草鞋厂。（三）东为石谷子山坡，西有
西以南北方平原间有小坡，为产稻域。

巴六区迎龙乡：二、东桥口之水碾若果建造小型水利，以后可发电，又利
灌溉，又可碾米。

惠民乡：二（一）黄桷地区平坦，土壤肥沃，仅距场十里。（四）黄桷场设置造纸费
是否可由本会拨借。（三）苗木种子请求拨给优良纯种。

华西实验区农业组各区报告摘要（第一册） 9-1-113（14）

巴四区沧白乡：於麻柳乡四六两保内成立推广繁殖站，以学
农者为基干队员，已播种向中农所领下之胜利秈水稻外，
现更向各方索取各种农业优良品种，以资推广及试种。
双河乡：三月廿八领回胜利秈种大市石，洛依本乡三民教主
任领稻下乡转发各优良生产农民。
沧白乡何俊彬：自区奉令通知后即赴北碚领取水稻及桐种，
除桐种因事实上之困难无从领取外，领得胜利秈六市石
六斗，本乡分配七老牙给农民，其余按各乡面积之宽广
分别交由该乡辅导员负承领转发给农民播种。
[illegible]盛乡：本乡领到胜利秈一市石五斗，刻已分发各农庄。

华西实验区农业组各区报告摘要（第一册） 9-1-113（15）

因面積太大，稻種太不夠分配、

滄白鎮：本鎮領勝利秈種式石壹斗已分發下鄉播種，感到太太不夠分配、

麻柳鄉：六市石六斗勝利秈稻種太少，不夠分配、

巴二区兴隆鄉：本鄉運到桐苗二萬伍仟株，並刻通知保甲長吳欽甫轉發農民，並由各民教主任下鄉，當時栽種方法及散發各種有關書籍，並登記領栽數目，此次配發太少，不夠敷用，每戶僅能領八株、

巴一区、刘懷欽報告：南瑞苕已領回一千市斤分發社員、

簡主任談話：桐苗於二月廿日前各鄉前往運領、運配办法各鄉自行擬定總計，各鄉分配數字青木五千株、鳳凰一萬

歇馬、興隆、蔡家、虎溪、土主各一萬三千株，但沿河灘河各鄉

應由各鄉輔導員督促教主任確實調查及登記，呈報後再行

核發。

巴一区第五次輔導會議 — 請區分配紫雲英草帽原料貸款

及肥料貸款

巴一区城東北一、二月份工作報告（吳時敏）廿六、往北碚搬運桐苗回

萬株分配璧山全區，其苗種株株矮小，成活率較小，運其他區鄉

不如自行育苗為善。　二月。

璧三区　二月份工作報告　來鳳鄉　農業生產繁殖站即設四道街本

鄉。廿六日即展開工作，中農34號4號稻種以及南瑞苕運到後

华西实验区农业组各区报告摘要（第一册） 9-1-113（17）

12

至即向农民宣传推广，因运到时间太晚，稻种只推广一石八斗，
菌种二百斤。（三月）

来凤乡：余学报告㈠ 四、二 农业生产合作社未成立，故由机织生产合作社负
领桐苗分发各自耕农社员，计大青杠社分得一千余株，桂泉庄社
分得三百余株。㈡、稻种二月廿六日始拨得，因太晚且种不太纯，故农
户借者很少，仅第六保农民借去三市石。四、二

中兴乡：邹墙木 三月廿六到区与乡监发中兴、正兴、鹿鸣三乡
配发谷种。 三、廿一

龙凤乡 高西宾 ㈠ 本区未成立农业生产合作社，桐苗分配不适
过区成立之机织生产合作社，而且社员因已有土布 ㈡、稻种拨下因晚

华西实验区农业组各区报告摘要（第一册） 9-1-113（18）

未如期推廣。三·卅

中興鄉馬沛然：推廣中農廿號稻种中興25石，鹿鳴15石，
正興45石均熟必須被取攜。四·一

璧六區三月份工作座談會紀錄——推廣中農四號稻种本區
共發30市石，由劉文明負責赴北碚領運，於三月廿五日起由八塘除
繁殖站八市石外，依鳳五市石，八塘五市石，七塘、臨江、轉龍各
四市石，以後收回一市石還一市石一斗

璧六區三月份工作報告

八塘唐有閒 三·卅一
本區分得中農四號稻种五市石，分由農校學生領
給各河嘴處學生播种，各學生對稻种感興趣，因此地此种未經

13

木种植、

七塘学区 四·三 中农四号稻种配发数为四市石，本乡中途停止，仍由民教
学区有二区队卫甲外共有两保零三甲，其配发数，一学区一市石，四
学区三四保为一市石，五保为二市石，配发前先向民教主任、保甲长
说明稻种之优点及其借贷手续，后由借贷人出借据后领稻
临江阳振业 四·四 中农四号优良稻种经学区送八塘设分发数者本乡
分得4市石，第一学区二市石，第三、五学区各壹市石，由民教主任
分配给自耕农45佃农、
依凤贾文宪 三·廿六 三月廿二日赴第四保召开甲长会议选出表证
农家十户，三月廿三日召集民教主任，分配中农四号稻并解释

华西实验区农业组各区报告摘要（第一册） 9-1-113（19）

其他性、

北碚办事处第六次辅导会议 四月十五日、

陈主任报告：①猪种繁殖以母猪为主，各乡镇速拟计划，以便贷款、预算切实、地点为示范附近②母猪贷款北碚可贷二千头第一期可贷五百头、由八乡镇合作农场供销处贷（每一合作农场供销处六至廿头）③公用耕牛贷款饲养费以田纳多少分担一年饲一年、全区可贷七百头由农场供销处造申请书贷、④推广水稻中农34号、胜利秈应予补助，成熟后予以收买播⑤农田水利贷款、⑥扶植自耕农贷款尚待商议、⑦生产比赛先由乡镇比赛再由社商决赛⑧病虫害防除可雇用砒酸铅、防止螟虫、

⑨推銷肥料、骨粉、噴霧器、噴粉器均備，就各鄉鎮示範(?)應用
派人來收購南瑞苕(?)各鄉鎮分別提集(?)
澄江鎮 劉敬群報告 三月廿日——①春季主要作物比賽及小麥黑
穗病之防除 ②蔗種(?)品在本鎮參加農展會各優勝農户 ③優良品
種之掉換 以獲頭斗掉換新種一斗方式共換中農4號七老斗(?)[illegible]
烏蘭(?)五老斗、勝利秈五老斗 ④本鎮去年共收獲南瑞苕七〇七七(?)
九斤，由農家自行掉換一六二一三斤，已於本月份全部下種 ⑤肥料
之製造 發動各鄉鎮農家利用廢物製造堆肥 ⑥發動各學校植
樹，于植樹運動向農林部領回樹苗二萬六千株，本鎮分配柏樹
四千二百株、女貞一百株、桤樹三千、白楊一百、吳蓮(?)卅、杉樹二百、

华西实验区农业组各区报告摘要（第一册） 9-1-113（21）

澄江镇冯林楷填报三月〔①〕小麦黑穗病之防除，于保甲会议时解释黑穗病之为害，并指导农民剪去病株 ② 指导农民制作堆肥 ③ 选出学校近之示范农家试种川大二二一下玉米一市斗，每经一周有生长状况之记录 ④ 本区稻种以中农卅四号为最合宜，由农民自行掉换 ⑤ 蚕豆产量之比赛，以鼓励方式选有农福等之蚕豆而作，将来收获后做比赛

文星乡 三月廿一日詹正性填报——① 换种优良品种 ② 合作农场编贷款预算书，因贷放实物，不受场员对此怀恐惧之心 ③ 防除小麦黑穗病 ④ 利用荒山空地种植各种树苗，如桃、梨、核桃、桑 ⑤ 培植鱼苗，将鱼卵放于孵化池，待稍长大分与合作农场

銅梁、

朝陽鄉 三月廿日蘭瑞璞填報——①農推所分發樹苗於本日即分植本區（十、十一、十二、十三、十四保）共植4736株，內中4437為柏樹，319松樹、②川大201、211為川大農藝系分發至北碚已播種 ③運桐苗至合川碚玉山

本鎮共運393076株 ④防除小麥黑穗病

文星鄉 三月廿日楊公驌填報——①鄉學化奥苗 ②擬造種猪繁殖場貸款預算書 ③植樹造林 ④防除小麥黑穗病

北碚 四月十五日蔡芝生填報——①草擬合作農場業務計劃并辦理貸款事項 ②農貸會分配噴霧器噴粉器廿个、砒酸鉛貳仟磅 ③推廣象草八百株 造林苗木二萬五仟株 繁殖奥卵110圍

华西实验区农业组各区报告摘要（第一册） 9-1-113（23）

北碚四月十五日[illegible]——①伏澄江鎮農民推換中農四號勝利秈及鈉象蘭稻種、②赴各鄉鎮視察川大211號玉米發芽情形
③草擬優良稻種繁殖津貼辦法，全區鄉鎮有二百畝地，每畝地予津貼人工米四老升及肥料廿七斤
白廟鄉何[illegible]校填報——麥農推廣實驗玉米五角樹苗審評叁佰株
麥冬芽區奥苗76束
龍鳳鄉三月四日周道璇填報——①放置奥苗、②防治小麥黑穗病
③指導農民作新式秧田、④推廣優良玉米、川大201玉米兩斗、
⑤試植林木
朝陽鎮四月五日衛選森填報——①造林示範林 ②防除小麥黑

华西实验区农业组各区报告摘要（第一册） 9-1-113（25）

16

穗病③、製造堆肥④、小麥產量比賽登記

金剛鄉 四月五日黃繼康填報——①、放魚草、②拔小麥黑穗病、

黃桷鎮 三月廿一曾月秋填報——①植樹5408株 ②育苗22000 ③擬推廣草

④推廣川大玉米一千斤 ⑤防除黑粉病

澄江鎮 四月十五羅斌填報——①放置魚苗 ②推換優良水稻品種、③防

除小麥黑穗病 ④、製造堆肥

黃桷鄉 三月卅日曾學楚填報—①植樹5408株 ②取魚卵孵化、③防

除小麥黑穗病

二岩鄉 四月十三日常隆琦填報——①、促稀魚子、②植樹 ③增設堆

肥 ④繁殖養豬場

华西实验区农业组各区报告摘要（第一册） 9-1-113（26）

璧十區 二月份工作報告

大興鄉 三月廿一日杜傑三填報——籌組農業生產推廣繁殖站

本月廿七日約集于本鄉衛保附近之佃農及自耕農十餘家

講示範農意義、

工作問題及工作經驗——各种經驗表證明之優良品种尚少紛

自己作比較試驗之品种據定且經趕上農業之季節、

丹鳳鄉 綜實區——本鄉分得桐子一千零五十棵 推廣中農

四號稻种八市石

區主任處另推廣中農四號稻种加二成送似太高

梓潼鄉 戴集成——四月五日 中農四號卅市石 與各合作社社員

华西实验区农业组各区报告摘要（第一册） 9-1-113（27）

人数之多少成比例分配，六七保分配十市石，十二保八市石，三、五保各六市石。

璧山四区健龙乡 三月七日五保民填报——二月廿派民教主任鲍俊良赴区办事处承领小米桐苗九百株分配各自耕农户及佃农栽自承领

广普乡 三月廿五日况登沼填报——本乡分配小米桐三仟株，俟因少农所未送齐，故只领到一仟，先以导生优者分配，以利用留地种植。

定林乡 四月廿日张毅华填报——① 本乡领麦桐苗一千株分配各学区各一百五十株，供导生栽培，余由各保长领转发各农

户或利用公地耕植。㈡推广中农四号稻种，规定每保选出

十二户自耕农，本乡共选出卅六户，每户领种六市升，共

计领稻种廿一石六斗。

健龙乡四月五日王儒臣填报——规定每保选十二户自耕农，做

每户六升，但因播种时间已过，本乡共领二石八斗，共十六户。

丁家乡三月廿一日王德伟填报——因时过，当利不高，农民已不接受，

加上种子不继，乃停止推广。

工作问题及工作经验：㈣关于推广稻种，最要先作试验，以免

失收，而失信于农民。㈤繁殖站一人，恐无成效。

璧山四区 二月份辅导会议记录（二月廿六日）

华西实验区农业组各区报告摘要（第一册） 9-1-113（29）

推广小米柑苗陆千株，计广普、丁家、马坊、三合、定林、健龙等六乡合作配一仟株，生产合作社未组成前，分配对象以白耕农为主，依智处学生有优先承领机会。

璧四区三月份辅导会议纪录——① 贷种对象，以农业生产合作社社员为主，若未组织则择特约农家为对象。② 承贷数量，每社贷谷种三市斗至六市斗。③ 贷款手续 ④ 归还期与利息秋收后以原种偿还，利息为十分之二。⑤ 贷放时间，规定三月播

卅五、三月廿六日

巴一区第六次辅导会议——调查耕牛，除实施繁殖计划，拟配贷耕牛时，余则依实际情形酌办

合三区第一次辅导员会议纪录——猪瘟防治问题，各地猪只
已有因瘟而死者，地方人士望能注射血清。
壁三月卅日第五区辅导员会议——谷种推广要⑴，分……六乡
卅五合，⑵秋收後偿还，⑶加二十八……收获黄谷能去者皆得用
优先购回权。

三月卅一日胡孟嘉

巴第三辅导区三月份工作报告 ⑴特约农家八户，发放中农卅
四号及南瑞苕，由保长区教主任及农业辅导员等分发。
[illegible]璧乡四月一日乡绅士填报，领中农卅四号稻种五市石
⑵特约农家三市石（共领）南瑞苕一百市斤，已分事放以苕种繁殖
销故未发贷。

19

人和乡三月卅一日魏奇才填报——中农34户参加担保，镇乡配

陆石陆升

巴八区 四月份

铜罐乡彭济民——本区素以柑橘酿酒为出口大宗，调查表无法填写和制表调查，区主任已认可

巴六区 四月份

惠民乡曹鼎有——迴龙寺有地三十石，面积适合，交通方便，土质适宜，管理便利，可作苗圃，已经乡务会案报请核办

璧五区 三月份

龙溪乡赵德勋 （一）推广小米柑——民教主任各一千株，其他共一千株，对象为自耕农及佃农，每户至多五十株，负责保护，损失一株赔三株 （二）输领中农四号稻种六十市石，河边乡卅余石，青木、六塘等五乡廿余石

河边乡甘在华——卅一日召开乡务会议，分发保甲人员保证办理

六塘乡陈安民 （一）推广柰柑一千株 （二）推广番茄、甘蓝、花椰菜、美国绿豆多种 （三）继续增设特约农家

接青[illegible]王老[illegible]

以传习处学生优先领取每人老量三升

（二）由陈家桥领回小麦种籽三千八百斤分农会换修繁殖工作

（三）访问中农四号稻种生长情形天冷雨多受寒伤多数

璧六区 四月份

依凤乡李硼 一、依凤第四社另区选表记农家十二户七日填自配书

二、领种中农四号稻种八市石由民教主任及保长配发造具清册

三、五月二日自北碚天生桥运回桐种至凉水井繁殖站

璧一区 三月份

城南乡王臻 一、春耕时期申请贷款
塘堰失修请修水利勘测队请早成立

城北乡冉仲山 一、三、领种小麦桐五百株
四、贷种中农四号八石一斗南瑞农四五〇斤

福禄乡（调城南乡）吴绍[illegible] 一、自里隔十七人三月二十一日赴马坊领稻种
农行贷款人宣手函返原主十石麦种

城北乡吴时敏 蓋陈乡 杨家祠 高显社田 城北乡罗炳维 蒋闻文 城西乡范维

狮子乡余伟夫 刘泽光 夏剑琛 城中乡罗秀夫 城南乡吴绍民

华西实验区农业组各区报告摘要（第一册） 9-1-113（33）

城北乡、陶存 ①成立繁殖站，表证农家六保六户，七保四户
②中农四号稻种一·二市石，中农卅四号六·四市石，成子表证农家
二·八八市石，合作社〇·五五市石，共计三·四三市石。
③南瑞苕贷种表证农家一〇四斤，合作社三四六斤
④米柑二〇〇斤，苗圃在示范校，校土三块，雇短人工七老斗
⑤表证农家已调查八户，二户未完，赴北碚未完成

狮子乡谭力中 ①推广中农卅四及四号稻种二石，除南瑞苕
②表证农家十户（询问调查） ③合选柑苗圃

巴二区
三月份

兴隆乡罗渭源 登记领种稻种太迟未办，布置事先应善筹到免失时效。

歇马乡鲁修非 ①推广稻种胜利秈五十四石，中农四号一石五斗六升
南瑞苕二千四百〇三斤 ②搜集资料 ③调查果园

〃 彭灏北 推广柑苗一万五千株，推广稻种四十石，苕种二千斤

巴四区第六次辅导会议 五月一日。

璧二区
四月份

丰盛乡张杂 — 地方人士要求多发各种优良品种

太和乡吕林 — 农业生产合作社成立 四月三日十二保，四日上午第一保，下午第八保，五日第七保

已制卡

20

巴三区

三教乡 李明镜 福禄乡 龙钟灵 梓潼乡 戴集成

南：泉乡 王绍虞 唐载阳 文峰乡 高振先 鹿角乡 童华荣

南泉乡 袁孝郭 赵正荣 等办示范农场与农推所及高农合作。界石乡 徐乃康

推圩乡 毛通文

巴县乡村建设实验工作第一次检讨会议纪要 四月廿三日

(一)推广优良品种案

决议 1.各区推广良种，绝对不能采取普遍分发农民自行种植办法，应作有计划之推广

2.推广良种应用两种办法

(1)选定特约农家代留予优良品种，派员作技术指导，按生长纪录示范作用，逐渐推广至全区

(2)委托佃种农家订立契约，偿付其农地收益，派员监督种植

(二)租佃石等三处作各区实验农场案

决议 各区注重指导农民改进耕种技术，不必自身备有田地耕种

华西实验区农业组各区报告摘要（第一册） 9-1-113（35）

璧一区 三四月
城北乡 罗炳佳
城南乡 罗秀夫、戴绍琥（兼农业主任）

璧三区
梓潼乡 戴儒席 已制卡
①农业社成立十八日上午一、二保，下午六、七保
②推广中农四号稻种三市斗，南瑞苕二十斤

三月份 江北区
鸳鸯乡 陈柏林
礼嘉乡 陈字骧
大石乡 龙建业

四月份
悦来乡 杨国玺、本乡花石沟土地俗名大安泥 ①所种胡豆豌豆老不起 ②稻田水干旱不宜 ③作物生长不良 ④盛产樱桃
人和乡 袁斌兴、
龙溪乡 李大德 ①水利贷款 ②荒地垦植

巴四区 四月份
渝白乡 张明金 保民大会调查胜利和生长情形
请予给优良品种以免农民失望
保民大会到会人多希望早日获得良种及贷款
麻柳乡 罗家宽 罗公侯、
五布乡 何履彪 萧士安 改良东泉附近之地桑树生长情形
地较寒冷，高山森林适合种茶、红豆树，希望注意改良老树更新及
砂垢土，含氮多，有虫害。
繁殖幼畜拟设繁殖站
双河乡 龚珍廷
拣青乡 秦字儒 ①合式秧田指导浸种择卵除螟 ②小春欠收，稻种奇缺，劝其补种 ③[illegible]

四月份　跳石乡　李麟　龚兴银　龚蔚遐　徐龙　潘素勤　向世高

璧三区 四月份　来凤乡　王闓　中兴乡　张和鸣　成立繁殖站表证农家七户耕地五十亩

正兴乡　马济川　鹿鸣乡　陈泰庠　成立繁殖站四户王敬种　中农四号稻一市斗种籽二百斤　调查三种作物虫害推广

龙凤乡　高西贵　鄢墙木　成立繁殖站　捉拔耕毛虫　二百斤　植室害虫调查副业

璧四区 四月份　三合乡　李林　草组合作社　除虫菊种籍调查三农业工作报告

巴三区 四月份　广部镇　杨净广　调查表秩农家收入及牲畜情况

〃　胡旦辛　一、每年实收佃租谷或佃食半收或欠收　二、种子来源佃来地外另或自有佃种　四、……

三、稻田地区是否需要及数量种类　示范农场设计，部分访问调查，农场设计，良种推广，辅导农民，集种……

马王乡　齐晏平　农民合作社　早组社　姚磴乡　钟坤荣　登记农社、员　指导农民选种

马王乡　李霖华　贷放中农卅四号稻种一石　结束表证农家十家

华西实验区农业组各区报告摘要（第一册）　9-1-113（36）

华西实验区农业组各区报告摘要（第一册） 9-1-113（37）

巴二區 四月份 歇馬場 魯修雅 ①病虫害調查試用砒酸防治 ②調查柚橙產區

彭莊北 、寄設合作養猪場經營釀酒、碾米、磨粉等業務

璧五區 四月份 六塘鄉 陳安民 調查本鄉農情

河边鄉 金紹禕 校地抽查雜種 虞蔬

繁殖站 張遠宏 ①成立繁殖站，填送表記農家十戶（四月二十日成立） ②桐籽三百斤，張樹清種（有混雜），南瑞苕二〇〇斤，胡大成種（遲种） ③表証農家調查：稻田面積二五〇石，上下各1/5，旱地二一·七五石，猪十七头，牛八隻

五月廿日 巴一區 視察報告

巴縣第一輔導區中農四號猶一齊石岗未種播，南瑞苕根磨枯形不詳

區青木關 桐苗一二〇〇〇株，成活十分之五

農業生產合作社業務員，令各事事不作，應把以先宣傳各事做到，以副人望。對于理監會計亦感有集中訓練，擬組織合作社實務訓練

北碚區 四月份 龍鳳鄉 周道牧 ①春季作物生產量調查 ②援借耕牛以合作農場貸款申請 ③介紹農民田備與耕畜 詳出猪交配

朝陽鎮 舒運森 ①合作農場田已放出40放，貸耕牛一头，現合作農場田188放，出77放，造谷耕牛00头、

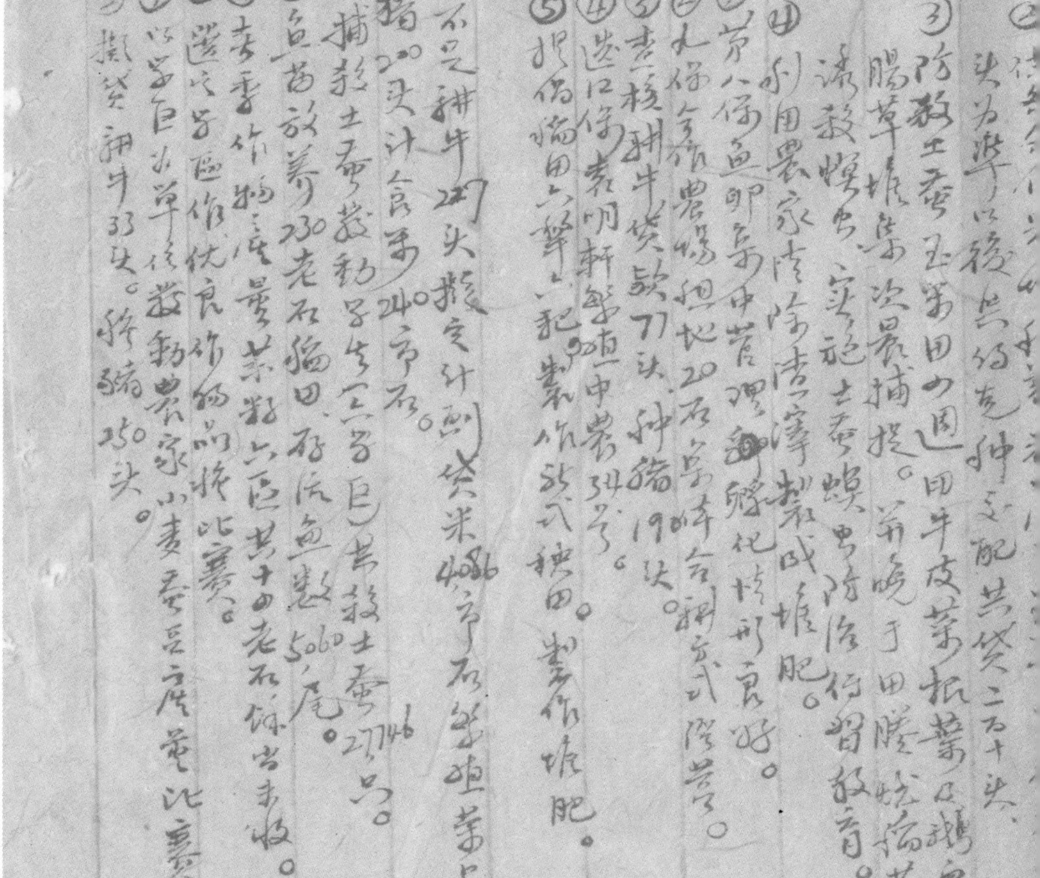

[illegible]
头为准，以後照仍支配，共贷二百十头。
③防救土蚕玉米田四周，田中皮菜及鹅儿肠草堆集，次晨捕捉。前晚于田塍堆摘草诱杀螟虫，实施土蚕螟虫防治得相教育。
④利用农家废除清除淤泥制成堆肥。

金刚乡 闵孚基 已制表
①第八保鱼乡中营理鲜鱼化坑形良好。
②九保合作农场租地20石，采办合利实式经营。
③考核耕牛贷款77头，种猪190头。
④游江保袁明轩繁殖中农34号。
⑤推广稻田六犁六耙，制作新式秧田，制作堆肥。

澄江乡 高林楷 已制表
①今足耕牛247头，根据计划贷米4086市石，繁殖品猪240头，计贷米240市石。
②捕救土蚕，发动学生三日，已共救土蚕27746只。
③鱼苗放养230老石稻田，存放鱼数5060尾。
④春季作物产量菜籽六区共十四老石，饼当未收。
⑤澄江学区作优良作物品种比赛。

文星乡 杨正骕 已制表
①以学区为单位发动农家小麦番薯优良品种比赛。
②增贷耕牛33头，种猪150头。

华西实验区农业组各区报告摘要（第一册） 9-1-113（39）

③设西作业区内之新式秧田已完成者了了〇十。

④防治螟虫。剪小麦黑穗病，剪除麦穗166,380穗。

詹正楷 ①挖掘坡坎以作堆肥。

张光锡 ①发动防止小麦黑穗病及螟虫蚜虫等工作。

黄桷镇李成岐 已制卡 ①发动各学区防治土蚕螟虫运动。

①贷仲猪130头。耕牛17头已申请。

白庙乡何杉柏 ②各区麦豆制作的比赛。农推所王步科世长亲临视察。

金刚乡黄德廉 已制卡 ①全乡申请贷耕牛70头，每头以20市石米计算，共五〇〇市石米。猪190头，共需米228市石。

②仲猪场在六保，拟养猪30头，该猪需之向共贷四〇市石米。

③选六保为推行繁殖中农四号花、甘薯繁殖中农卅四号种十石。

④小麦黑穗病剪去病穗374,600穗。

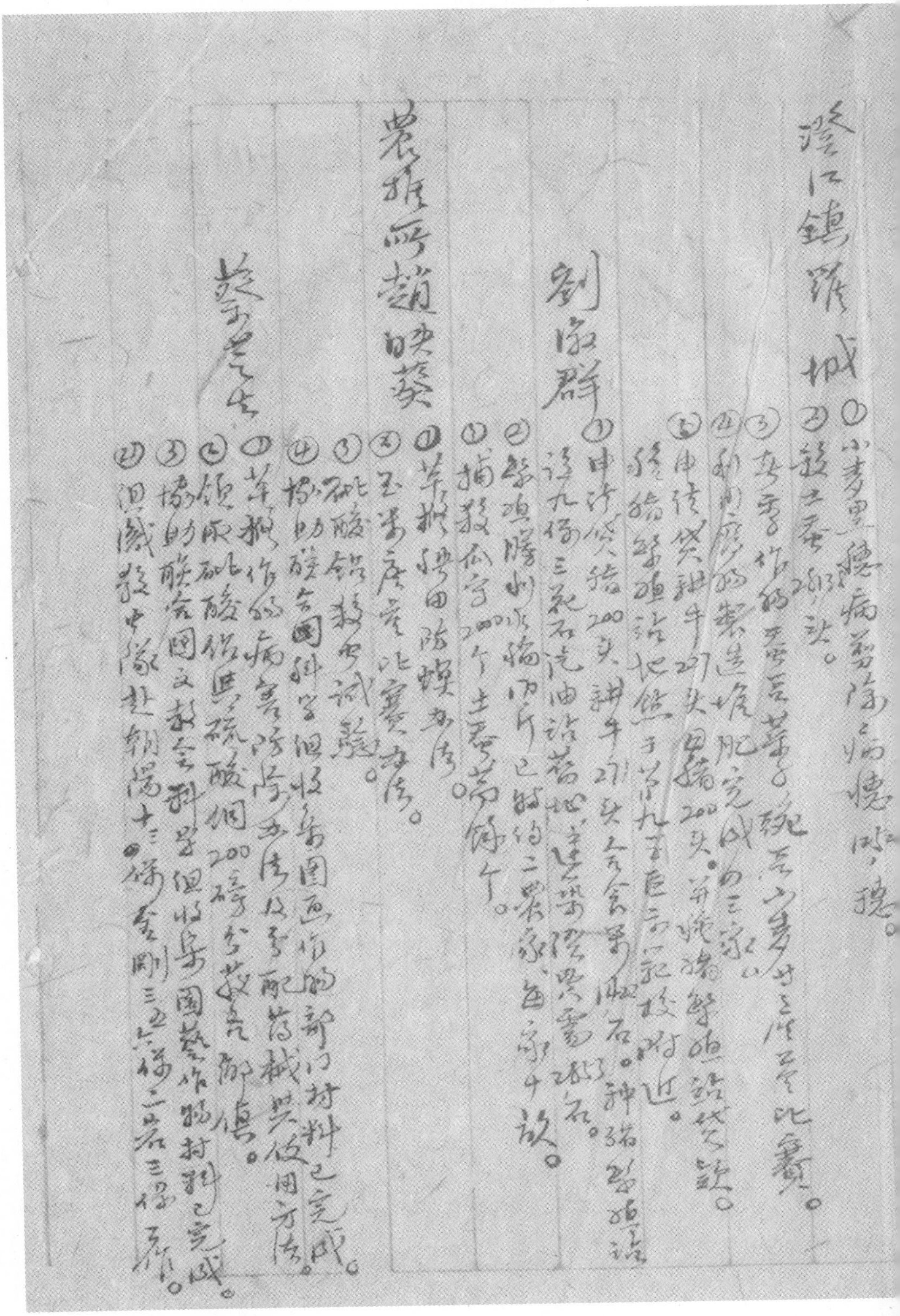

澄江镇罗城

①小麦黑穗病防除[illegible]。

②杀土蚕2813头。

③春季作物黄苗(?)等统计、小麦收获比赛。

④利用废物制造堆肥完成四三家(?)。

⑤申请贷耕牛227头、母猪200头。并推动猪繁殖站贷款。猪繁殖站地点于第九保区公所附近。

刘家群

①申请贷猪200头、耕牛27头，合会贷谷[illegible]石。种猪繁殖站设九保[illegible]，[illegible]2863石。

②[illegible]斤已分给二农家，每家十斤。

③捕杀[illegible]2000个、土蚕[illegible]个。

农推所赵映葵

①[illegible]田防螟办法。

②玉米产量比赛办法。

③硫酸铵肥效试验。

④协助联合国科学组收集园艺作物新门(?)材料已完成。

蔡[illegible]

①[illegible]作物病害防除方法及配药械与使用方法。

②领取硫酸铵与硫酸铜200磅分发示范。

③协助联合国文教会科学组收集园艺作物材料已完成。

④组织杀虫队赴朝阳十三保、金刚三五六保、二五三保工作(?)。

华西实验区农业组各区报告摘要（第一册） 9-1-113（41）

巴一區五月份　鳳凰鄉涂遠文　①中農四号之分株末增多，南瑞苕栽種尚佳。

巴一區八月份　鳳凰鄉涂遠文　①各保農業座談會，研究中農四号勝利和南瑞苕及小米桐末保、特点、栽培等。

②完成優良品种之配給與登記，中農四号五市石，南瑞苕200市斤。

巴一區三月份　土主鄉唐尚忠　①耕牛調查，十五學區（三學區除外）共606头，其中水牛佔600头。

②桐苗推廣2500株，領取者的耕農多于佃農，成長株數未見自耕農者較多，死亡株數不少。

③配發中農四号編种上市石九斗（損失斗二一斗二升），分配于二十八、11、16、17計5學區。南瑞苕配發四千八斤，2、17兩計學區。

靈鷲鄉陳策莊　①調查耕牛，照表式查後呈報。

②桐苗推廣成長率百分之七十。

新發鄉粟華光　①調查耕牛，分發調查表，各保調查後正在填報。

鳳凰鄉涂遠文　①調查耕牛，例而調查數正面收效大。

②調查桐苗，生長狀況。

③四向訪問、生活情形，及農貸農耕牛大農具換細方式。

[illegible]中農四号中[illegible]。

24

巴一區 二月份

東林鄉 伍德滋 ⑴桐苗已耕牛壯喂豬為民家主任經查，已完成十分之六。

土主鄉 唐尚忠 ⑴桐苗送來2040株（中農員責）。⑵推廣中農四號种五市石，南瑞苕200市斤。分配不甚公平（因該假由李光）

巴七區 三月份

白市鄉 吳碧輝 ⑵配發勝利秈三市石四斗一升、中農三十四號五市石四斗四升、南瑞苕三十四斤。

合谷鄉 傅遠銘 ⑴發中農四號廿市石四斗、勝利秈十五石四升、南瑞苕一百市斤。

曾家鄉 謝家寬 ⑴發中農卅四號二市石八斗、勝利秈二市石六斗、南瑞苕十斤。

綦一區 四月份

古南鄉 許昌湯 ⑴公共荒地甚多，宜推廣桐樹。

王安緒 ⑵官荒甚多，推廣桐油收益不少。

綦二區 五月份

青年鄉 黃毅誠 區主任意見：近貴州山地，耕牛出產數字甚大，且多荒地，適于放牧，擬設耕牛繁殖場及黃牛改良場，每年可以增繁耕牛五千至一萬頭。

石角鄉 陳志遠 十二日填寫農業調查表及統計家畜飼養情形。

华西实验区农业组各区报告摘要（第一册） 9-1-113（43）

璧山區
五月份

本北鄉事項

瀛坪鄉張鴻籽 瀛山產茶，現已荒蕪。並有美烟栽培。

扶歡鄉張義高 區主任意見：該鄉為蠶桑之推廣中心，對本年推廣蠶種生活區情形，應加注意，以為改進張本。推蠶病害甚多，于扶傳繭之時死亡。

城北鄉黃開文 發得中農所中農四號麥種之施種情形尚良好。

井仲山 召開農會會議，舉行示範教學，傳習中農四號麥種，連繫兩尾及講解防治螟蟲兩尾。

陶 存 ①調查表記農家五月四日完成。
②繁殖桐苗發芽五分之四。
③收得小麥品種（當地產）魚尾麥、二番早、筆尖麥、紅花麥、光頭麥、蓝麥。
④本編已調查四品種，紅薯已調查三品種。

25

城南鄉王璘 ②五月十二日視察已播中農四號麥種，生長情形良好。

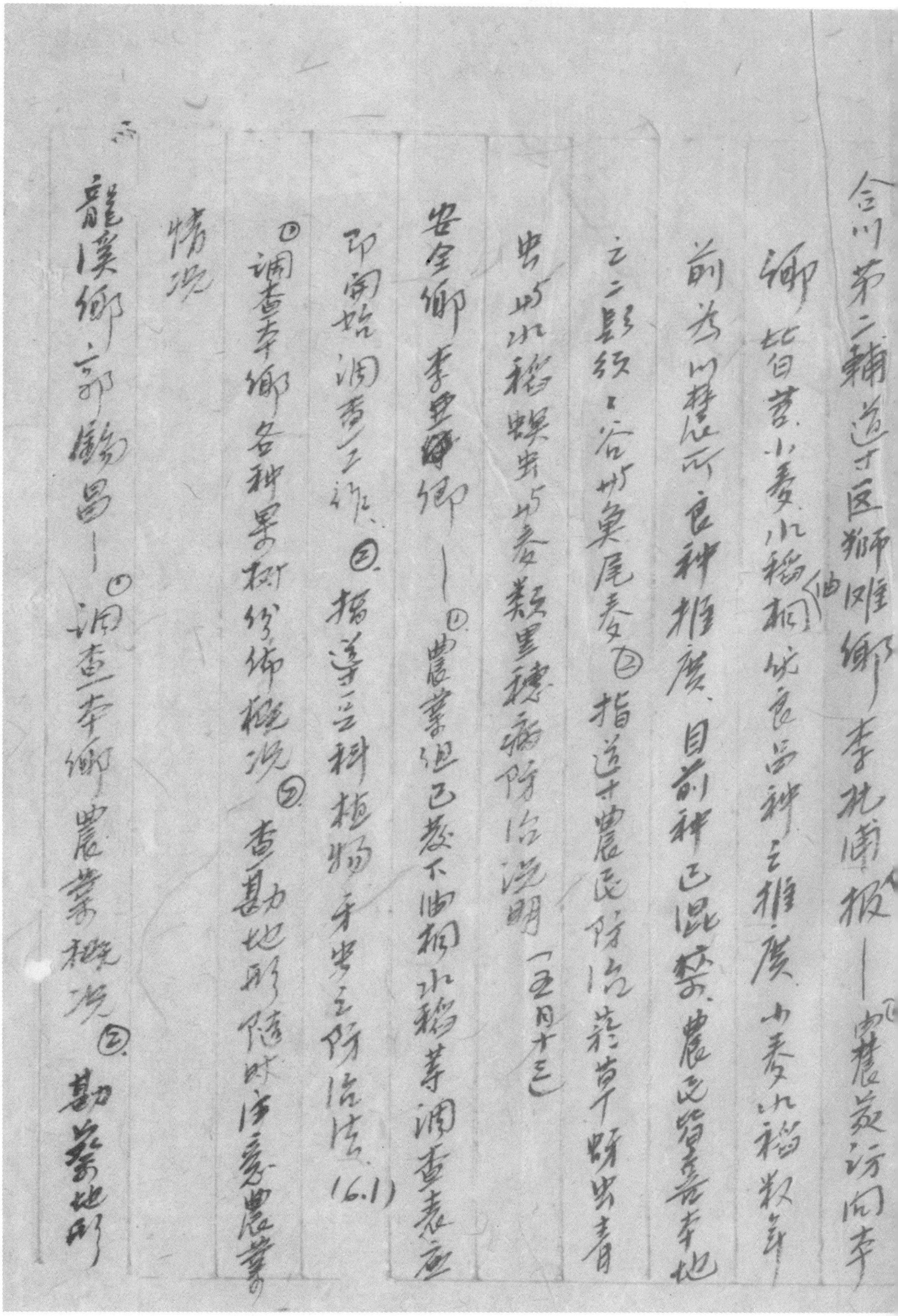
合川第二辅導区狮滩鄉李技術員報——①農情訪問本
鄉皆普小麦水稻油桐优良品种之推廣，小麦水稻栽培
前為川農所良种推廣，目前种已混雜，農民皆喜本地
之二[illegible]谷與尾麦②指導農民防治蔬草螟虫青
虫與水稻螟虫與麦類黑穗病防治說明（五月十三）
安全鄉李[illegible]鄉——①農業組已發下油桐水稻等調查表並
即開始調查工作，②指導豆科植物害虫之防治法（16.1）
①調查本鄉各种果樹分佈概况②查勘地形隨時注意農業
情况
龍溪鄉郭鵬昌——①調查本鄉農業概况②勘察地形

华西实验区农业组各区报告摘要（第一册） 9-1-113（45）

时随时注意农业情况 六月一日

㈠调查柑橘及水稻（农业组已发下油桐水稻调查表） ㈡指导梨树及柑橘病虫害之防治（指导农民梨树赤星病及叶枯病之病原及防治方法，教农民捕捉天牛幼虫） 五月卅日

白沙刘有德填报——调查本乡农业概况

北碚办事处第八次辅导会议纪录——防治害虫，明瞭害虫生活史以便杀灭

巴五区——桂坪乡毛通文报告：该乡地点系山林高地，农民多筑塘储水，近申请贷款筑塘者很多

巴六区邓作新填报——租用惠民乡迴龙寺公地设为苗圃

惠民乡曾鼎甫：准备设置苗圃，

巴十二区永盛乡文咸林：研究柑苗虫害，其中黄色的食叶虫

七月一日阅　李正清摘录

璧四区富林乡（卅八年五月份工作报告）：张铭华

督导填报经济调查表

璧四区丁家乡任锡川（卅八年六月份工作报告）：

襄办桐苗圃工作

巴三区人和乡魏奇才（卅八年五月份工作报告）：

辅导农民播种，教以科学常识，并教农民以土法选种对小麦

华西实验区农业组各区报告摘要（第一册） 9-1-113（47）

巴二区歇马乡鲁隆华（卅八年五月份工作报告）

1、调查全区农业概况（兴隆、井口、同兴、蔡家、歇马）

2、病虫防治——广柑、苹果天牛幼虫之防治，葡萄霜霉病之施药

巴二区兴隆乡罗渭源（卅八年五月份工作报告）

调查第七社学区小河沟水利开堰情形

巴二区歇马乡谭集全（卅八年四五月份工作报告）

农业经济调查——因调查表发下过迟，五月底尚未调查完毕

巴二区歇马乡第一、第十社学区赵永泰（卅八年五月份工作报告）

宣传工作——拟随时灌输农民农业科学常识及介绍优良品种等、

巴二区歇马乡王永淮（卅八年四五月份工作报告）

1. 五月十日繁殖站成立、
2. 四月底桐籽三老石携种完毕
3. 清查推广之胜利籼及南瑞苕——拟于栽秧前清查完毕
4. 收集小麦标本
5. 指导农家栽种推广稻种
6. 协同由农所土壤肥料系向农民解释施用硫酸铔之意义

华西实验区农业组各区报告摘要（第一册） 9-1-113（49）

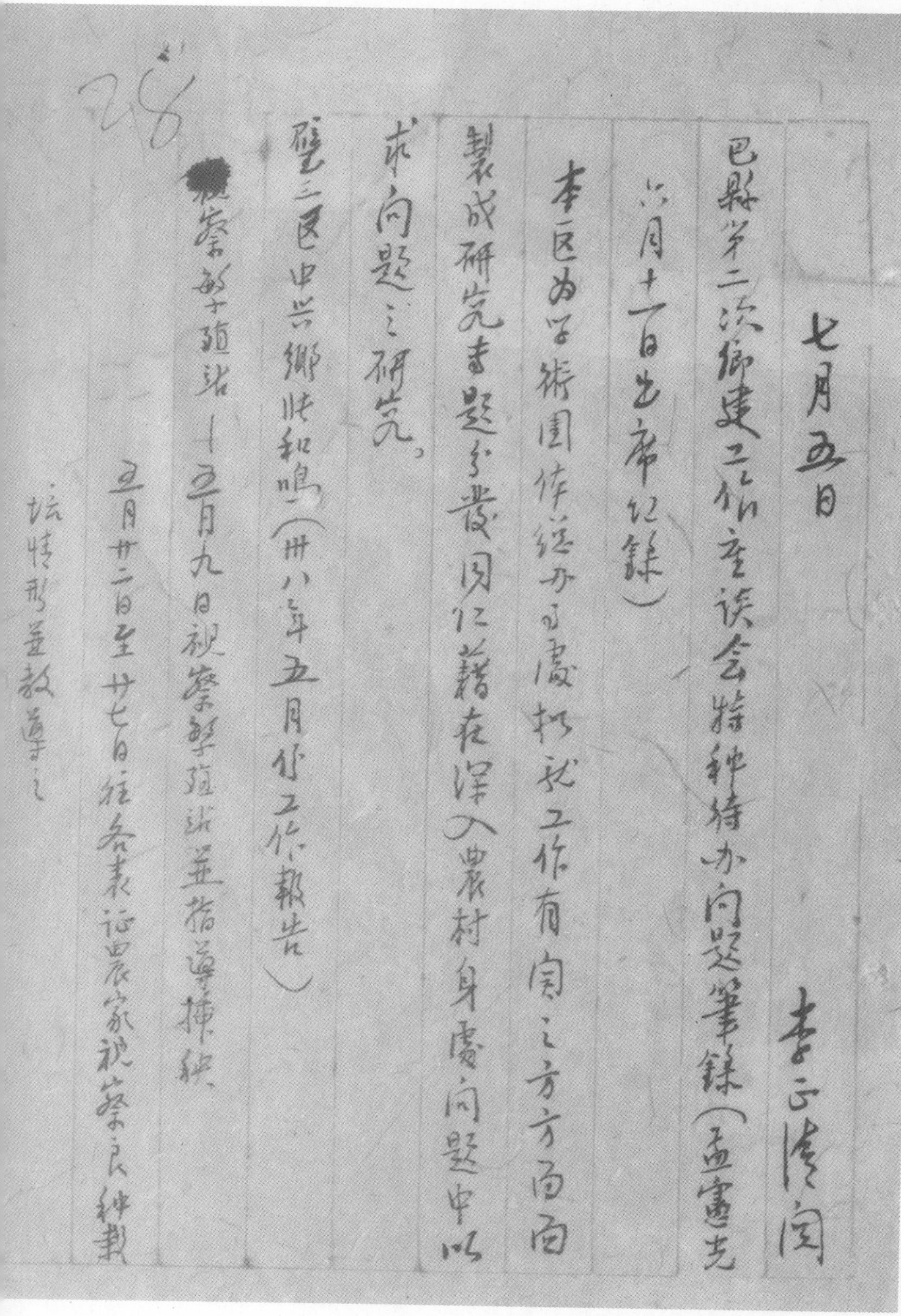
七月五日
李正清閱

巴縣第二次鄉建工作座談會特種待办問題筆錄（孟憲光六月十一日出席紀錄）

本區為學術團体經办處擬就工作有関之方方面面製成研究專題分發同仁藉在深入農村身處問題中以求問題之研究。

璧三區中興鄉楊和鳴（卅八年五月份工作報告）

視察繁殖站　五月九日視察繁殖站並指導插秧

五月廿二日至廿七日往各表証農家視察良種栽培情形並教導之

璧三区来凤乡王浦（卅八年五月份工作报告）

播种桐籽以苗圃难觅至本月中旬始租定土地雇人播下计种

四市石谷面积

璧三区鹿鳴鄉陈慕犀（卅八年五月份工作報告）

螟蛾捕捉—在鄉村教材时命学生捕虫及卵以资推擴大至常見害

虫之捕捉与分類

璧三区中兴鄉邹培木（卅八年五月份工作報告）

①填调查表—填農業辅導员调查表交区办事處轉

②请示农業组治松—先该雨度報告本鄉松毛虫为害情形

请示農業组指示办法

华西实验区农业组各区报告摘要（第一册） 9-1-113（51）

29

③填報借种優良稻种表—造報本鄉農户借种農行中農四號谷种農户表

高而尖

璧三區龍鳳鄉五月份工作報告

除螟—每出外調查，即曉農民採卵除患。

七月十二日 李正清閲

巴一區第七次輔導會議紀錄（卅八年五月五日）

①三璧宮墳設繁殖站一所由王輔導員子文會同賈秀友 已製卡 已製卡

輔導員陳英志校長籌備辦理。

巴一區第八次輔導會議紀錄（卅八年六月廿九日）

賈秀友以桐籽已下種於三璧宮，來往督導員时請派 已製卡专人驻三圣宫管理，肥料已运到。防治病虫害拟用砒酸铅、硫酸铜防治之。

璧一区六月份工作座谈会（六月廿日）

最近本区谭力中陶存之同志临时调往江津防治蛆柑由范维冉仲山代理。

七月十三日　　李正清阅

巴县县政府公函：为拟编印「巴县乡建工作每週通讯」检送办法函请按期赐送稿件由

兹摘录编印办法如下：

华西实验区农业组各区报告摘要（第一册） 9-1-113（53）

30

本刊通讯内容包括下列各要項：

1. 各辅導区本週工作要目
2. 各辅導区内各鄉鎮（局）工作推進情形
3. 各辅導区特殊消息
4. 各辅導区週内人事異動情形
5. 辅導区内热心鄉建工作人士的素描
6. 各辅導区各項建设计画
7. 各工作同人专題研究或論文
8. 重要講演稿
9. 工作同人的意見与建議

10. 工作同人生活素描

巴三区跳磴鄉鍾坤榮（卅八年五月份工作報告）

①指導農民种植中農四号稻

②預防家畜疫病

七月十四日

錢伯雍閱

北碚辦事處报告

①北碚第一輔導區朝陽鄉輔導員趙映葵报告

已制卡

a. 赴文星白廟灣沿江視察農業工作

b. 採取麥類黑穗病二、四七六、六三三株

c. 農家訪問

②朝陽蔡光生輔導員

a.引導參观 b.害虫防治包西山坪 c.分肥药械

d.繁殖蘇聯華葉式瓜 e.蚌類防治瓜守及菜白蝶方法、

f.指導接工法駝行道樹八二根指導抽水機用法

③龍鳳輔導員周道海

a.防治蝗虫土蚕 b.小麥蚕虫產量比賽、

c.調查春作產量 d.防治蔬菜害虫

e.核查農業情形

④金剛鄉李思成輔導員、

a.發動中心校員生捕蝗運動

⑤金刚乡农业推广辅导员：

a.防治螟虫等 b.收集小麦、大麦各三品种

c.举行小麦蚕豆比赛 d.绘制农场出实撒图

⑥金刚周厚基辅导员

a.协助合作农场收获

⑦濮江乡罗琳辅导员

a.除小麦黑穗病126051株 b.除土蚕53844头

c.劳动225农家作堆肥 d.办理小麦区农民实验

e.向中农所领取硫酸铵 f.除螟25000

f.稻田硫酸铵试验

32

⑧ 白廟鄉輔導員任松栢

a、防治小麦黑穗病 7759、土蚕 2390 個 瓜果虫 5316 螟虫 1187 螟卵 1222 塊

b、調查產量、南瑞苕 2127 市斤 中農34水稻 0.923 老石郑种南瑞 7441 石

c、麥作比賽

d、加強合作農場推進

已制卡

⑨ 白廟鄉輔導員魯國中

a、防治土蚕瓜虫、 b、麥作比賽、 c、調查油桐數字

d、水土保持

已制卡

⑩ 文星鄉廖近性、

b、麥作物產量調查一

华西实验区农业组各区报告摘要（第一册） 9-1-113（57）

a. 防治螟虫蝗虫等虫

b. 技术指导、改良水稻之耕及记载川大201号麦种及饲畜法.

c. 举行小麦比赛

d. 发动小麦病虫害比赛

e. 解决约克种猪配种问题

f. 建造垃圾坑以作堆肥

g. 搜集标本设立农林馆

h. 发动一人一猪运动

i. 中畜班领用约克种公猪一头

j. 去农推班领取疫霉菌及硫酸铜

华西实验区农业组各区报告摘要（第一册） 9-1-113（59）

33

⑪ 文星鄉楊公輔導員

a. 設置文星鄉農林館

b. 舉行生產競賽運動

c. 領取約克夏公豬一支

d. 加緊防螟捕捉工作

e. 推行毒殺蔬菜害虫工作

f. 宣傳水土保持工作

⑫ 灌江判溪學輔導員

a. 防螟蛾虫22000即塊220個及用砒酸鉛噴殺等虫

b. 21保作生產競賽

c. 镇政与乡村工作配合一致
d. 充实廿一保合作农场业务.
e. 查明数区流行猪病.
f. 绘制各种虫害图
(13) 黄桷镇李成忱辅导员
a. 发动中心校联合秋繁殖推广工作
b. 会同农林指导员共治土蚕螟虫运动.
c. 宣传种痘运动.
d. 会同地方人士行防蚊蝇等运动卫生
e. 会同办理调查统计工作

华西实验区农业组各区报告摘要（第一册） 9-1-113（61）

存

七月十六日 李正清阅

璧山三区第五届辅导会议纪录（六月二十四日）

①赵志忠报告：最近应行提出之各种表报：

a.各乡应行修筑之堰塘工程调查表

b.领种桐苗成活率

②高辅导员西宗贵报告：本乡堰塘甚多水很缺乏望早日勘查迅速贷款修建

③陈和鸣报告：繁殖站推广稻桐苗成活甚佳惟百姓对优良种籽仍多猜疑

④王沺報告：播种桐苗本社学区共領种桐苗一百三十斤苗圃
、四市石谷面積現已長出桐苗苗三四寸許

⑤討論事項：
a. 各鄉塘堰工程調查限於七月一日報出
b. 領栽桐苗成活率定七月底報處分别存档

璧三区中興鄉陈松鳴六月份工作報告
視導各表証農家

璧三区来鳳鄉王渊六月份工作報告
視察桐苗成活率——本区推廣小米桐10400株於即月廿七八日
分赴各植户調查结果成活率不及1/2（共成活5144株）其原

35

因有四：①本保多属山地②雨量过多③牛羊践踏④土壤瘦脊

被人常耕

璧三区来凤乡余华六月份工作报告

调查本乡各种水利及堰塘分布情形

七月廿日阅

合川二区：该区药械已托区主任上签注如急于需用可派员前往中农所洽领

已制卡

綦江一区：万兴乡李法忠辅导员六月份工作报告该乡全为山地布希望种竹

水利。

七月廿三日

璧四区四月份辅导会议纪录（卅八年五月一日）

李正[illegible]阅

農產物調查表限五月半以前交齊

七月廿九日 錢伯蕃

巴十二區四次輔導會議之紀錄決議

調查統計送四總部辦理

巴七區四次輔導會議決議

優良品種需以交通處據應與規定不符之補救辦法

1. 酌印擇地設立繁殖站

2. 繁殖站暫設向市鎮以便管理

3. 以五家以上之表證農家指導以便作表證

4. 繁殖站與表證農家訂定之合同應填明[illegible]

华西实验区农业组各区报告摘要（第一册） 9-1-113（65）

36

姓名、人口、勞力、所在地、雇工數、自有畜力、經濟狀況、
自耕或佃、交通（距鄉遠近）、距保校里數、耕地面積、田
坵數、及其散佈形、土壤、水源、耕作適應性
三、種植良種田應擇其名稱、播種及栽植期並以

會員事務會議決議：
一、請繼續辦理約交種猪母猪獎勵及猪會設置
及飼養法
二、設立養猪班

巴三區七月份輔導會決議：
一、據各鄉實際需要情形擬訂計劃二種級取

3、先名鄉[illegible]磷酸鈣比酸肥料如四包，以後按情擬具分配

巴一、新[illegible]鄉[illegible]輔導員工作報告

1、水利工程：擬定渠堰的支渠諸孔堰工程初步計劃

巴二、興隆鄉向國華輔導員工作報告

改進農業作示範工作

合二、安全寺鄉輔導員工作報告

促農民注意地農作物之生長情況比較之

江一、七月輔導會決議

總處發給磷酸鈣五千斤[illegible]是廢用農業（1）報告鄉

[illegible]分配使用[illegible]請加（2）[illegible]事

[illegible]者先行撥次使用（3）用途使用先期實指示使用、

华西实验区农业组各区报告摘要（第一册） 9-1-113（67）

37

112

中華平民教育促進會
華西實驗區農業組半年工作簡報

農業工作簡報之一
編者：秦樂寧 張如城
一九四九年十一月十日

华西实验区农业组半年工作简报 9-1-110（61）

113

提要

秋收冬閑談農業
（農業組半年工作簡報）

一、前言
二、建立良種推廣制度
三、良種繁殖
1 水稻　2 南瑞苕　3 小米桐　4 小麥　5 甜橙　6 菜種
四、良種推廣
1 水稻　2 南瑞苕　3 小米桐　4 小麥　5 甜橙　6 菜種
五、防治病虫
1 柑桔　2 稻螟　3 菜虫
六、畜牧獸醫
1 種豬　2 牛瘟　3 豬瘟
七、水利灌溉
八、合作機關
九、檢討
十、結論

一九四九年四月，農業組正式成立，正發農忙春耕水稻播種之時，移栽苗種，紅苕，農時所限，迫不及待，工作至為緊張，繼之為竹蝗、柑蛆之防治，及豬瘟、豬疫之預防，以及勘察水利，推廣小麥等項工作，創辦伊始，內外交忙。現值秋收已過，本年工作亟應作一總結，茲將七月來農業組之工作情況，編輯簡報，檢討過去，策勵將來，敬祈鄉建同志與農業先進，惠予指正。

一、建立良種推廣制度

近十數年來，國內農事研究機關及各大學農學院，對於各項作物改良品種頗多；然以過去推廣制度未臻健全，研究機關未能直接與農家往來，故雖有良種良法，迄未普惠農民。本區根據過去問題之癥結，擬定「良種繁殖與推廣制度」計劃，逐步試驗，以建立本區永久之良種推廣制度，藉供今後國內整個推廣事業之參考。

改良品種，必須保持高度純潔；然由農家引種以後，收獲貯藏之時，倉庫簡陋，地方狹小，每鄉混雜，不出數年，純度盡失，改良品種之優點，亦因以減退，故為針對改正此項缺點，本區之繁殖推廣良種，計分三部，交由研究、繁殖及推廣之各層組織，分別進行。

（一）原始種　現由中農所示範場負責繁殖，保持純度為百分之九十八，此項工

华西实验区农业组半年工作简报 9-1-110（63）

114

作應由設備優良人員充足富有育種經驗之機關或學校辦理之。

（二）原種 現由中農所北碚場、川農所合川場、鄉建學院農場分別担任合作繁殖，以原始種為種子，再供推廣種繁殖之用，保持純度為百分之九十七。

（三）推廣種 此項工作原應由各縣之農業推廣所負責辦理，過去政府未曾注意此項工作，本區除已選擇條件相近之縣農業推廣所予以補助外，並於各輔導區設立農業推廣繁殖站，成為與農民直接接觸之繁殖推廣中心，全部推廣系統及合作機關略如下圖：

[illegible]

每區現僅成立一站，每站各有表證農家數户至十餘户，表證農家之耕地即為繁殖站之場地，雙方簽訂合約，表證農家自願接受指導，繁殖良種，以供推廣，經農民直接引用試驗之良種良法，如有不適當地風土而遭損失者，本區予以賠償，獲有成效者，即由表證農家宣傳示範，普遍推廣。此種制度，僅須少數人力經費，即可管制應用，唯機構成立不久，尚待繼續試辦，以便建立永久完整而適用之農業推廣制度。

璧山全縣與巴縣一、二區農業推廣繁殖站共九處，早在三十八年四月即已正式成立，展開工作，其他各區於秋間亦已組織完成，現有繁殖站共計二十四處，茲將各站設置地点及負責人姓名列表如下：

縣	區	站址	負責人
璧山	一區	楊家祠	陶[illegible]
	〃	獅子鄉	王德[illegible]
	二區	丁興鄉	[illegible]
	三區	來鳳鄉	高西宿
	四區	丁家鄉	伍鎔
	五區	河邊鄉	陶[illegible]
巴縣	六區	長生鄉	曾[illegible]有
	七區	白市驛	沈[illegible]
	八區	陶家鄉	張[illegible]翔
	十一區	跳石鄉	唐元佑
	十二區	百節鄉	何[illegible]
江北	一區	人和鄉	袁家興

115

巴縣	六區	依鳳鄉	李[illegible]棚
	八區	陳家橋	曹[illegible][illegible]
	二區	歇馬場	王承藩
	三區	[illegible]都鎮	曾慶義
	四區	滄白鎮	李克敬
	五區	南泉(南泉鎮)	趙[illegible]蓀
綦江	六區	灘口鄉	成[illegible]紀
	八區	橋河鄉	徐俊康
	二區	石角鄉	陳志遠
合川	八區	沙溪廟	龐[illegible]貴、
	二區	小沔鄉	譚力中
銅梁	一區	虎峰鎮	黃澤位

三、良種繁殖

1. 水稻　璧山全縣及巴縣二區繁殖站交由表証農家特約繁殖之水稻良種共計二一、一二市石，栽培面積四二三市畝，收種估計二、一一五市石，可供來年推廣四一、三〇〇市畝，除由各站價購三六六市石收回貯藏以供推廣外，其餘均各站負責指導附近農民自行换種，以便擴大推廣面積。

繁殖品種計有中農四號一六、六九市石，中農三十四號三、三三市石，勝利秈一、一〇市石，共計二一、一二市石（附表一）

水稻良種繁殖推廣數量統計表　三十八年農業組製

縣	繁殖品種	收種數量	繁殖栽培面積	可供推廣	推廣品種	推廣數量	栽培面積	產量

總計	巴縣 七區	四區	三區	二區	一區	璧山 六區	五區	四區	三區	二區	一區
16.69	—	—	—	—	8.40	4.00	0.60	0.05	—	0.85	[illegible]
3.33	—	—	—	—	—	—	—	—	1.80	—	[illegible]
1.10	—	—	—	1.10	—	—	—	—	—	—	—
21.75	—	—	—	1.10	8.40	4.00	0.60	0.05	1.80	85	[illegible]
21.72	—	—	—	1.10	8.40	4.00	0.60	0.05	1.80	0.85	[illegible]
423	—	—	—	22	168	80	12	1	36	17	[illegible]
42,300	—	—	—	2200	6800	8000	1200	100	3600	1700	[illegible]
30296	—	—	—	—	2760	2600	5940	6750	7920	1535	[illegible]
8123	2040	—	3000	2516	—	—	—	—	3.00		[illegible]
4650	1540	6.60	—	2450	—	—	—	—	—	—	—
43129	3580	6.60	30.00	49.66	27.60	26.00	59.40	67.50	82.20	15.35	[illegible]
8626	716	132	600	993	552	520	1180	1350	1644	307	[illegible]
43130	3580	660	3000	4965	2760	2600	5940	6750	8220	1535	[illegible]

附註：每畝播種量与市斤　產量估計与市斤

2. 南瑞苕　璧山全縣及巴一二區繁殖站交由表証農家繁殖苕種九一九市斤，栽插面積二九市畝，收穫估計五八〇市擔，可供推廣二三六〇市畝（附表六）

南瑞苕繁殖推廣數量統計表

一九四八年農業組製

116

縣區		璧山一區	璧山二區	璧山三區	璧山四區	璧山五區	璧山六區	巴縣一區	巴縣二區	總計
繁殖	繁殖面積（市畝）	324	115	130	50	20	—	—	80	719
	栽培面積（市畝）	13	5	5	2	1	—	—	3	29
	收種估計（市担）	260	100	100	40	20	—	—	60	580
	可供推廣面積（市畝）	1040	400	400	160	80	—	—	240	2320
推廣	推廣苗種（市担）	1076	50	670	950	1180	—	445	1968	6339
	栽培面積（市畝）	43	2	27	38	47	—	18	80	255
	產量估計（市担）	860	40	540	760	940	—	360	1600	5100

附註 每畝播種量二十五市斤
每畝產量估計二〇〇市斤（二市担）

三、小米桐
璧山全縣及巴縣二區繁殖苗圃地繁殖桐籽六、五八三市斤，苗

縣區		繁殖桐籽（市斤）	苗圃面積（市畝）	育苗估計（株）	可供推廣（市畝）	推廣桐苗（株）	植桐面積（市畝）
璧山	一區	400	4	48000	1600	6000	200
	二區	205	2	24000	800	8000	267
	三區	148	1.5	18000	600	6000	200
	四區	200	2	24000	800	6000	200
	五區	440	4	48000	1600	5500	183
	六區	400	4	48000	1600	7525	251
巴縣	一區	450	4	24000	800	150,000	5,000
	二區	340	3	24000	800	50,000	1667
總計		2583	24.5	258,000	8,600	239,025	7,968

附註
（一）苗圃每畝播種桐籽一〇〇市斤、育苗估計一二、〇〇〇株
（二）推廣植桐面積每畝估計三〇株

华西实验区农业组半年工作简报 9-1-110（69）

4. 小麥 本年由中農所北碚場及川農所合川場代為繁殖之小麥良種，共計八十二市石（擔），已運交各輔導區繁殖站，交由表証農家特約繁殖，以供本區推廣。

繁殖品種，計有中農廿八號三六市擔，中農四八三號三七市擔，中農六十二號十三市擔，中大二四一九號六市擔，共計八二市擔。（附表四）

小麥推廣面積產量統計表

三十八年農業組製

縣	區	鄉鎮	推廣品種 中農28	中農483	中農62	中大2419
璧山	一區	城北	150	150	100	[illegible]
	一區	獅子	100	130	180	[illegible]
	二區	大興	200	100	200	[illegible]
	三區	來鳳	200	100	200	[illegible]
	四區	丁家	200	100	200	[illegible]
	五區	河邊	200	300		[illegible]
	六區	依鳳	100	200		[illegible]
巴縣	一區	土主	100	400		[illegible]
	二區	歇馬	100		400	[illegible]
	三區	屏都	100	100		[illegible]
	四區	滄白	130	100		[illegible]
	五區	南泉	100	100		[illegible]
	六區	長生	100	100		[illegible]
	七區	白市	100	100		[illegible]
	八區	陶家	100	100		[illegible]
	十一區	跳石	100	100		[illegible]
	十二區	[illegible]	100	100		[illegible]
綦江	一區	橋河	100	100		[illegible]
	二區	石角	100	100		[illegible]
銅梁	一區	虎峯		200		[illegible]
合川	一區	沙溪	300			[illegible]
	二區	小沔	300			[illegible]
江北	一區	人和	300			[illegible]
	二區	灘口	300			[illegible]
總計			3580	2680	1280	[illegible]

附註 每畝推廣量十市斤，估計產量六百市斤

推廣數量（市斤）	栽培面積（市畝）	產量估計（市擔）
400	40	80
410	41	82
500	50	100
500	50	100
500	50	100
500	50	100
300	30	60
500	50	100
500	50	100
200	20	40
230	23	46
200	20	40
200	20	40
200	20	40
200	20	40
200	20	40
200	20	40
200	20	40
200	20	40
200	20	40
450	45	90
450	45	90
450	45	90
450	45	90
8140	814	1628

附註、系畝

5.甜橙　中農一號及鵝蛋柑甜橙種苗，現由中農所北碚試驗場，中農所江津園藝場及鄉建院農場，代為繁殖四〇，〇〇〇株，預計第一批於卅九年一月交貨，可供推廣果園面積一〇〇〇市畝。

6.菜種　本區與中農所江津園藝場合作繁殖甘藍、花椰菜、洋葱、球莖菜、菠菜、番茄、蘿蔔、胡蘿蔔等蔬菜八種，共計六畝，可收菜种八八市斤，推廣面積一一八〇市畝。

四、良種推廣

1.水稻　本年推廣稻種分佈於璧山、巴縣等十一輔導區各鄉，共計四三一、二九市石，栽培面積八、六二六市畝，產量估計四三一、三〇市石。推廣品種，計有中農四號六〇二、九六市石，中農卅四號八八、八六市石，勝利秈四六、五〇市石，共計四三一、三九市石。（如表二）

2.南瑞苕　本年推廣苕種共計六三三九市斤，栽培面積弍伍伍市畝，產量估計五一〇〇市擔。（如表三）

华西实验区农业组半年工作简报　9-1-110（71）

118

3.小米桐　本年推廣桐苗二二九、〇二五株，植桐面積七九六八市畝（如表二）

4.小麥　本年推廣小麥計有中農二八號、中農六二號、中農四八三號及中大二四一九號等四個品種，共計八二市擔，分佈於璧山巴縣綦江江北合川銅梁等六縣各鄉，除由各繁殖站表証農家特約繁殖外，餘種均作普遍推廣，（如表四）

5.金蕃　璧山四區爲功瑞普二合等鄉推廣美蕃種苗八二九、五〇〇株，栽培面積五八五市畝，產蕃估計八七七五市擔。

6.菜種　本年推廣秋播菜種共有四批，第一批計有洋葱九〇兩，甘藍八〇兩，花椰菜六四兩，第二批計有洋葱六四兩，鄰兒白菜二十二兩，胡蘿蔔紅大十二兩，選種椰菜四〇兩，榨菜豐碩豆一六〇兩，分配於璧山合川及巴縣一二區各繁殖站推廣栽培。

以上推廣秋播蔬菜七種，共計五二六兩，栽培面積一二六市畝，產量估計二二四〇二市擔。（附表五）

秋播菜種推廣栽培及產量估計表　三十八年農業組製

縣	區	合	
		栽培	產量
璧山	一區		
	一區		
	二區		
	三區		
	四區		
	五區		
	六區		
巴縣	一區		
	二區		
	十三區		

合计	豌豆	菠菜	红萝卜	[illegible]	洋葱	花椰菜	甘蓝	繁殖站
60	24	6		4	12	6	8	[illegible]家[illegible]
60	24	6	4	4	12	6	8	狮子乡
58	16	4	4	4	16	6	8	大兴乡
58	16	4	4	4	16	6	8	[illegible]泉乡
22				4	8	6	8	丁家乡
58	16	4	4	4	16	6	8	河边场
58	16	4	4	4	16	6	8	[illegible]凤乡
58	16	4	4	4	16	6	8	[illegible]家乡
58	16	4	4	4	16	6	8	[illegible]高场
36	16	4	4	4	8			[illegible]蒲乡
526	160	40	32	32	136	54	72	（市两）
136	4	20	16	16	17	27	36	（市亩）
3402	12	300	480	480	510	540	1080	（市斤）

五　病虫防治

1　竹螟

今年璧山之梅禄、梓潼、河边、大路、龙凤、八塘，及铜梁之西泉、虎峰、大庙、永锡、太平

华西实验区农业组半年工作简报 9-1-110（73）

等十八鄉鎮，發生蝗蟲，自六月二十五日起，派員前往蝗區發動地方農民組織治蝗隊，按照捕蝗實施辦法，收捕蝗虫，全部工作已於七月十五日結束。（附表六）

璧山銅梁兩縣十八鄉鎮治蝗統計表

三十八年農業組製

縣	鄉	動員農民（人）	捕蝗數量（市斤）	獎給數量（元）	減蝗估計（萬個）	減少災害（市畝）	增加收益（銀元）
璧山	福祿	1921	9.224	3.111	120	120	960
	梓潼	1280	4399	1393	57	57	456
	河邊	535	3332	1.425	43	42	344
	大路	63[illegible]	25.990	12.122	338	338	2.704
	依鳳	1525	6.371	1.921	82	82	656
	八塘	463	943	390	12	12	96
	小計	12.301	50.807	20.365	652	652	5.216
	西泉	4945	17.340	5.484	226	226	1.808
	虎峯	1462	13.081	4.980	170	170	1.360
	大廟	3482	24.429	7.691	318	318	2.544
	天錫	560	4.002	1.157	52	52	416
	太平	141	576	227	7	7	56
	小計	10.590	59.428	18.839	773	773	6.184
總計		22.891	109.635	39.214	1.425	1.425	11.400

有分為三期辦理者。

蝗區十八鄉鎮，共計動員民工二一、八九一人，捕蝗一〇九、六三五兩，約合六八五二斤三兩，發給獎紗及旅運雜支總共用紗四二、五九〇排，合計二〇七斧十七支按照當時市價折合銀元（銀幣）共計一、七四二、八八〇元。

各鄉已經撲滅竹蝗數量，平均約佔百分之八十以上（最多百分之九十五，最少百分之六十七）冬季擬再實行翻土掘卵，以便肅清蝗患。

全部捕蝗總數一〇九、六三五兩，按照以前竹蝗估計，每兩平均一三〇隻，約共捕蝗一四二五萬個，減少竹子水稻玉米等受害面積一、四二五畝，增加農民收益，按照當時市價折合銀幣共計一一、四〇〇元。

乙 柑蛆

本年暑假集合鄉建學院一二〇人，組織柑蛆防治總隊，分為十六分隊，前往江津柑桔產區十六鄉鎮宣傳群眾防治柑蛆，經二個月之努力，各地果農均已接受指導，分別組織果農生產促進會，訂立防蛆公約，自動挖坑摘果，展開防治工作，於十月中旬完成三鄉普遍，繼續督導防治，本年共計採摘受害果實一二、二五五、二三五枚，估計可減少損失（百分之七六）明年可增收約二三、三三五、一五五枚。

江津縣十六鄉摘除蛆柑統計表

120

各鄉	參加工作人員	摘除螟蛹數量	減少災害估計%	增加明年產量
真武	1707491	455,900	87.0	1367700
仁沱	1564065	167,355	81.1	502065
順江	223500	44,700	24.1	134100
青泊	1637930	494,666	89.7	1483998
黃泥	1074523	593,137	79.0	1779411
賈嗣	1662222	763,060	64.7	2289180
社台	1093108	770,000	84.5	2310000
五福	907876	535,200	73.4	1605600
廣興	1240557	958,000	79.9	2874000
高歌	1600553	850,000	90.2	2550000
嵩興	1371441	547,090	60.1	1641270
和平	951238	287,284	89.7	861852
萬[illegible]	1522706	129,430	84.2	388290
高牙	1025462	28,229	33.6	84687
先峰	2445333	481,700	88.5	1445100
樊溪	696428	19,500	11.2	58500
總計	19850833	7,125,251	大	21375753

秋播蔬菜生長期中，菜蚜為害頗烈，各區農業推廣繁殖站備有砒酸鉛、噴霧器，等藥械並派技術人員指導防治，菜蚜示範，預計施用砒酸鉛二,000市斤，防治菜蚜田六,000市畝，約可增產蔬菜四,000市担，增加農民收益六0,000銀元。工作開始進行之際，適值解放之前，原計劃不得已而中輟。

六　畜牧獸醫

1　種豬　本區北碚家畜保育站飼養之約克夏種豬三十八頭，均已分發北碚金區、巴縣八、二區，璧山五、六區，及璧山十一區城北鄉楊家祠繁殖站，交由表證農家集中飼養，以便雜交配种，現有小豬四十九頭，仍在北碚家畜保育站飼養，以待第二批推廣。

以上各區所屬鄉鎮，均經劃定為約克夏雜交豬推廣區，璧南各區鄉則為榮昌豬種白豬推廣區，並以璧山縣城至劉璧公路為界，嚴格管理附城各鄉仔豬市場，以防雜交豬混雜。

約克夏种豬飼養料由本區補助，定為大豬每頭每月補助食米八市斗，小豬每頭每月補助五市斗，各站每月填送种豬飼養料及體重月報表，以供參考。

母豬貸放，已由北碚區在榮昌購回六三四頭，璧山區購回八五九頭，已八

121

區購買一三五頭，共計九二八頭分別配發各區農業生產合作社以供飼養交配，現因榮昌發生豬瘟，購豬工作暫停，其它各區種豬推廣，均待第二期繼續舉辦。

乙、牛瘟

經濟部華西獸醫獸疫防治處，及四川農業改進所合組之獸疫防治督導團，與本區合作辦理牛瘟預防注射，璧山牛瘟防治工作，已於九月二十一日圓滿完成，全縣注射牛隻共計六一五七頭。

本區北碚家畜保育站防疫團，於北碚及巴一二七八區各鄉鎮注射牛隻六、九四九頭，截至十月底為止，巴璧銅三地總計注射牛隻，已有一三、一〇六頭，附表：

牛瘟預防注射統計表　三十八年農業組製

璧一區	璧二區	璧三區	璧四區	璧五區	璧六區	巴一區	巴二區
城東四九	大興一六九	來鳳一三三	丁家五三五	福龍二〇〇	八塘一二四	青木一一七	歇馬五四〇
城南三〇	梓潼七八	鹿鳴一五一	馬坊三三一	青杠二〇	七塘一七八	鳳凰六〇	興隆五〇
城西一〇	福祿三三一	中興一四六	定林一〇三	大路三三九	依鳳九五	虎溪五五二	蔡家六六七
城北一一八	丹鳳四八	正興三三三	廣普五五七	河邊四八	轉龍四八	西永六八	同興六八
獅子六三	太和八二	龍鳳一三	健龍一二二	蒲元六〇	臨江一三八	新發九二	井口五一
—	三教一三六	—	三合三一八	六塘八八	—	土主六三四	—

二六三	〡三〇六	九二二	〡八二九	〡〡五四	六八三	二〡六四	〡八六六

巴七區	巴八區
白市 二六七	陶家 四九六
含谷 六五	銅罐 二二二
曾家 八三	西彭 二六〡
龍鳳 九二	——
走馬 四四七	——
〡〇五五	〡〇六九

縣	局	鎮鄉	共計
璧山	三四	六〡五七	
巴縣	〡九	六〡五四	
北碚	八	七九五	
總計	六一	〡三〡〇六	

3.豬疫

七月份，曾與川農所第三農業輔導區合作辦理防治豬肺疫及豬丹毒，注射二六三頭。

巴璧兩縣各區自榮昌豬迴交工作，計換豬九二八頭，均經預防注意，計防疫團並在璧〡區巴〡二區各鄉防治豬丹毒，注射豬隻一七五六頭。現因榮昌發現豬瘟，防疫人員均已調往作緊急防治，以上自九月八日底止，共計防治注射豬疫二〇四七頭

附表九

华西实验区农业组半年工作简报 9-1-110（79）

122

豬瘟、豬丹毒預防注射統計表 三十八年四底葉永根製

區別	鄉	數量	合計
璧一區	城東	二	三三八
	城南	一三	
	城北	二三五	
	〃	四○	
	獅子	二六	
	〃	二二	
璧五區	河邊	七六	七六
巴一區	青木	四八七	一六八七
	鳳凰	三二七	
	虎溪	二六五	
	土主	四八三	
	新麥	五一	
	西永	六三	
巴三區	廖都	二○	一二八
	跳磴	一○八	
榮昌母豬	北碚	六三四	九二八
	璧山	一五九	
	巴縣	一三五	
總計	北碚	六三四	三○四七
	璧山	四六三	
	巴縣	一九五○	

此外本區備豬丹毒血清十萬西西，菌苗一千西西，及豬肺疫血清一萬西西，均已分配北碚、璧山、榮昌三地各為三分之一，組織獸疫巡迴防治隊，參加協助展開本區之獸疫防治工作。

七 水利勘察

水利工程隊勘察璧河、梅河及璧北河流域之水利工程已告結束，決定首六

組織測量隊分期前往實地測繪施工詳圖，以便興工營修。

1、璧河

A、接龍鄉之甯家堰　引水工程

B、接龍鄉之胡里樹　築堰及引水工程

C、丁家鄉之天燈堰　築堰及引水工程

D、城北鄉之石梯橋　築堰工程

2、梅河

A、三合鄉之闔魚沱　築堰及整理延長引水渠

B、萬坊鄉之接磴橋　築橋河堰及引水渠

C、梓潼鄉之蕭家橋　築堰工程

3、璧北

A、大路鄉之陸塘　築堰及引水渠

B、大路鄉之鶏公嶺　築堰及引水渠

巴縣五區九區八區十二區及北碚等地之水利勘察工作均已結束，其資料報告正在整理中。

測量工作現已完成者有(1)璧四區萬坊鄉之接磴橋灌溉工程(2)璧五區接龍鄉胡

华西实验区农业组半年工作简报 9-1-110（81）

123

里樹之灌溉工程及（三）蓥一區城北鄉之石樑橋蓄水堰工程。

八 合作機關

1 中農所北碚場

該場由本區所訂合約規定轉請農復會補助良種繁殖及建倉經費五、六〇〇美元，已建原始種及原種倉庫二座，繁殖稻麥若 油桐原種一〇〇畝，原種一九〇畝，並代繁殖中農所鶴蚕柑甜橙苗一〇,〇〇〇株。

本年推廣稻種，曾向該場價購供給中農四號七三、八〇市石，中農三十四號八五、八六市石，勝利秈四七、六〇市石，共計二〇六、五六市石。

本年推廣麥種，曾向該場價購供給中農廿八號二十四市擔，中農六十二號十六一市擔，中農四八三號二十七、八市擔，共計六十四市擔。

本年推廣繁殖之南瑞苕原種五、七一二市斤，亦由該場價購供給。並曾合作舉辦水稻肥料示範一二〇處，施用硫酸錏一二〇〇斤。

2 川農所合川場

該場由本區所訂合約規定轉請農復會補助良種繁殖及建倉經費一六〇〇美元，已建原種倉庫一座，繁殖稻麥原種各四〇畝。

本年擔推廣麥種，曾向該場價購供給中農廿八號十二市擔，中農大二四一九號六市擔，共計十八市擔。

3 鄉建學院農場

該場由本區所訂合約規定輔導農復會補助良种繁殖及建倉經費一、六〇〇美元，繁殖稻麥原种各四〇畝。倉庫正在建築中。

又由該場合作代為繁殖甜橙种苗一〇、〇〇〇株，桐苗一五〇、〇〇〇株，萊杭雞五〇〇隻，北平鴨一〇〇隻，本地鴨一〇、〇〇〇隻，鰱鱅魚苗三〇〇、〇〇〇尾，專供本區各鄉推廣之用。

4. 北碚農業推廣所

該區所由本區所訂合約規定輔導農復會補助良种繁殖經費三〇〇美元，合作繁殖稻种一五〇畝，苕种一九〇畝，共計三四〇畝。

5 璧山農業推廣所

該所由本區所訂合約規定輔導農復會補助良种繁殖經費三〇〇美元，合作繁殖稻种一〇〇畝，麥种一五〇畝，南瑞苕九〇畝，共計三四〇畝。

6 巴縣農業推廣所

該所由本區所訂合約規定輔導農復會補助良种繁殖經費三〇〇美元，合作繁殖稻麥苕种各一五〇畝，共計四五〇畝。

7 中國農民銀行江津園藝推廣示範場

該場由本區合作繁殖優良甜橙种苗中農八號三〇、〇〇〇株及甘藍、花椰菜、洋蔥

华西实验区农业组半年工作简报　9-1-110（83）

124

榨菜、菠菜、莴苣、甘藍、胡蘿蔔等蔬菜八種，共計六畝，收種八八市斤，可供推廣栽培面積八、八八〇市畝。

8 中國農民銀行璧山辦事處

本年推廣稻種，曾由中國農民銀行璧山辦事處供給中農四號稻種二四五、八五市石，貸發璧山八至五區繁殖站示範農家及農業生產合作社繁殖推廣，並由合作聯辦璧山四區五坊、廣普、三合等鄉美菸肥料貸款。

九 檢討

1 本區農業組成立不久，制度建立，未臻完善，尚須于工作經驗中謀求改進，而農業生產，深受自然因子之限制，當有地域性，當業務之初，既無參考資料，又乏實地經驗，因此遭受困難頗多，例如運送稻種，籌備時間急促，未洽農時，農行貸種原為儲蓄農家，又有混雜，牛瘟防治，人力物力所限，未克徹底，諸如購母豬，工作進行期中，即遭豬瘟，科蛹防治，因鄉建學院開學，學生隊員工作結束過早，凡此種種，均為從事本組工作者之稽責，而為本組所應接受之至貴教訓。

2 農業生產受季節限制，推廣良種，如事前無充分準備，必難切合農時。今春推廣稻種，因本組成立已在四月，雖經盡速趕辦，而稻種送達時間，仍嫌稍晚

3.農業工作人員，以外分配不均，且又調動頻繁，常因集中力量，完成某項工作，以致影响其他經常業務之推進，今後工作如何利用農閑，應付農忙，應作有計劃的協調。

4.農業經費，雖有經常預算，但受季節限制，動支亦與通常日用不同，應共同体念農時之不同，簡單迅速以增強工作推進之功能。

5.鄉村建設及農業推廣，因交通工具之限制，鄉村小路運輸不便，往返費時，農業物資之運送費用奇貴，每超過原物價值之數倍，因以影响工作之地區分佈經費及計劃，多數推廣業務，祇得集中於交通便利之重点，希望鄉村公路逐漸改進，而本區工作亦隨之深入。

6.各區繁殖站與農業組缺少聯繫，各站負責同志對本區建立農業推廣制度之初旨，不能澈底了解，多以設站即是自辦農業場，或常資本地工労力，否則興趣不濃，且以公文通知，有時耽延時日，各種調查表均未按時填送，各站工作実況，以人員過少，無法一一視察，故今後均須設法切実糾正。

7.總办事處內各組間業務之聯繫不夠，如農業技術與傳習教育之配合，繁殖站與合作業務之關係，以及各區合作推廣制度之建立，均須有關組室詳細商討，密切配合，擬定將來具体之制度方案。

十　結論

华西实验区农业组半年工作简报 9-1-110（85）

125

一、今後工作必須切实把握農時，輔導表証農家，及時完成各項指定業務，以往半年來農業工作之稍有成就，全賴本區各農業同志之辛勤合作，今後更望继续努力，達成農業建設之偉大使命。

二、推廣良種，品系分散，不能集中管理，品种極易混雜，今後應以繁殖站為中心，先由表証農家繁殖示範，再向附近農業生産合作社社員推廣栽培，逐漸向外發展，擴大推廣面積，增加農家[illegible]程度。

三、各區繁殖站應與農業組取得密切联繫，並向附近農民訪問學習，調查農情，切实輔導，解決困难，各項業務完成，必須按時填寄報告，注意实際數字，絶对保持本區不尚虚文浮报之優良傳統作風。

四、農業工作同志，希望經常能有定期或分區之集會，商談各項業務，解決实地困難，利用秋收後農閑，更望擴大集會講習，並請專家指導，以便實習進修。

五、農業技術問題，應有研究機関做後盾，本區農業工作，只重实際推廣，缺少研究試驗，例如水土保持，防治旱災，單靠貸種救濟，不能解決問題，今後必須加強中農所北碚場與鄉建學院農場之研究試驗，以解決本區在農業技術上之困難。

六、檢討過去，更應策勵將來，以過去之成敗得失，[illegible]

訓，秋收農閑，正好根据以往半年之实地經驗，擬定具体詳盡之工作計劃，建立完整系統之農業制度，充分準備及時推動工作，加速完成全區各鄉之農業建設。

华西实验区农业组工作概况说明之《秋收冬闲谈农业》（草稿） 9-1-224（18）

二

秋收冬闲谈农业

提要

二、改良农业推广繁殖站

三、良种繁殖推广

(1)水稻 (2)南瑞苕 (3)小米桐 (4)小麦 (5)蜜柑

四、良种推广

(1)水稻 (2)南瑞苕 (3)小米桐 (4)小麦 (5)菜种

五、防治病虫

(1)竹蝗 (2)柑蛆 (3)害虫

六、畜牧兽医

(1)种猪 (2)牛瘟 (3)猪病

七、水利

九、檢討
十、結論

一、前言

三十八年四月，農業組正式成立，一陣正當春耕農忙，水稻播種之時，移烟苗，種紅苕，工作緊張，接着是竹蝗為患，甘蔗螟虫防治，牛瘟猪瘟接踵而來，同時還要協助水利推廣方面工作，農業同仁內外交忙。如今是秋收冬閑，告一段落，茲將七個月來農業組之工作成績，編此簡報，以檢討過去，策勵將來，敬待鄉建同志與農業先進之參攷指正。

华西实验区农业组工作概况说明之《秋收冬闲谈农业》（草稿） 9-1-224（20）

11 2

二、成立農業推廣繁殖站

璧山全縣與巴縣一、二區農業推廣繁殖站早在三十八年四月即已正式成立展開工作，共有九處，其他各區新站，最近均已組織完成，現有繁殖站共計二十四處，茲將各站設置地點及負責同志列表如下：

縣區地址	負責人
璧山一區楊家祠	陶孫
一區獅子鄉	王德偉
二區大興鄉	王廷杰

縣	區	站址	負責人
巴縣	六區	長生鄉	曾鼎有
	七區	白市驛	沈世昌
	八區	陶家鄉	張翼翔

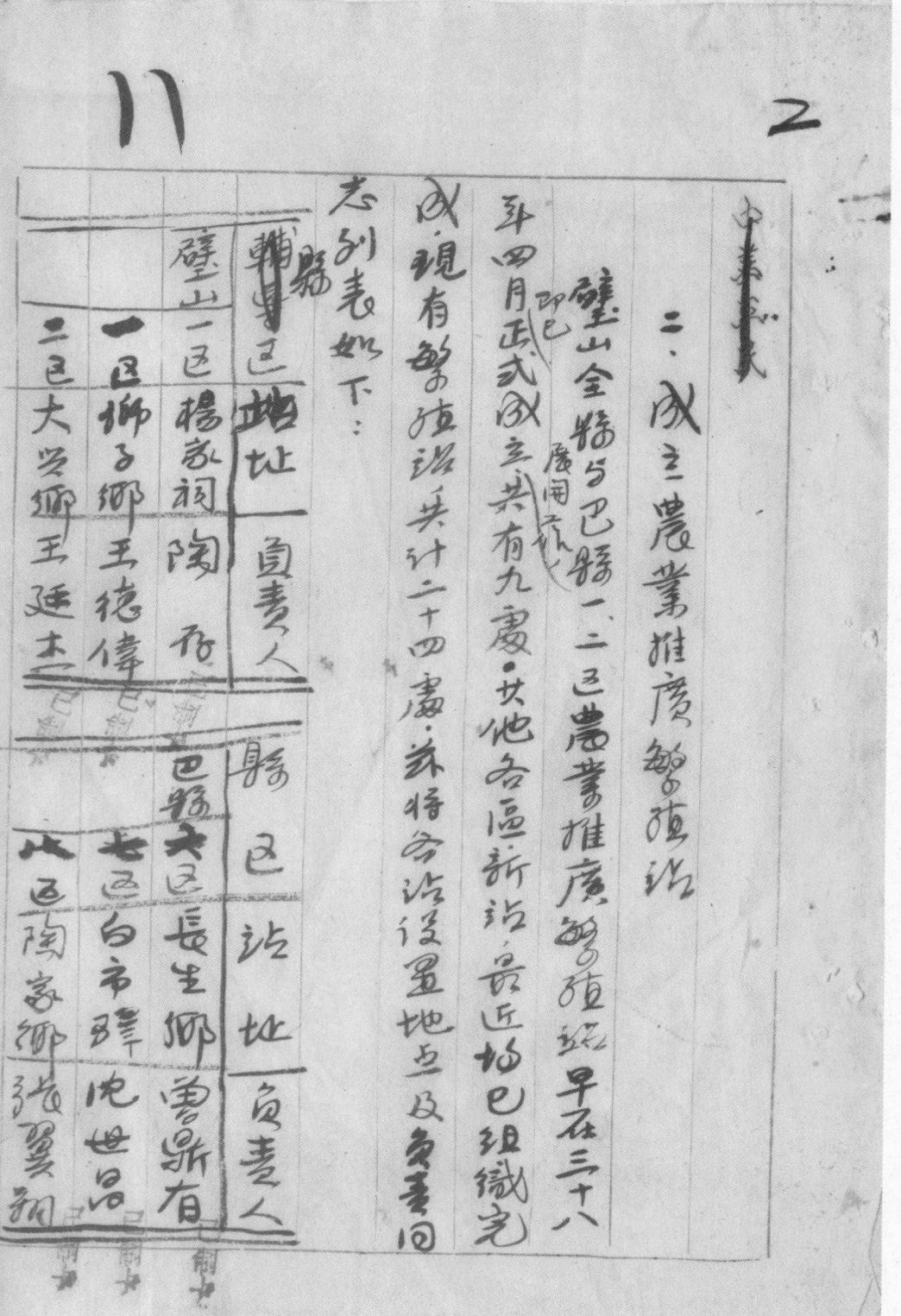

华西实验区农业组工作概况说明之《秋收冬闲谈农业》（草稿） 9-1-224（21）

三区来凤驿 高西[illegible]
四区丁家坳 任锡川
五区河边乡 陶[illegible]（勇）
六区依凤乡 李珊
巴县 一区陈家桥 曹厚安
二区歇马场 王[illegible]
三区[illegible]都镇 曹庆义
四区[illegible]白乡 李克敬
五区南泉镇 赵正[illegible]

十三区[illegible]乡 唐元佑
十二区百节乡 何[illegible]
江北 十五区大石乡 陈柏林
二区滩口乡 成纪
綦江 一区桥河乡 徐乃康
二区石角乡 陈志远
合川 一区沙溪庙 严一[illegible]
二区小沔乡 谭力中
铜梁 一区虎峰镇 黄[illegible]五

璧山四宝阁文具印刷纸号印製

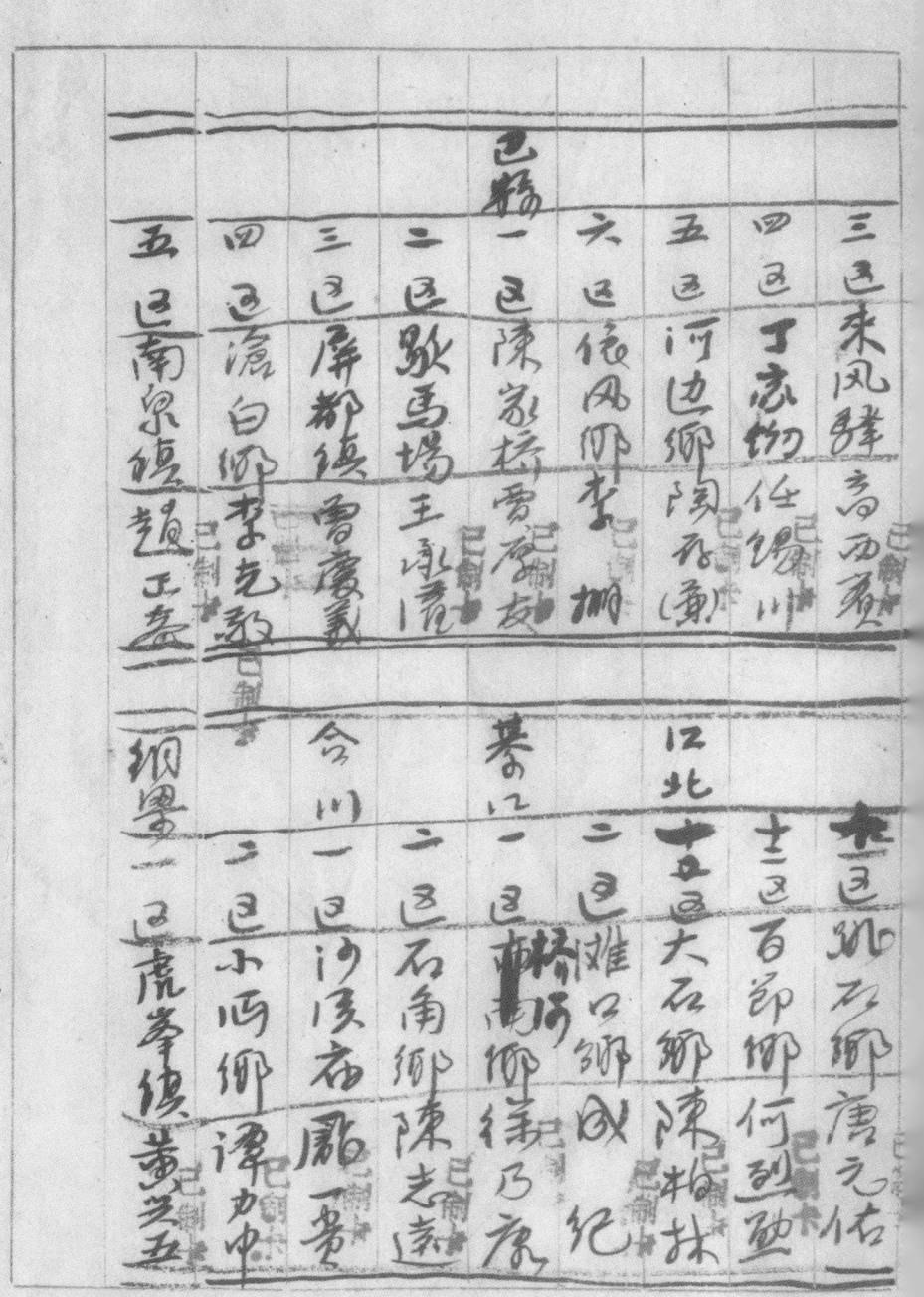

华西实验区农业组工作概况说明之《秋收冬闲谈农业》（草稿） 9-1-224（22）

12

3

繁殖品种计有中农四号一八市石，中农卅四号二〇二市石，胜利籼一〇市石，共计二一一二市石

胜 1.1
34. 2.02
3.12
21.12
3.12
18.00

三、良种繁殖

(1)水稻—原设九站交由表证农家特约繁殖之水稻良种共计二一、一二市石，栽培面积四二三市亩，收种估计二一一、二五市石，可供推广四二三〇〇市亩，除由各站价购　　市石，收回贮藏外，其余均由繁殖站负责指导附近农民自行换种扩大推广面积，

(2)南瑞苕—原设九站表证农家繁殖苕种七一九市斤，栽培面积二九市亩，收种估计五八〇市担，可供推广二三二〇市亩，

(3)小米稞—原设九站租地繁殖稞籽二五八三市斤，栽培面

積二四·五市畝，估計育苗二五八〇〇〇株，可供推廣八六〇〇市畝。

(4)小麥—本年由中農所北碚場及川農所合川場代為繁殖之小麥良種八二市担已還交各輔導區繁殖站，交由表證農家特約繁殖收種以供大量推廣。

繁殖品種計有中農二十八号三六市担，中農四八三号二七市担，中農六十二号一三市担，中大二四一九号六市担，共計八二市担。

(5)鵝蛋柑—中農一号鵝蛋柑（甜橙）種苗現由中農所北碚試驗場、中農行江津園藝場及鄉建學院農場代為繁殖四萬株，預計第一批於三十九年一月交貨，可供推廣果園面積一万市畝。

四、良种推广

(1)水稻—本年推廣稻種分佈於璧山巴縣等十一輔導區之鄉，共計四三一·三九市石，栽培面積八六二·六市畝，產量估計四三一三〇市石。

推廣品種計有中農四號三〇一·六五市石，中農卅四號八三·一四市石，勝利秈四六·五〇市石，共計四三一·二九市石

(2)南瑞苕—本年推廣苕種共計四九九三市斤，栽培面積二〇一市畝，產量估計四〇二〇市担。

(3)小米桐—本年推廣桐苗二二五〇〇株，植桐面積七五〇市畝。

璧山、巴县、廣安三县各乡推廣美蔗種二
八七七、五〇〇株，栽培面積五八五市畝，產蔗估計八七七·五
市担。
(4)小麥—本年推廣小麥計有中農二十八号、中農六十二号、
中農四八三号及中大二四一九号等四個品種，共計八十二
市担，隨分佈於璧山、巴縣、江北、綦江、合川、銅
梁等六縣各鄉，除由各縣輔導員表證農家特約繁殖
外，餘種均作普遍推廣。
(5)菜種—本年推廣秋播菜種共有兩批，第一次計
有洋葱八〇兩、甘藍八〇兩、花椰菜六四兩，第二次

华西实验区农业组工作概况说明之《秋收冬闲谈农业》（草稿） 9-1-224（26）

14

5.

计有洋葱六四两，豌豆白菜三二两，雪里蕻三二两，选种棉花四〇两，德字棉一六〇两，分配于璧山全县及巴县一二区各乡镇推广栽培。

以上共计推广蔬菜种七种五五二两，栽培面积二七六市亩，产量估计五五二〇市担。

丙　五、病虫防治

小竹蝗

今年璧山之福禄、梓橦、河边、大路、依凤、八塘及铜梁之西泉、虎峰、大庙、天锡、太平等十一乡镇发生竹蝗，自六月二十五日起派员前往捕蝗并发动

地方農民組織治蝗隊按照捕蝗獎勵實施
辦法收捕竹蝗，全部工作於七月十五日結束
第一期捕蝗獎勵標準按照捕蝗二兩獎谷一
排，遞期減半或有鄉鎮分為三期辦理
蝗區十一鄉鎮共計動員民工二一八三五人，捕
蝗一〇八、二六八兩，約合六七六八斤，獎谷及旅運
排支總共（调鄉）四三五七〇排，合計二一一七萬十七支，按照（當時市價折合現洋共計一七四二·八元）
各鄉已經據減竹蝗數量平均約佔百分之八
十以上（最多百分之九十五，最少百分之六十七）
冬季擬再實行翻土掘卵以便肅清蝗患

璧山四寶閣文具印刷紙號印製

华西实验区农业组工作概况说明之《秋收冬闲谈农业》（草稿） 9-1-224（28）

15

6

全部捕蝗总数一〇八、六八八两，按照三龄竹蝗估计每两平均一三〇只，约共捕蝗一四〇七、四四〇只，减少竹子水稻及玉米等作物受害面积一四〇〇亩，增加农民收益按照当时市价折合纸币一、二〇〇元

（2）柑蛆组

本年暑假集合乡建学院同学一〇九人组织柑蛆防治总队，分为十六分队，前往江津辅导防治柑蛆，现因学院开学，已于十月十二日结束回校。

江津柑橘產区十六鄉鎮均已接受指導，分别組織果農生產促進会，訂立防治組公約，自動打坑捕果，展開防治工作，並由所開輔導區繼續督導防治。

四、菜蔬

秋播蔬菜生長期中，害虫為害甚烈，前由農復會撥發之砒酸鉛、噴霧器等藥械均已分發各區農業推廣輔導站，並將派員前往指導菜農示範，預计施用砒酸鉛二〇〇〇市斤，防治菜田二〇〇〇市畝，約可增產蔬菜四〇〇〇市担，增加農民收益二百五〇〇元之。

华西实验区农业组工作概况说明之《秋收冬闲谈农业》（草稿） 9-1-224（30）

16　　7

六　畜牧兽医

1.种猪——北碚家畜保育站饲养之约克夏种猪二十三头均已分发给巴县一二区璧山五六区及璧一区城北乡农家饲养繁殖后交由表证农家集中饲养以便杂交配种

以上各区所属乡镇及北碚全区均经划定为约克夏猪之杂交猪推广区，璧南各乡则为荣昌土种白猪推广区，并以璧山县城及璧来公路为界，严格管理附城各乡仔猪市场，以防杂交种猪混杂。

约克夏种猪饲料补贴费决定为大猪每头

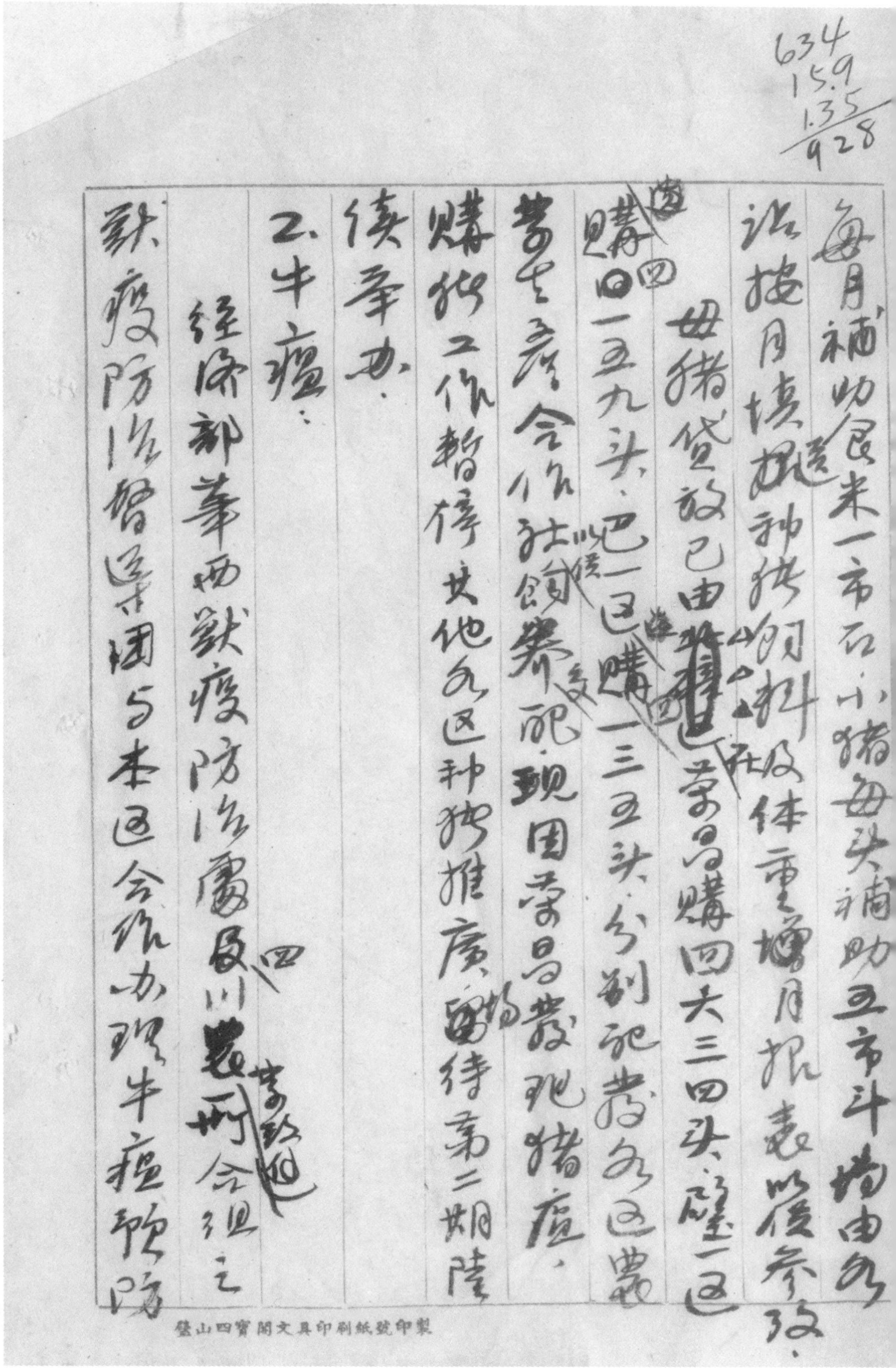
634
159
135
928
每月补助民米一市石，小猪每头补助五市斤，猪由各
社按月填报种猪饲料及体重增月报表以资参考。
母猪贷放已由荣昌购回六三四头，璧山一区
购回一五九头，巴一区购一三五头，分别配发各区农
业生产合作社饲养配种，现因荣昌发现猪瘟，
购猪工作暂停，其他各区种猪推广，留待第二期陆
续举办。
2、牛瘟：
经济部华西兽疫防治处及四川农所合组之
兽疫防治督导团与本区合作办理牛瘟预防
璧山四寶閣文具印刷紙號印製

注射：璧山全县牛瘟防治工作已于九月二十一日圆满完成，全县注射牛只共计六一五七头，北碚家畜保育站防疫团在北碚及巴一二区各乡镇注射牛只三九六六头，截至九月底止，巴璧碚三地总计注射牛只已有一〇一二三头，此项防疫工作现仍继续进行中。

3. 猪瘟：巴璧碚各区所需畜品购回之土种母猪九二八头均经预防注射，防疫团并在璧山城厢乡注射防猪丹毒血清六十四头

华西实验区农业组工作概况说明之《秋收冬闲谈农业》（草稿） 9-1-224（32）

防治猪疫人員均已調往代辦處急防治，以上至九月底止共注射猪疫一三五五頭。最近由農復會撥交之猪丹毒血清十万西西，菌苗一千西西及猪肺疫血清一万西西均已分配北碚、璧山、榮昌三地，各為三分之一，並特由農復會派來三人組成之獸疫巡迴防治隊參加協助展開本區之獸疫防治工作。

七、水利勘察

水利工程隊勘察璧河、梅河及綦北河流域之水利工程業已結束，決定其最富灌溉利益，確有經濟價值，准予貸款興修之引水蓄堰工程九處

璧山四寶閣文具印刷紙號印製

並已組織測量隊分期前往實地測繪施工詳圖以便

為工代賑修

(1)璧河 修建

A.健龍鄉之齊家溝 引水工程

B.接龍鄉之胡里樹 築堰及引水工程

C.丁家鄉之天灯堰 築堰及引水工程、

D.城北鄉之石模橋 築堰工程.

(2)梅河

A.三合鄉之團魚沱 築堰及整理延長引水渠

华西实验区农业组工作概况说明之《秋收冬闲谈农业》（草稿） 9-1-224（34）

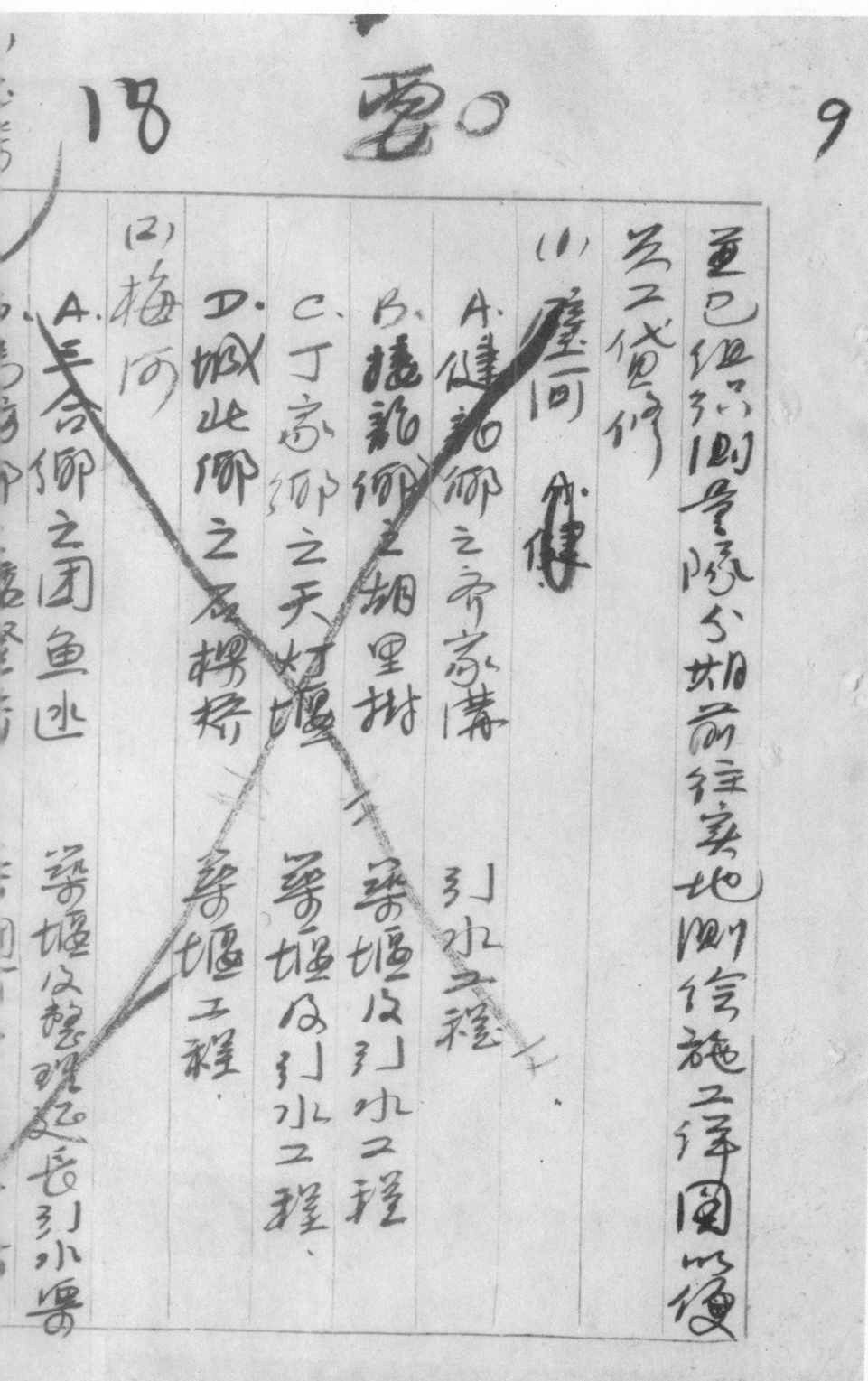

巴县五区、七区、八区及十二区等地之水利勘察工作（B.大路乡之鸡公嘴堰坝及引水渠）及此项均已结束，其资料报告正在整理中

测量工作现已完成者有(一)璧山四区马坊乡之蓄水塘堰工程(二)璧山五区接龙乡胡里村之堰坝工程及(三)璧山一区城北乡之石堰塘蓄堰工程

八 农业合作

(1) 中农所北碚场

合约规定转拨农复会补助良种繁殖及建仓经费五六〇〇美元，已建原种仓库二座，繁殖稻麦棉原原种一〇〇市石，原种一九〇市石，并代繁殖中农所嫁接柑橘苗一万株

华西实验区农业组工作概况说明之《秋收冬闲谈农业》（草稿） 9-1-224（36）

本年推广稻种曾向该场价购供给中农四号七三・八〇市石，中农卅四号八五・一六市石，胜利籼四七・六〇市石，共计二〇六・五六市石。

本年推广麦种曾向该场价购供给中农二十八号二十四市担，中农六十二号十三・市担，中农四八三〇号二十七市担，共计六十四市担。并曾会同合作组办理水稻施肥示范一二〇处，施用硫酸铔三〇〇斤。本年推广繁殖之南瑞苕原种五七一二市斤，亦由该场价购供给。华农四号繁殖甜橙种苗十万株以供明春推广。

（2）川农所合川县场

合约规定补助良种繁殖及建仓经费一六〇〇〇美元，已建种仓库一座，繁殖稻麦原种各四〇亩。

本年推广麦种曾向该场价购供给中农二十八号

十二市担，中大二四一九号六市担，共计十八市担。

(3) 乡建学院农场

合约规定契拨补助良种繁殖及建仓经费一六〇〇美元。~~仓库~~繁殖稻麦原种各四〇斤，仓库正在建筑中。

试验场合作，代为繁殖甜橙种苗一万株，柑苗十五万株，来杭鸡五百只，北平鸭一百只，本地鸭一万只，鲩鲢鱼苗三十万尾，专供本区各乡推广之用。

(4) 北碚农业推广所

合约规定契拨补助良种繁殖经费三〇〇美元

合作繁殖稻~~麦良种三四〇〇斤~~种一五〇〇斤，麦种一九〇〇斤，共计三四〇〇斤。

华西实验区农业组工作概况说明之《秋收冬闲谈农业》（草稿） 9-1-224（38）

20 11

(5)璧山[illegible]農業推廣所
合約規定獎勵補助良种繁殖經費三〇〇美元
合作繁殖稻种一〇〇市石、麦种一五〇市石、南瑞苕种九〇市石（共計三四〇市石）

(6)巴縣農業推廣所
合約規定獎勵補助良种繁殖經費三〇〇美元
合作繁殖稻种、麦、苕种各一五〇市石，共計四五〇市石

(7)中農行江津周虎場
合作代為繁殖（優良）甜橙种苗中農一号二万株及蔬菜种八种：甘藍、花椰菜、洋葱、棕菜、菠菜、菾菜、萵苣、胡蘿蔔等蔬菜八种

共计六万斤，可收薯种八八市斤，可供推廣栽培面積
一一八〇市亩。
(8)中農行璧山办事處
本年推廣稻種曾由中農行璧山办事處貸
給中農四号稻種二四五、八五市石，貸款璧山一至五
區農業生產合作社繁殖推廣，並曾合作
繁殖種子並登記農家及
華办璧四區馬坊、廣善三合等鄉美薪肥料
貸款。

璧山四寶閣文具印刷紙號印製

21

12

检讨

（一）农业机构成立不久，农业制度尚未建立，农业计划亦未确定，影响工作无所适从，半年来各项业务多为普及性之参考资料，又缺实地经验，因此选困难特多，例如选稻种未及农时，由农行贷种又属迟推，牛瘟防治无准备，需遴选猪瘟、猪蝗防治未发动，迟早病虫害猖獗，迟未发生，凡此种种均影响人员指导成效得失，更觉经验可贵。

（二）农业生产因受季节限制，推广良种事前如无充分准备，必难赶及农时，今春推广稻种，因为运送时间较晚，农民多已另种，故留者无法採用，田间去杂除劣又因发动稍迟，选种亦均未能实现，秋后推广小麦幸已改正，提早运送，当可及时配发播种。

（三）农业工作人员内外分配不均，且又调动频繁，常因集中力量完成某项工作，其他经常业务则多被停顿，如农业经费[illegible]

华西实验区农业组工作概况说明之《秋收冬闲谈农业》（草稿）　9-1-224（40）

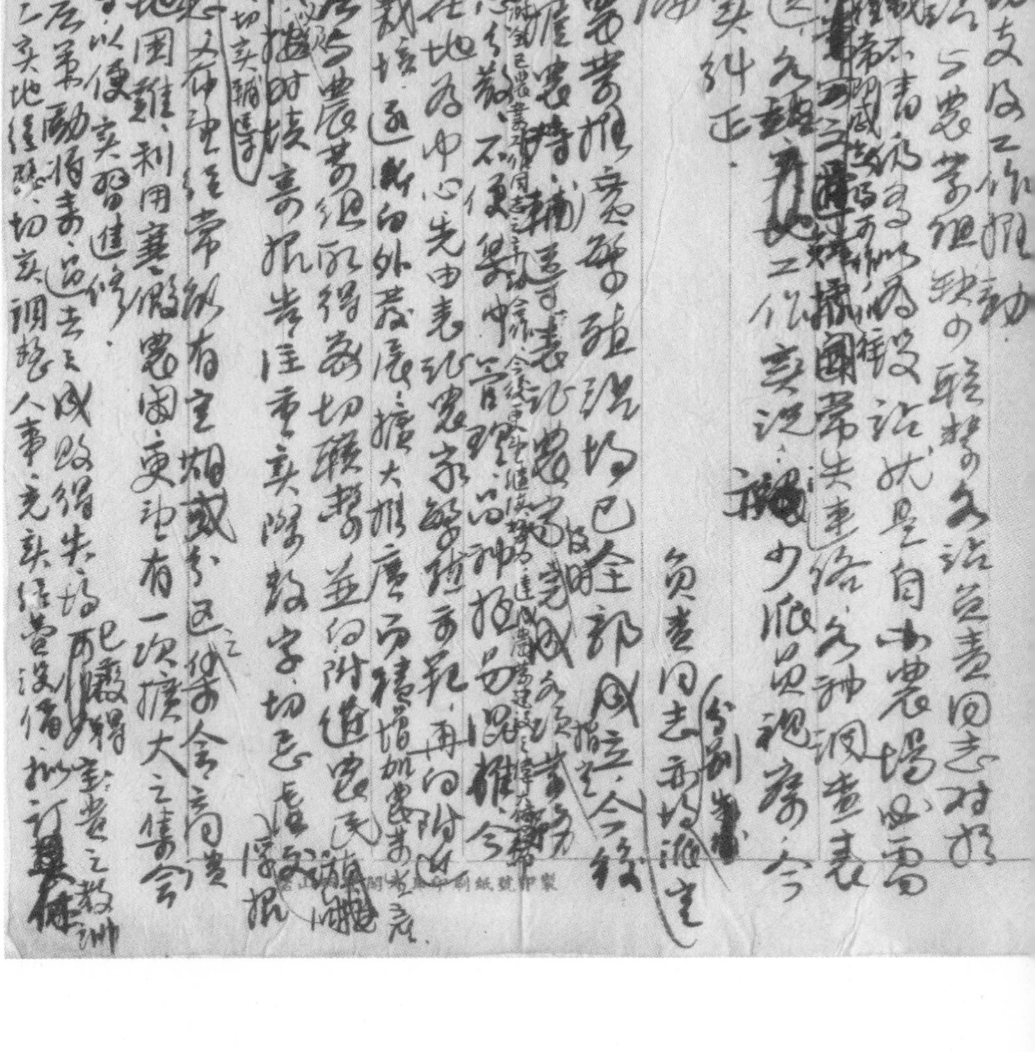

华西实验区农业组工作概况说明之《秋收冬闲谈农业》（草稿）　9-1-224（41）

华西实验区农业组工作概况说明之《秋收冬闲谈农业》 9-1-224（11）

64

秋收冬闲谈农业

农业组[illegible]广播

提要

一、前言
二、建立农业推广制度
三、农种繁殖 (一)水稻 (二)南瑞苕 (三)小米桐 (四)小麦 (五)甜橙
四、农种推广 (一)水稻 (二)南瑞苕 (三)小米桐 (四)小麦 (五)菜种
五、防治病虫 (一)防螟 (二)柑桔 (三)菜虫
六、畜牧兽医 (一)种猪 (二)牛瘟 (三)猪瘟
七、水利勘察
八、合作概况
九、检讨
十、结论

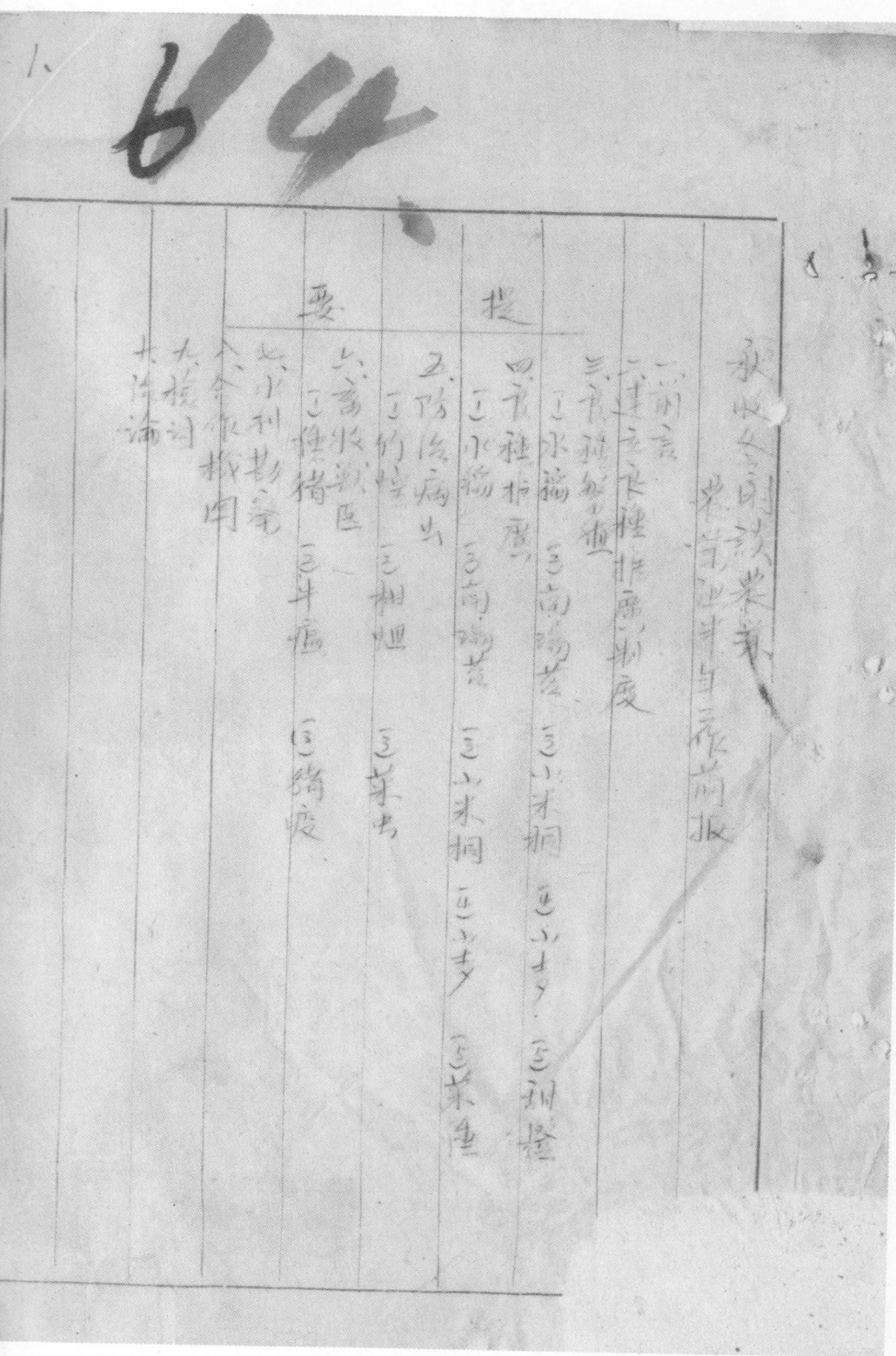

华西实验区农业组工作概况说明之《秋收冬闲谈农业》 9-1-224（12）

一、前言

三十八年四月，农业组正式成立，正当农作春耕水稻播种之时，移栽苗，种红苕，农时所限，迫不及待，旋即着手紧张之为的螟虫相继之防治，牛瘟猪疫之预防，以及勘察水利，推广小麦等项工作，创办伊始，内外之忙，现值秋收已过，本年工作，亟应作一总结，并藉本区成立之三週年之期，将六个月来，农业组工作情况，编辑简报，检讨过去，策励将来，敬祈前进同志与农业界先进，惠予指正。

二、过去农业推广制度

近十数年来，国内农事研究机关及各大学农学院育成各项作物改良品种颇多；然以过去推广制度有欠健全，研究机关

璧山四寶閣文具印刷紙號印製

华西实验区农业组工作概况说明之《秋收冬闲谈农业》　9-1-224（13）

7

未能直接與農家往來，故有良種良法，迄未實惠農民。本區承農復會之指導補助，擬定「良種繁殖與推廣制度」計劃，逐步試驗，以達本區永久之良種推廣制度，藉供今後國內整個推廣制度之參考。

改良品種，必須保持高度純潔，如由農家領種以後，收穫貯藏，倉庫簡陋，地方狹小，每多混雜，不出數年，純度盡失，改良品種之優點，並因以減退，故為針對糾正此項缺點，本區之繁殖推廣下種計分三級，逐由研究繁殖，及推廣之系統組織分別進行，

（1）「原始繁殖」，現由中農所北碚場負責繁殖，保持純度為百分之九十八，此項工作應由設備優良，人員充足，富有前項成績之機構或

學院办理之、

(二)「繁殖」 現由中農所北碚場、川農所合川場、併進學院農場分別担任，負責繁殖，以原始種為種子，再從推廣繁殖之田，使持純度為百分之九十七，

(三)「推廣繁殖」 此項工作，原應由各縣之農業推廣所負責办理，惟以今日政府之財力人力均感困難，現有機構多已裁併，此項工作，未克注意推行，本區除已選擇條件相近之縣農業推廣所，申請農復會予以補助外，並於各輔導區設立農業推廣繁殖站，成為與農民直接聯繫之繁殖推廣中心，全部推廣系統及合作概圖略如下圖：

璧山四寶閣文具印刷紙號印製

华西实验区农业组工作概况说明之《秋收冬闲谈农业》 9-1-224（15）

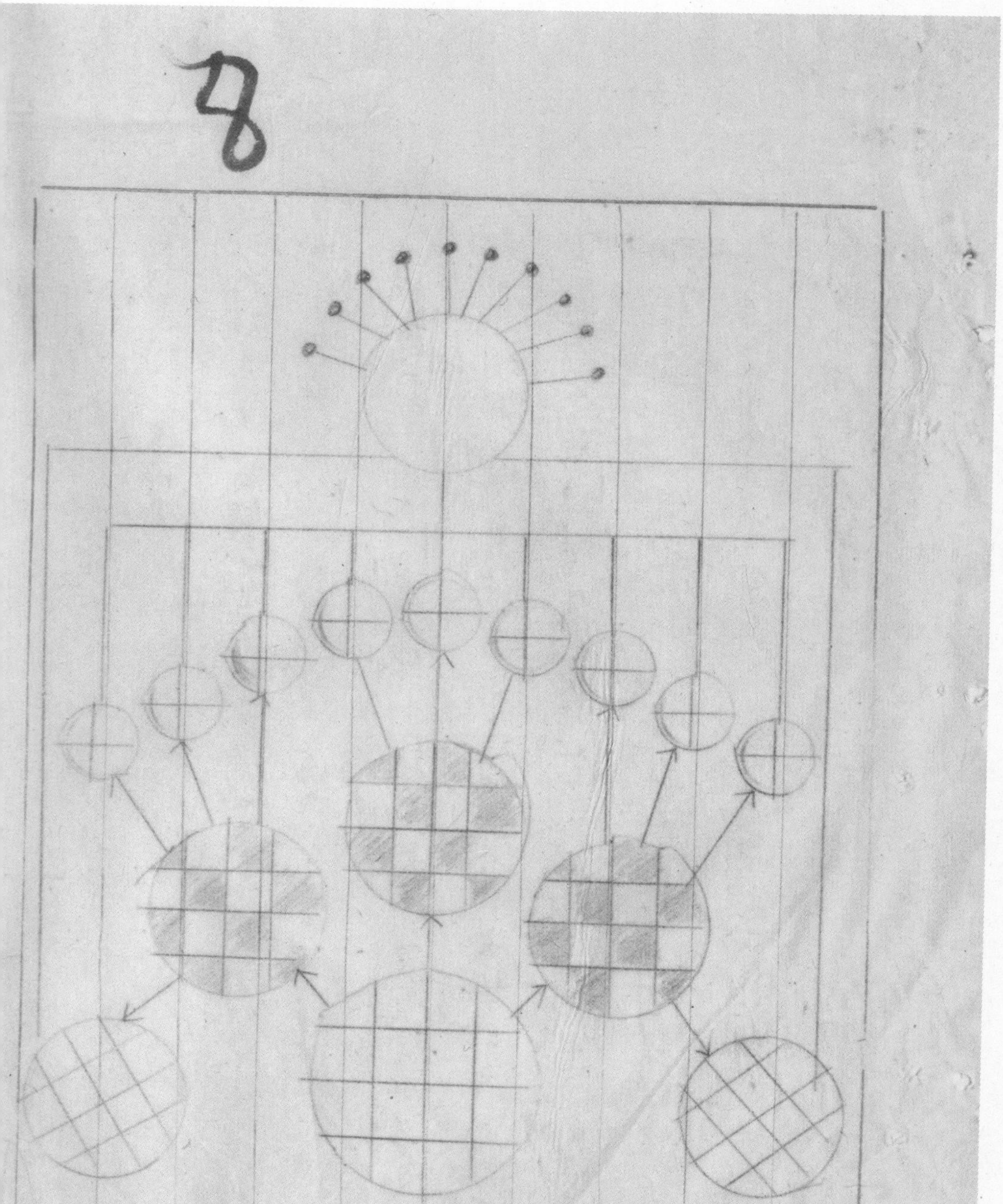

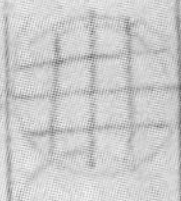 示範繁殖場——中農所北碚場

 示範繁殖場——A.中農所北碚場 B.川農所合作場 C.附近優良農場

 各縣農業推廣所

⊕ 各區農業推廣繁殖站

○ 農業生產合作社

● 農業生產合作社之員（生產農民）

各區農業推廣繁殖站原以一鄉一站為原則，試辦之初，限于人力物力，每區現僅成立二站，每站各有表記農家數戶五十餘戶，表記農家之耕地即為繁殖站之場地，雙方簽訂合約，表記農家自願接受指導，繁殖良種，以供推廣，從農民直接引用試驗之良種農

华西实验区农业组工作概况说明之《秋收冬闲谈农业》 9-1-224（17）

除少有适当地区之劝进何失者，本区之目前，推有成效者，即由农会业务之经济互助，普遍推广，此种制度仅须少数人力物质，即可普制度用，唯以栽植成之未久，尚待继续试办，以便建立永久之推动适用之农事推广制度。

华西实验区农业组工作概况说明之《秋收冬闲谈农业》 9-1-224（2）

1

224卷

九、檢討

（1）本區農業機構成立不久，制度建立，未臻完善，尚須逐一作[illegible]
中，並隨時改進，而農業本身，因受自然因子限制，所有地域性，弱點
改進推廣頗有缺陷，尤以業務之初，設計資料，又全[illegible]，因此
普及困難，例如進行稻種推廣，當播種時間已過，本區農民，[illegible]
備不農家，又有[illegible]，以此作防疫，人力物力所限，未克徹底，這類推猪，
工作進行期中，急需補強，猪瘟防治，因衛生方面，人員
缺陷甚早，也以材料，均未先就本地之作者，指導者，亦不在此範圍
[illegible]、宣員、教材。
（2）業務由各個人分頭辦理，故廣泛地中事前未充分計劃

必须十分努力，各有推广，因为面积已较[illegible]

进步，而仍以适当时间，使农村农民已多有收获，故多仍[illegible]

秋收推广之麦，本年已改良，亦可免为获救。

(三)农业工作人员，未配不够，且又调动频繁，工作常至未完成

某项应做，致影响其他任务，未推进，今后亦如何利用农

闲，应付农忙，秋冬早有计划准备。

(五)、农业指导员须有适当之训练，但受季节限制，但受季节[illegible]

制，动用农会团体，各项推广多由指导时适当手续，闲时，亦有

影响老小妇女，人工亦推行。

(六)乡村建设及农业推广，因交通工具之限制，乡村之路，道

璧山四寳閣文具印刷紙號印製

华西实验区农业组工作概况说明之《秋收冬闲谈农业》 9-1-224（4）

8

输不便，须运费时，米等物资之运送费用甚为昂贵，每超过本物价值之数倍，因此影响一部之地区经济大计划，多数推广业务，祗得集中于交通便利之重点，不能普及于边远之乡保。

（6）各区辅导站与农业组缺少联系，各站负责同志对本区建设业务推广制度之初旨，未能彻底明了，多不为设法，即是自力农场，须需资本，土地，劳力，及对感觉兴趣之农民，并以公文通知有时就近时日，各站调查表报均未按时填送，各站之办事人员进步，各项之视察，故今后均须设法切实作到。

（7）总办事处内各组间业务之联系不够，如农业技术，合作储教育之配合，辅导站与合作社业务之间联，以及会区合作推广，

制度之建立，均須有周密之詳細商討，密切配合，擬定時表另件

三、制度方案、

結論

（1）各區農業指導員推廣繁殖站均已全部成立，負責同志亦均分別派定，今後之工作，必須切實把握農時，輔導表証農家，以求完成各項指定業務、以經半年來農業工作之稍有成就，全賴本區各農業同志之辛勤合作，今後更望繼續努力，造成農業建設之偉大使命、

（2）推廣良種切忌分散，不能集中管理，必須極易混雜，今後應以繁殖站所在地為中心，先由表証農家繁殖示範，再向附近農業

璧山四寶閣文具印刷紙號印製

华西实验区农业组工作概况说明之《秋收冬闲谈农业》 9-1-224（6）

3

生产合作社之贷，推广栽培，逐渐向外推广，扩大推广面积，增加农业生产。

（三）各区各组应与农业推广取得密切联系，并向附近农民访问学习，调查农情，切实辅导，解决困难，各项业务完成，必须按时填寄报告，注意实际数字，绝对保持本区不尚虚文之浮报之优良传统作风。

（四）农业工作同志，希望经常能有定期或分区之集会，商谈各项业务，解决实地困难，利用秋收后农闲，更望有一次扩大之集会，请省县专家指导，以便交换意见。

（五）农业技术问题，必须有研究机构做后盾，本区农业工作，亦在

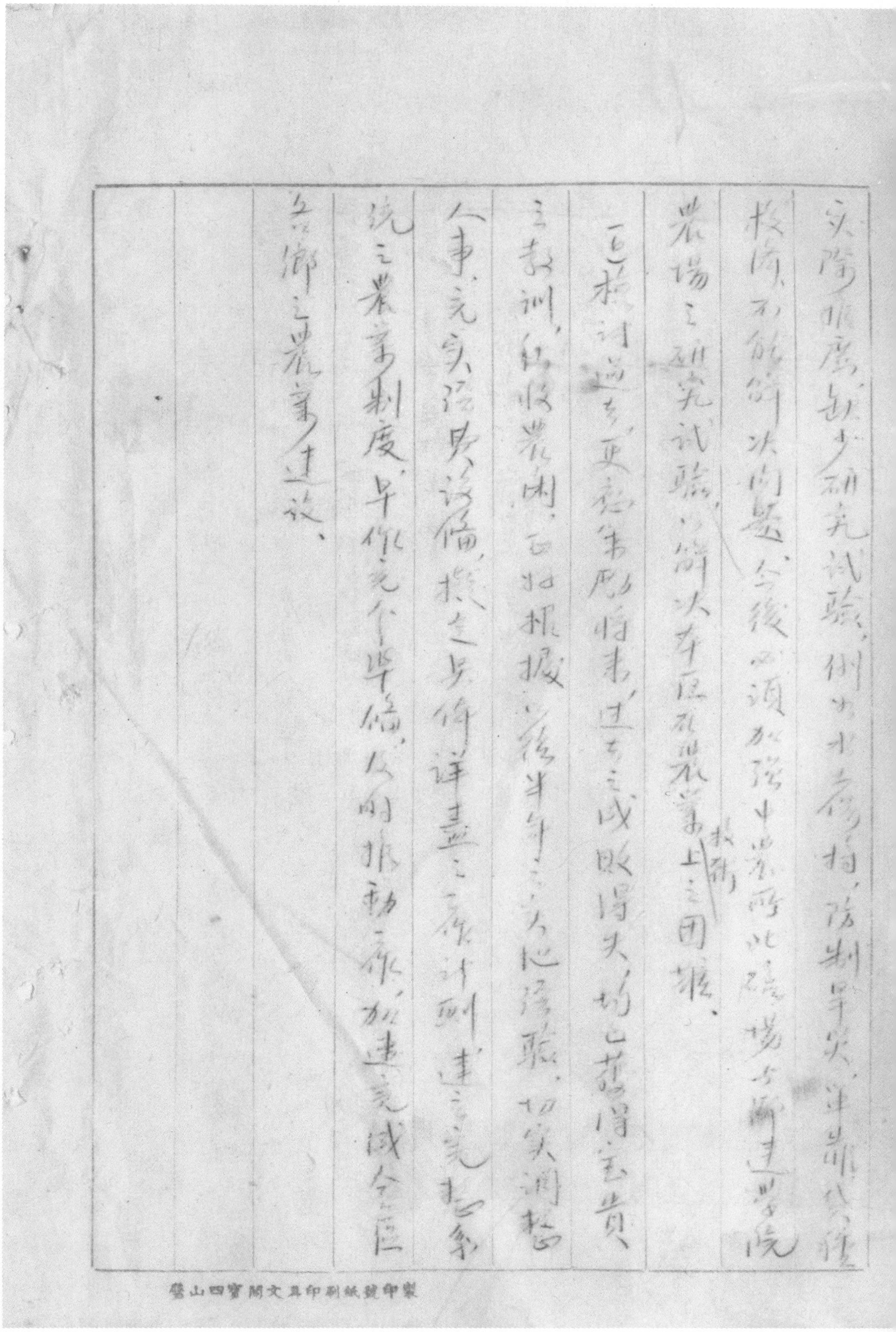

實際推廣，缺少研究試驗，例如水稻之病害，防制旱災，洋芋品種退化
救濟，不能解決問題，今後必須加強中農所北碚場本鄉建學院
農場之研究試驗，以解決本區在農業技術上之困難。
（三）檢討過去業務，將過去之成敗得失，均認為寶貴
之教訓，趁秋收農閑，而加根據，後半年之工作經驗，切實調整
人事，充實設備，擬定具體詳盡之工作計劃，建立完整系
統之業務制度，早作充分準備，及時推動工作，加速完成全區
各鄉之農業建設。